U0128832

移动平台开发书库

Windows Phone 7 完美开发征程

倪浩　李鹏　苏世耀　编著

机 械 工 业 出 版 社

本书以全新的 Windows Phone 7 手机应用程序开发为主题，采用理论和实践相结合的方法，由浅入深地讲述了新平台的基础架构、开发环境、图形图像处理、数据访问、网络通信等知识点。在本书的最后章节，通过较为完整的实战演练，帮助读者更快地掌握项目开发的各个技术要点，使得读者能够尽快投入到实际项目的开发中去。

本书适合于对微软全新智能手机平台 Windows Phone 7 的开发感兴趣的大专院校师生、需要在 Windows Phone 7 平台上进行商业开发的程序员或编程爱好者阅读。

图书在版编目(CIP)数据

Windows Phone 7 完美开发征程/倪浩等编著. —北京：机械工业出版社，2011.4
(移动平台开发书库)
ISBN 978-7-111-34043-0

Ⅰ.①W… Ⅱ.①倪… Ⅲ.①移动电话机—应用程序—程序设计
Ⅳ.①TN929.53-39

中国版本图书馆 CIP 数据核字（2011）第 059808 号

机械工业出版社(北京市百万庄大街 22 号 邮政编码 100037)
责任编辑：郝建伟 黄 伟
责任印制：杨 曦
北京蓝海印刷有限公司印刷
2011 年 5 月第 1 版 · 第 1 次印刷
184mm×260mm · 18 印张 · 440 千字
0001—4000 册
标准书号：ISBN 978-7-111-34043-0
ISBN 978-7-89451-936-8（光盘）
定价：45.00 元（含 1CD）

凡购本书，如有缺页、倒页、脱页，由本社发行部调换

电话服务	网络服务
社服务中心 ：(010)88361066	门户网：http://www.cmpbook.com
销 售 一 部 ：(010)68326294	教材网：http://www.cmpedu.com
销 售 二 部 ：(010)88379649	封面无防伪标均为盗版
读者购书热线：(010)88379203	

前　　言

近年来，随着智能手机的盛行，智能手机平台的功能不断增强，应用日益丰富。

作为老牌智能手机系统的 Windows Phone 系列，面临着产品定位过于商务化和人机交互相对落后的困境。鉴于此，2010 年第四季度微软公司终于推出了全新的 Windows Phone 7 平台。

作为一款拥有全新操作界面、全新开发架构的智能手机操作系统，微软公司对它寄予了很多的期望。为了能使 Windows Phone 7 满足工作和娱乐两方面的需求，新系统引入了 Silverlight 和 XNA 两大架构体系。面对这两个全新的 Windows Phone 开发体系，很多 Windows Phone 6 时代的开发者无所适从，因为作为浏览器插件的 Silverlight 技术对于智能手机开发者来说接触甚少。所以我们编写了本书，以满足这一需求。

Windows Phone 7 同时支持两种架构的开发：Silverlight 和 XNA。前者主要用于开发具有普通窗体界面的标准应用程序，比如文字处理、聊天社交、图像处理、网络应用等，后者主要应用于游戏的开发中。两个体系相对较为独立。本书主要讲述基于 Silverlight 架构的开发技术，但在基础部分也对 XNA 做了一定的介绍，以帮助在 Windows Phone 7 平台下进行游戏开发的开发者做好更深入学习的准备。

由于 Windows Phone 系统历史相对较长，版本分支较多，近年来微软公司一直采用“Windows Phone”来统称整个系列，容易产生误解，因此，本书首先对整个平台的历史做了回顾，然后介绍了开发工具的安装和使用技巧，在创建了第一个简单且完整的应用程序后，便根据平台各个方面的主题逐一展开介绍。本书章节根据开发体系做了一定的排序，因此，最初阅读本书的时候可以顺序阅读，当然也可以针对章节主题内容选择性的进行阅读。

本书需要读者掌握基本的 Windows 桌面开发技能以及基本的计算机编程理论基础，能够较为熟练使用 C#，并对.NET 框架开发有一定的了解。

由于本书编写时正处于 Windows Phone 7 不断完善且尚未正式发布的阶段，虽然本书在截稿时已针对正式发布的 Windows Phone 7 SDK 进行了相应的更新，但由于 Windows Phone 7 SDK 更新较快，因此，不能完全保证最新的开发环境和本书中描述的内容完全一致，在此恳请读者见谅！

本书第 1、2、4、9、11 章由苏世耀编写，第 7、10、12 章由李鹏编写，第 3、5、6 章由倪浩编写，第 8 章由倪浩和李鹏共同编写，第 13 章由李鹏和苏世耀共同编写。全书由倪浩统稿。

本书附带配套光盘一张，包含了书中所有的示例源代码。

如需了解本书内容最新的更新情况或获取最新的示例代码，请加入本书专用 QQ 群：96039086，或者通过电子邮箱 newpeilan@gmail.com 与作者联系。

由于编者水平有限，书中难免存在错误和不妥之处，敬请广大读者批评指正。

编　者

目　录

第 1 章　Windows Phone 7 应用开发平台

本章介绍微软公司智能手机操作系统 Windows Phone 的发展历程、Windows Phone 7 与 Windows Mobile 的主要区别、Windows Phone 7 系统的体系结构及特点等基础理论知识。希望读者通过本章学习，对 Windows Phone 7 有初步了解，为学习本书后面章节内容做好准备。

学习重点：

- 了解 Windows Phone 7 系统的发展历程及其与其他操作系统的区别。
- 了解 Windows Phone 7 系统的体系结构及特色等。

1.1　Windows Phone 的前世今生

从 2010 年开始，微软公司把其手机操作系统统一命名为 Windows Phone 系统，其中 Windows Phone 7 表示微软公司新一代的手机智能操作系统。本节介绍了 Windows Phone 的历史，以及最初的市场定位与演变历程，从中可以看到 Windows Phone 7 系统是一个全新的、稳定的、功能全面的智能手机平台。

1.1.1　Windows CE 系统

1996 年，第一代 Palm Pilot 面世不久，由于其机身小巧、操作简便很快便受到了用户的广泛欢迎。Palm Pilot 的风行引起了微软公司的高度重视，于是在美国的 COMDEX 大展中，微软公司发布了供手持设备使用的第一个操作系统 Windows CE，系统界面如图 1-1 所示，正式涉足 PDA 市场。

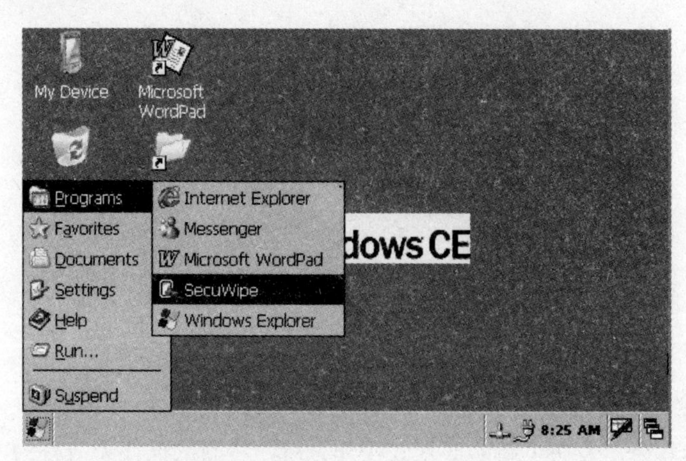

图 1-1　Windows CE 操作系统界面

Windows CE 是一个 32 位、多任务、多线程的操作系统，采用开放式架构设计，专为各种装置提供支持。Windows CE 使新类别的产品可与 Windows 平台 PC 相互沟通、交换与分享信息，也可与各种企业级系统通信、从 Internet 存取电子邮件或存取网页。

Windows CE 是一个用于各种通信、娱乐和移动式计算设备的操作系统平台。它可促成新一类的企业和客户非 PC 设备的产生，这些设备能够相互通信、与基于 Windows 的个人计算机共享信息以及连接到 Internet 上。Windows CE 是重新开发的手持操作系统，它经过压缩，可以移植，能够广泛应用于企业和客户类设备，包括：新的手持式个人设备（PDA），无线通信设备（例如，数字信息寻呼机和蜂窝式智能电话），下一代娱乐和多媒体平台。其中包括 DVD 播放机，以及针对 Internet 访问的设备，例如，Internet 电视、数字式顶盒、Internet“Web 电话”等。

1.1.2 Windows Mobile 系统

1. Windows Mobile 2003

Windows Mobile 2003 于 2003 年 6 月 23 日发布，系统界面如图 1-2 所示，从该版本开始使用 Windows Mobile 代替原本的 Windows CE。Windows Mobile 2003 包括了 GUI 图形用户界面、工具软件、帮助软件、应用软件等，例如，Pocket Word 和 Pocket Excel。Pocket PC 2003 最大的改变是其无线功能的提高，Window Mobile 2003 包含一个全新改进后的连接管理，Pocket PC 2003 全线推出网络支持功能 ZeroConfiguration Wi-Fi，连接 802.11b 标准的无线网络。而且全新的网络管理程序能协助用户更快地连接网络，支持多种通信协议，随时保证网络安全。

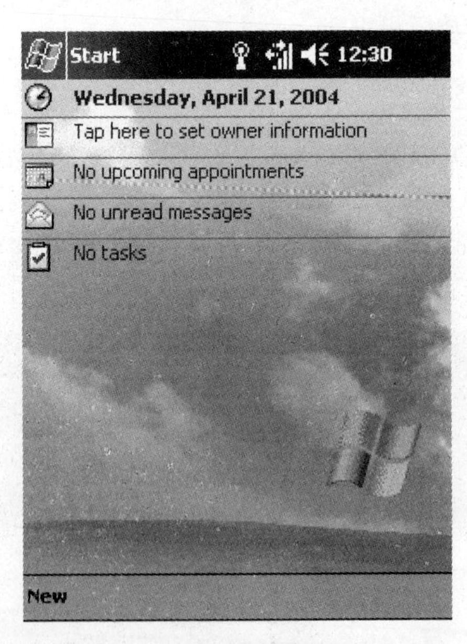

图 1-2　Windows Mobile 2003 操作系统界面

2. Windows Mobile 5.0

2005 年，微软公司发布了新的嵌入式操作系统，将新的操作系统称为 Windows Mobile 5.0，系统界面如图 1-3 所示。Windows Mobile 5.0 的主要特点有：充分整合了微软公司 Office

的各项功能；不仅具有MSN、收发email、行事历、通信簿等功能，并具备永续性的内存储存，使数据管理上更有效率；拥有功能强大的多媒体播放器Windows Media Player 10 Mobile，并且支持硬盘。

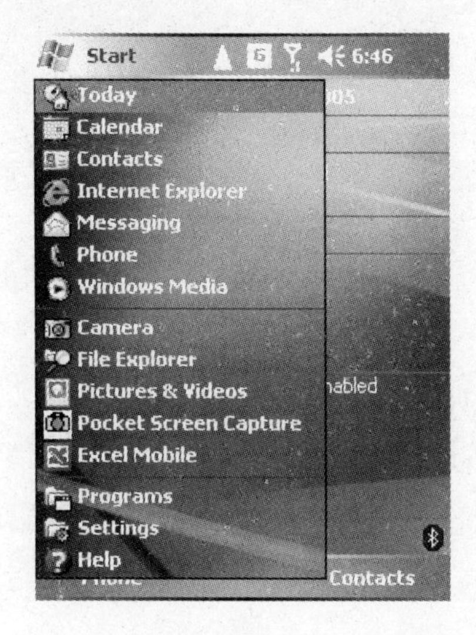

图1-3　Windows Mobile 5.0操作系统界面

3．Windows Mobile 6.0/6.1/6.5

Windows Mobile 6.0于2007年2月12日发布，系统界面如图1-4所示。Windows Mobile 6.0相对于Windows Mobile 5.0的主要特点有：类似Windows Vista的漂亮界面和更精致的图标；更快的界面运行速度；内嵌Windows Live的在线服务；支持HTML格式的邮件；智能搜索，能够方便快速地搜索所需的邮件。

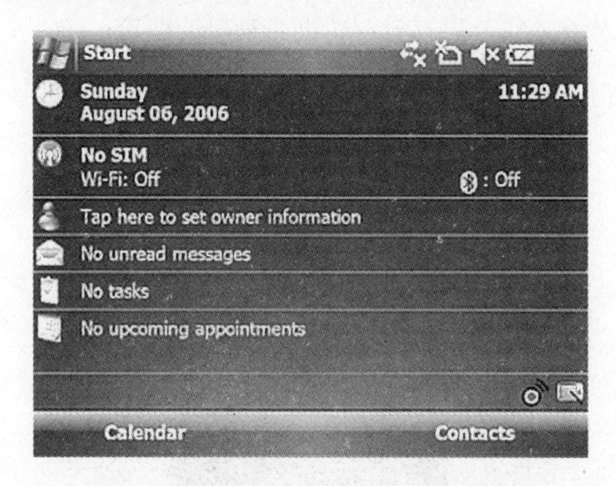

图1-4　Windows Mobile 6.0操作系统界面

Windows Mobile 6.1于2008年4月1日发布。作为Windows Mobile 6.0的一个升级版本，其主要的特性在于稳定性方面的提高。该系统增强了用户的个性化体验，为屏幕增加了滑动操作，改进短信聊天式的界面，同时Office Mobile可以兼容PC版的Office 2007。

Windows Mobile 6.5于2009年5月发布，系统界面如图1-5所示。与Windows Mobile 6.0相比，其UI上有较大的变化，并且新增了较多的内置程序和服务，比如Facebook、

MyPhone、Windows Martketplace，原内置程序 IE 和 WMP 也进行了更新。

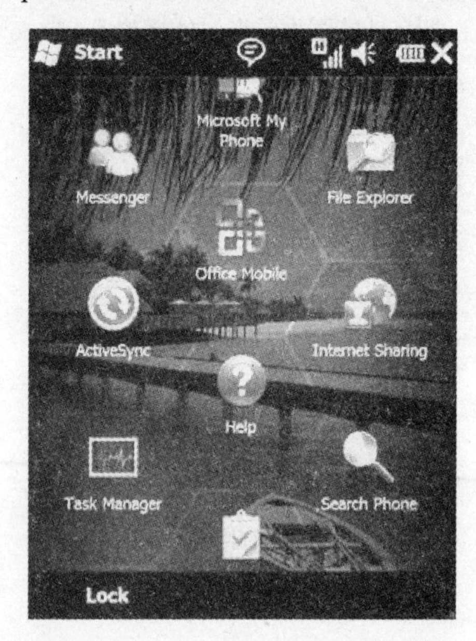

图 1-5　Windows Mobile 6.5 操作系统界面

1.1.3　Windows Phone 7 系统

微软公司首席执行官史蒂夫·鲍尔默于 2010 年 2 月 15 日在全球移动通信大展上发布了公司最新一代手机操作系统 Windows Phone 7。它将旗下 Xbox LIVE 游戏、Zune 音乐与独特的视频体验整合于手机中。

Windows Phone 7 从 6 大核心出发进行了彻头彻尾的改进：

1）Live tiles 支持开机屏幕（用户主界面）显示最新的网络内容、照片、联系人信息等，如图 1-6 所示。

图 1-6　Windows Phone 7 用户主界面

2）People Hub 是用户沟通的中心。手机用户可在联系人菜单中查看好友的社交网络及更新内容与照片。此处还向用户提供 Facebook 与 Windows Live 个人页面更新功能，如图 1-7 所示。

图 1-7　Windows Phone 7 联系人界面

3）Pictures Hub 实现了对手机本地、计算机本地存储相片与网络相册存储照片的完美支持。用户还可以利用此功能更新自己社交主页的相片，如图 1-8 所示。

图 1-8　Windows Phone 7 相册

4）Games Hub 向用户提供最新的 Xbox LIVE 游戏体验。公司在此再次强调了游戏社交的概念，如图 1-9 所示。

5）Windows Phone 7 的音乐与视频服务（Music + Video Hub）是手机的媒体播放中心，本地音乐、流媒体、广播以及视频无所不包，如图 1-10 所示。

6）Windows Phone 7 提供到本地安装的 Office Mobile、Office SharePoint 与 Office OneNote 的快速访问。同时还提供微软公司的 Office Outlook 电子邮件服务，如图 1-11 所示。

图 1-9　Windows Phone 7 游戏中心

图 1-10　Windows Phone 7 音乐视频

图 1-11　Windows Phone 7 办公中心

1.2 Windows Phone 7 应用开发平台

Windows Phone 7 是一个全新的智能手机操作系统，因此，有必要对其平台架构和应用程序生命周期以及在 Windows Phone 系列中首次出现的 XNA 架构有所了解。

1.2.1 Windows Phone 7 应用开发平台简介

相对于微软公司以前的手机智能操作系统来说，Windows Phone 7 系统的开发门槛大大降低，主要开发语言为 XAML 和 C#，如果要开发游戏程序，需要熟悉 XNA 技术。至于开发工具，开发者们只需熟悉微软公司的开发工具，例如，Visual Studio、Expression Blend、Silverlight 或者 XNA 技术，就可以在 Windows Phone 7 应用平台上开发用户需要的 Windows Phone 7 应用程序或者游戏。Windows Phone 7 对于应用程序和游戏的开发采用不同的工具 Silverlight 和 XNA。下面通过表 1-1 来说明 Silverlight 和 XNA 的特点。

表 1-1 Silverlight 与 XNA 的特点

Silverlight	XNA
基于 XAML 的事件驱动 UI 框架	出色的游戏框架
快速创建应用软件	快速创建自适应屏幕 2D 与 3D 游戏
出色的 UI 控件	丰富的组件系统

1. Silverlight 框架

通过 Silverlight（基于 XAML 的事件驱动）框架开发基于用户体验的新颖程序。

2007 年 Silverlight 1.0 问世，最初它的定位是 Web 前端应用程序开发解决方案，主要是解决 Web HTML 的瓶颈困难，属于 RIA（Rich Internet Application）策略的主要应用程序开发平台之一。由于 Silverlight 与.NET 平台的高融合性、大量的元素支持、丰富的多媒体支持和高度的 Web 互动性，已经受到许多开发人员的欢迎，发展速度相当惊人。

Windows Phone 7 的 Silverlight 程序将会包含所有的 Silverlight 3.0 接口，同时加入大量的 Silverlight 4.0 针对移动设备的新特性。当然，一些不太适应用于手机的功能将会去除，譬如打印和一些商务应用需要的功能。在常规概念中，Silverlight 程序都是基于浏览器的，相反，Windows Phone 7 的 Silverlight 程序可以说是脱离浏览器而运行的。

2. XNA 框架

通过 XNA 框架开发虚拟有趣的游戏程序。

在手机应用程序中，游戏程序占了不少的分量，为了支持开发人员在 Windows Phone 7 平台上开发游戏，微软公司公司推出了 XNA 框架，希望通过这个专门为游戏开发设计的平台，吸引大量的开发人员加入 Windows Phone 7 游戏开发行列。

相对于国内大部分开发者来说，XNA 框架或许比较陌生。它是微软公司以前推出的用于开发 Xbox 上的游戏以及 Zune 上应用程序的一套开发工具。由于 Xbox 和 Zune 一直没有正式进入国内，所以国内关于这方面的开发内容很少。同样，它也是采用托管代码。

Windows Phone 7 开发平台为开发者提供以下条件：

1）熟悉和低价的开发工具。

2）完整的高度集成的应用程序接口（API）。

3）为每一个应用程序提供一套独立的沙箱。

4）设备上实时的服务可以让用户接入到网络服务器，例如，Xbox Live、Windows Azure、定位和通知服务。同时也支持通过网络连接到第三方的 Windows Communication Foundation（WCF）和 Representational State Transfer（REST）服务。

5）在 Windows Phone 7 应用商城上为每位开发者的应用程序提供销售平台。

与大部分应用平台一样，Windows Phone 应用平台将继续更新发展，为开发者提供以下服务：

1）为各种标准平台提供丰富的应用开发功能。

2）支持个人与其他设备连接并进行数据交互。

3）为终端与终端的管理提供一个健全的开发者应用商城平台。

4）强大并且方便的开发工具。

在当今社会中，用户与信息密不可分，三屏一云将是微软公司近年发展重点与趋势，三屏分别代表：电视屏幕、计算机屏幕、手机屏幕；一云是指目前使用的 Internet，微软公司希望借助云端服务的连接，向用户提供整合的信息内容与个人资讯内容，如图 1-12 所示。

图 1-12　三屏一云是微软公司近年的发展重点与趋势

1.2.2 Windows Phone 7 应用开发平台架构

Windows Phone 7 开发平台主要分成两大部分，如图 1-13 所示。

（1）界面部分

界面部分由两部分组成：一部分是关于开发应用所需要的工具和支持；另一部分是所开发的应用类型和支持的功能 API。其中 Silverlight 框架主要应用于以事件驱动、以 XAML 为基础、快速创建网络、使用 Windows Phone 的控件和多媒体应用程序；XNA 框架主要应用于高性能游戏框架、2D、3D 游戏；管理游戏构件，如：mesh、models、textures、effects 等。

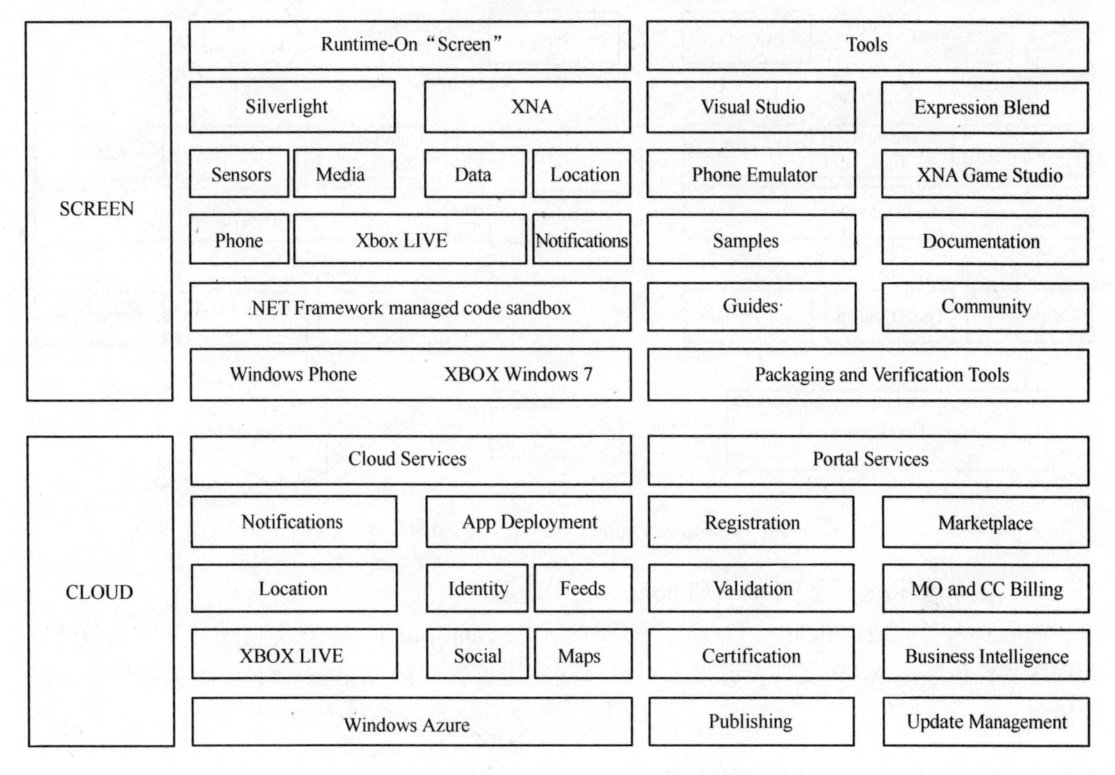

图 1-13　Windows Phone 7 开发平台两部分

（2）云计算部分

云计算主要由两部分组成：一部分是开发者移动服务，主要用于开发者应用程序的注册、认证、发布、更新管理和应用商城的付费管理等；另一部分是云服务，主要用于开发者使用的云服务 API，如：maps、feeds、social 以及云计算（Azure）服务。

1.2.3　Windows Phone 7 应用程序生命周期

图 1-14 描述了一个应用程序从开发到测试再到发布的生命周期与流程。

（1）注册 Windows Phone 7 开发人员入口网站

Windows Phone 7 开发人员入口网站是微软公司为 Windows Phone 7 开发人员建立的网站，透过该网站，开发人员除了可以获得资源与工具外，还可以进行应用程序的提交与审核。

（2）开始设计开发 Windows Phone 7 应用程序

获得 Windows Phone 7 开发工具后，开发人员即可开始进行应用程序的开发与设计工作，根据不同的需求，可以选择 Silverlight 或者 XNA 框架作为主要开发平台。

（3）测试应用程序

测试应用程序是开发流程中相当重要的一个环节，通过测试可以早期发现应用程序可能存在的错误、潜在的隐患，从而可以更正这些错误，提高程序的可靠性、健壮性与实用性。在 CTP 开发工具中附有 Windows Phone 7 的模拟器，开发人员可以通过模拟器进行应用程序的测试工作。

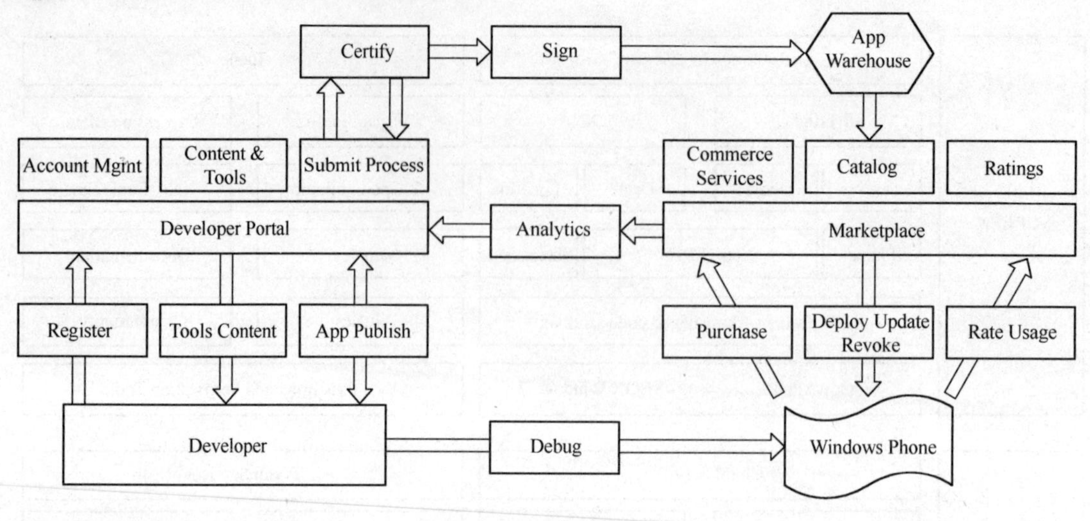

图 1-14 Windows Phone 7 应用程序的生命周期与流程

（4）发布应用程序到 Windows Phone 7 应用商城

当开发人员完成 Windows Phone 7 的开发后，Visual Studio 2010 会自动将开发人员开发的程序软件包装成.XAP 文件，开发人员可直接发送该文件到 Windows Phone 7 应用商城进行销售。

1.2.4 Silverlight 与 XNA 的选择

关于 Windows Phone 7 平台的开发，在前面已经介绍了两种开发框架：Silverlight 和 XNA。下面来分析这两种工具分别适合用于哪些领域。

如图 1-15 所示，可以看到最底层的是.NET Compact Framework，它是一些核心组件。

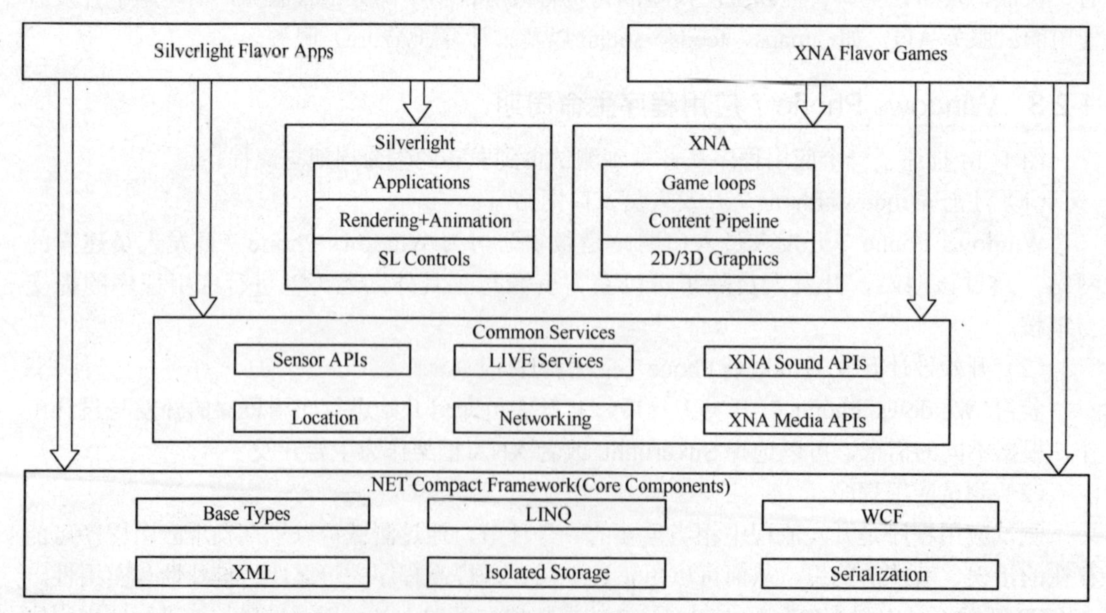

图 1-15 Silverlight 与 XNA 的架构

在其之上是一些通用服务，再上一层则是 Silverlight 与 XNA。最上层则是开发人员基于这两种不同架构所编写的应用程序。

1.3　Windows Phone 7 手机通用配置

微软公司移动通信业务部门高级副总裁 Andy Lees 表示：“之前 OEM 可以任意而为，从软件的角度来看，硬件就成了一个大问题，你的软件无法为硬件进行优化，不能为终端用户提供最佳的体验。因此我们将采用新的模式，为了最大限度释放硬件性能，我们将为 Windows Phone 7 设定最低硬件需求，并且不会限制在此之上添加更多的功能。”

所有的智能手机要安装 Windows Phone 7 系统，硬件方面必须符合微软公司所公布的最低配置。目前已知的 Windows Phone 7 最低硬件要求见表 1-2。

表 1-2　Windows Phone 7 硬件要求

硬　件	最 低 标 准
屏幕	电容式触控输入、WVGA（800×480）屏幕，同时屏幕长宽比固定
按键	3 个实体按键，Start、回上页（项目）、搜寻（Bing）
CPU	ARM v7 Cortex/Scorpion 或更高
GPU	支持 DirectX 9
内存	256MB RAM 或更高，8GB Flash 或更高
摄像头	500 万像素或更高，Flash 闪光灯，摄像头按钮
传感器	A-GPS、加速器、电子指南针、光测距传感器
多媒体	编解码加速器

1.4　本章小结

本章主要介绍 Windows Phone 的发展历程，Windows Phone 7 系统的架构以及 Windows Phone 7 的开发语言，开发工具。最后介绍 Windows Phone 7 应用程序的生命周期以及针对不同的程序采用不同的开发技术。下面通过表 1-3 来回顾 Windows Phone 的发展历程及特性。

表 1-3　Windows Phone 发展历程及特性

年　份	事　件
1998 年	第一代微软公司移动设备操作系统 Windows CE 1.0
1999 年	升级版本为 Windows CE 2.0（设备称为 Palm-Size PC）
2000 年	新的操作系统改名为 Pocket PC 2000（简称为 Pocket PC 或者 Windows CE 3.0）
2001 年	Pocket PC 2002 问世
2002 年	推出增加手机功能的 Pocket PC Phone 2002；同年，Smartphone 2002 诞生
2003 年	微软公司将 Pocket PC 2003 和 Smart Phone 2003 统一改称为 Windows Mobile 2003，包括 Windows Mobile 2003 for Pocket PC、Windows Mobile 2003 for Pocket PC Phone Edition 和 Windows Mobile 2003 for Smartphone

（续）

年　份	事　件
2005年	微软公司没有延续年号的命名方法，采用操作系统所 采用的 Windows CE 内核版本命名，将新的操作系统称为 Windows Mobile 5.0，包括 Windows Mobile 5.0 for Pocket PC、Windows Mobile 5.0 for Pocket PC Phone 和 Windows Mobile 5.0 for Smartphone
2007年	微软公司在 1 月份的 SGSM 大会上，正式推出 Windows Mobile 6.0 移动设备操作系统，包括 3 个版本，但是版本分类采用了不同的命名方式：Professional（支持触摸屏智能手机）、Standard（非触控屏智能手机）、Classic（不具备手机功能的手持设备）
2008年	微软公司推出 Windows Mobile 6.1 操作系统，其主要的特性在于稳定性方面的提高
2009年	发布 Windows Mobile 6.5 操作系统，新版系统重点强化了对触摸操作的支持和优化，比传统方格式界面更易于触摸和点击，例如，蜂窝形的主菜单界面。新版本的 Internet Explorer Mobile 浏览器也增加了可触摸的页面缩放滑竿和常用命令。“Windows Marketplace”在线商店将为手机提供各类应用程序的下载
2010年	微软公司通过最新一代手机操作系统 Windows Phone 7，将旗下 Xbox LIVE 游戏、Zune 音乐与独特的视频体验整合至手机中

第 2 章　Windows Phone 7 开发环境

本章主要介绍 Windows Phone 7 开发环境 Visual Studio 2010 、Expression Blend、XNA Game Studio、Windows Phone 7 模拟器以及 Windows Phone 7 开发环境的搭建等，为开发 Windows Phone 7 程序做准备。

学习重点：

- 了解 Windows Phone 7 开发工具。
- 如何搭建 Windows Phone 7 开发环境。
- 如何使用 Windows Phone 7 模拟器。

2.1　Windows Phone 7 开发工具简介

开发工具对于开发者来说尤为重要，Windows Phone 系列的开发工具一直都是使用微软公司的 IDE Visual Studio，但是作为全新的 Windows Phone 7 平台，微软公司又提供了全新的开发工具用来帮助开发人员更好地协同工作。

2.1.1　Visual Studio 2010

1．Visual Studio 2010 新特性

2010 年 4 月 12 日，Visual Studio 2010 正式发布，对于全球开发者来说，Visual Studio 是最受欢迎的开发工具，作为微软公司集成开发环境 Visual Studio 的最新版，新的 Visual Studio 在以下几方面作了大幅改进：

（1）用户体验

Visual Studio 2010 为开发者提供更好更明了的 UI 设计，在减小复杂度的前提下，大大增强了代码编辑器的功能，同时对浮动文档和窗口有了更好的支持。

（2）Web 开发

Visual Studio 2010 提升了 Web 开发工具功能，添加了高性能及标准化的 Javascript intellisense 引擎，全面支持 Silverlight 开发，同时增加"一键部署"功能，开发者可以快速地将文档和程序发布到将要部署的网站上。

（3）云计算

Visual Studio 2010 包含了 Windows Azure 工具，Windows Azure 是由微软公司开发的一套云计算操作系统，可以提供云在线服务所需要的操作系统以及基础存储管理的平台，例如，更改 Service Role 设置；开发整合 Development Fabric 和 Development Storage 服务；建立云服务软件包等。

（4）更多数据库类型支持

相对于旧版本的 Visual Studio 来说，新版的 Visual Studio 2010 为开发者提供的数据库除了 SQL Server 外，还有 IBM DB2 以及 Oracle。

（5）并行编程

Visual Studio 2010 支持并行编程的 IDE，本地的 C++库可以使用 Lambda 函数，并与 STL 相匹配，在.NET 框架上做了更好的扩展，提供了对必要数据以及任务的并行支持等。

在以上新增加的特点中，云计算是一个架构重要的组成部分，而 Visual Studio 2010 的亮点就是支持云计算的服务，开发者可以基于 Windows 开发更多的应用程序，在丰富微软公司云计算平台的时候创造更多的商业机遇。同时，也支持云应用，可以说是云加端战略完美的诠释。

2. Visual Studio 2010 安装步骤

1）插入 Visual Studio 2010 安装光盘，打开光盘，双击 setup 文件，如果光盘自动运行，并弹出如图 2-1 所示的安装窗口，单击 Install Microsoft Visual Studio 2010。

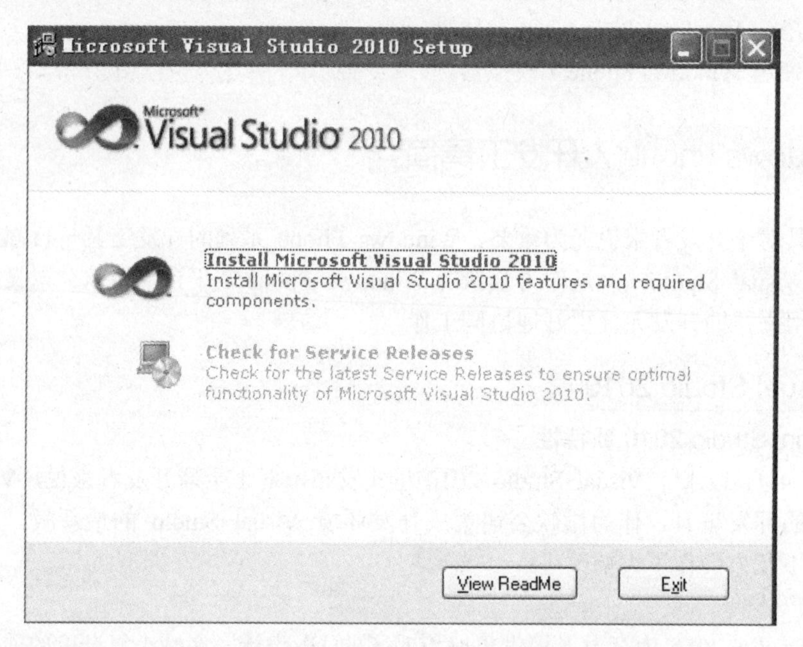

图 2-1 Visual Studio 2010 安装

2）安装程序将把需要安装的文件载入缓存，如图 2-2 所示。

3）接着在弹出的窗口中单击 Next 按钮，安装程序将进入 Start Page，如图 2-3 所示。安装程序会检测当前系统是否满足 Visual Studio 2010 安装所需的组件，如果不满足，会在窗口的左边显示出来，这时候根据要求先安装所需的组件，再重复第一步。单击该窗口的 I have read and accept the license terms 的单选按钮，然后单击 Next 按钮。

4）在弹出的 Opinions Page 窗口中，如图 2-4 所示，可以选择安装 Visual Studio 2010 的目标路径以及安装类型，在这里推荐大家选择 Full 类型，如果熟悉 Visual Studio 的开发环境，可以选择 Custom 类型，然后根据开发的需要，选择要安装的工具。单击 Install 按钮进入下一步。

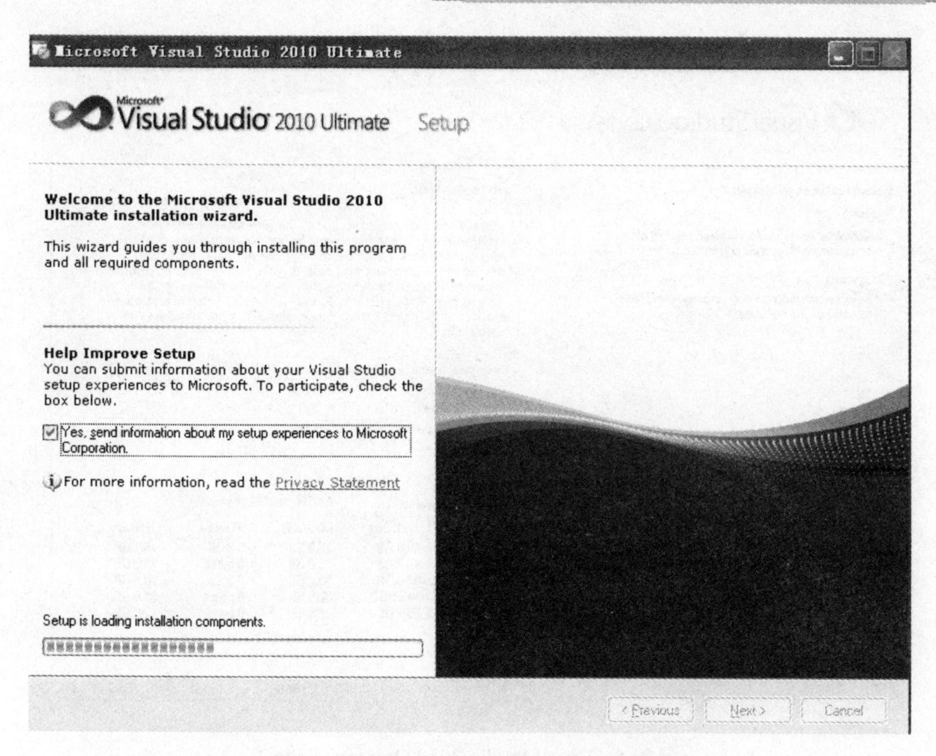

图 2-2 Visual Studio 2010 载入安装文件

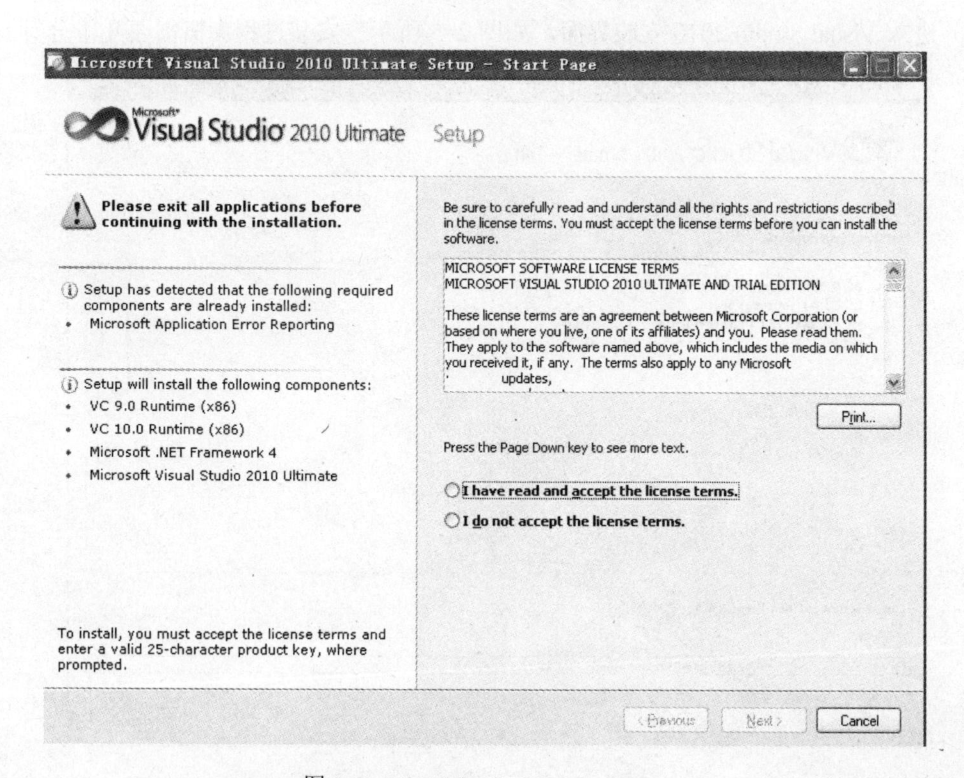

图 2-3 Visual Studio 2010 Start Page

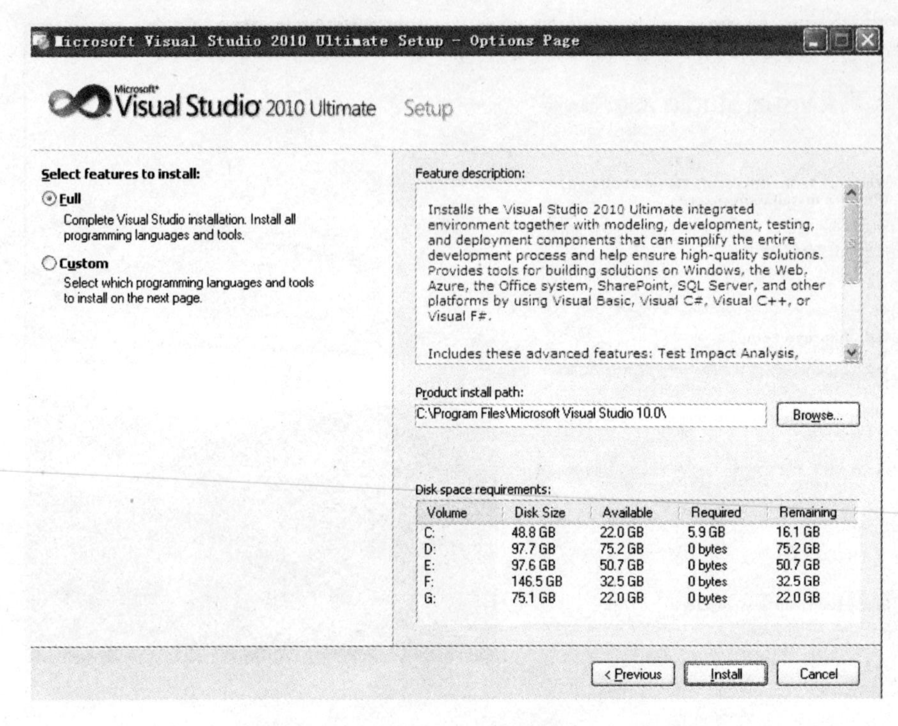

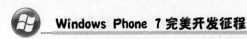

图 2-4　Visual Studio 2010 Opinions Page

5）进入 Visual Studio 2010 安装界面，如图 2-5 所示。安装过程大概需要几十分钟。

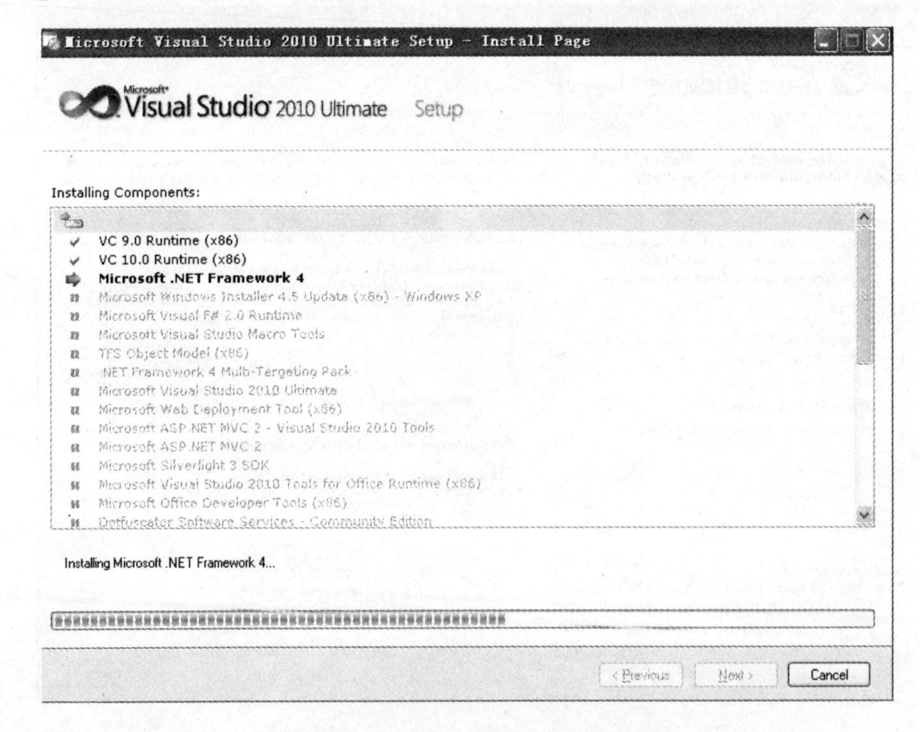

图 2-5　Visual Studio 2010 Install Page

6）安装过程中可能会要求重启计算机，选择 Restart Now 即可。

7）安装成功后会弹出窗口，提示安装成功。

2.1.2　Windows Phone Developer Tools

1．Windows Phone Developer Tools 概述

为了吸引广大的开发者，微软公司做了一项重要的决定，那就是免费开放 Windows Phone 7 系列开发工具。Windows Phone Developer Tools 工具套装可以让开发者在开发环境中模拟 Windows Phone 7 运作，以减少测试应用时间和降低成本。该套装由以下组件组成：

- Windows Phone 7 版本的 Visual Studio 2010 Express。
- Windows Phone 7 仿真器。
- Windows Phone 7 版本的 Silverlight。
- Windows Phone 7 版本的 Microsoft Expression Blend。
- XNA 游戏工作室 4.0 版。

2．Windows Phone Developer Tools 安装

因为 Windows Phone Developer Tools 是免费的，所以可以直接从网上下载后再安装，或者直接在线安装，如果是在线安装，推荐在网速比较好的情况下安装。安装步骤如下：

1）登录微软公司官方网站，进入 Windows Phone 7 开发工具网页，其中有两种安装模式：在线安装和本地安装，选择所需要安装的方式，然后单击 Download。

2）如果选择在线安装，则下载 vm_web.exe 文件，下载完毕后，运行该文件；如果是本地安装则需要把安装文件下载后再安装，则下载 WPDTBeta_en.iso 文件，该文件是一个虚拟光盘文件，需要有支持虚拟光盘的程序，例如，DAEMON Tools Lite。

> **提示：**
>
> 由于微软公司发布的版本差异，有可能上面提到的安装文件名称有所不同，所以上面所提到的安装文件名仅作参考。

2.1.3　Expression Blend

1．Expression Blend 概述

Microsoft Expression Blend 是一个全新的、功能齐全的专业设计工具，用于设计基于 Microsoft Windows 平台的丰富、精美、复杂的应用界面。Expression Blend 可以为设计人员提供更出色的应用功能并提升客户的体验和满意度。

Expression Blend 包含以下功能：

- 全套矢量图形工具，包括文本和三维工具。
- 易用的可视化界面，强大的动画、三维和媒体集成。
- 先进、灵活且可重用的自定义和外观选项，适用于各种常用控件。
- 与数据源、外部资源的强大集成。
- 实时设计和标志视图。

2．Expression Blend 目标应用程序类型

- 开发设计类应用程序，提高用户的生产力及效率的应用程序以及行业应用程序。如：Microsoft Office。
- 媒体应用程序。如：媒体播放器、安全工具和桌面小工具等应用程序。
- 简单的游戏程序。
- 信息查询终端，在信息查询终端上运行的应用程序。用户可与其交互以获取信息、查看产品目录、在机场办理登机手续等。
- IT 专业工具，专门针对特定的公司或客户需要执行小型作业的工具。如：错误跟踪工具。

2.1.4 XNA Game Studio

1．XNA Game Studio 概述

游戏开发提出了几个独特的挑战。不管从设计角度，还是从技术角度，游戏必须力争吸引用户，同时还要维持合理的帧速率。此外，还要考虑到用户通过输入和高质量的音频输出与游戏的交互方式要直观。

在推出 XNA Game Studio 之前，游戏开发人员使用诸如 DirectX 和 OpenGL 之类的技术。这些 API 允许对硬件进行基本访问，但它们不直观。因此，开发人员通常将核心组件（如：图形、音频和输出）组合到一个称为引擎的框架中，然后在框架的顶部对特定游戏逻辑进行分层。创建和使用框架的成本很高，而且很耗时。

此外，用 C++（选择用于游戏开发的语言）管理内存和逻辑在技术上要求很苛刻，管理游戏中存在的多段艺术内容也是如此。因此，游戏开发使业余开发人员望而却步。同样，针对下一代视频游戏控制台（如：Xbox 360）进行开发的复杂技术和业务要求也是让开发人员生畏的。

XNA 是微软公司迎合业界需要推出的下一代游戏开发平台，基于 XNA 平台的革命性系列开发工具 XNA Game Studio 可使业余开发者能非常轻松地开发 Windows 游戏和 Xbox 360 控制台游戏。

2．XNA Game Studio 特性

XNA Game Studio 包括 XNA Framework，不仅大大简化了图形处理、音频处理、输入和存储功能，而且简化了游戏中都会用到的基本计时和绘图循环。XNA Game Studio 自动构造计时和呈现循环。它提供了处理其自身的计时、呈现和公开 Update 方法（可以在其中添加对象以便更新每个帧）及 Draw 方法（可以在其中添加对象以便呈现到屏幕）的 Game 类。

此外，它提供的游戏框架（称为应用程序模型）可以自动设置相应的图形设备，而无需复杂的设备枚举代码。使用此框架，创建 XNA Game Studio Express 项目，就有了游戏运行所需要的计时与循环功能。可以直接编译和运行该项目。

2.1.5 Windows Phone 7 模拟器

下面来学习 Windows Phone 7 模拟器的一些使用技巧，如图 2-6 所示。

从图 2-6 中可以看到 Windows Phone 7 模拟器的右边有一竖条的工具栏，其中，

表示关闭当前模拟器；▬表示最小化模拟器；表示逆时针旋转模拟器；表示顺时针旋转模拟器；表示把模拟器的尺寸设置为适合当前屏幕；模拟器设置，可以设置屏幕的大小。

图 2-6 Windows Phone 7 模拟器

> **提示：**
> 当调试完毕后，如果不再使用模拟器，可以关闭模拟器，如果还需要继续调试，则建议不要关闭模拟器，只结束调试，因为模拟器的启动需要一段时间。这样可以减少开发时间。

2.2 Windows Phone 7 开发环境的搭建

本节介绍构建 Windows Phone 7 开发环境的系统需求和安装步骤。

2.2.1 系统需求

系统需求：

- 操作系统：Windows Vista SP2 或者 Windows 7。
- 硬盘驱动器上保留 3GB 以上可用磁盘空间。

- 内存 2GB 以上。
- 支持 DirectX 10、WDDM 1.1 的显卡。

2.2.2 安装步骤

在安装 Microsoft Visual Studio 2010 Express for Windows Phone 之前，首先要获取该工具的网上安装程序 Windows Phone Developer Tools installer，如果已经获得该程序，可以跳过这一步。

1）如果没有该程序，可登录到 http://developer.windowsphone.com 网站进行下载。下载完毕后，单击运行进入第二步。该程序主要是检测目标计算机系统环境是否适合 Windows Phone 7 开发，同时从微软公司网站下载安装包并安装到目标计算机上。Windows Phone Developer Tools installer 将在计算机上安装以下程序：

- Microsoft Visual Studio 2010 Express for Windows Phone。该工具是用户创建 Windows Phone 应用程序和游戏的集成开发环境，是 Visual Studio 2010 Express Edition 的订制版本。
- .NET Framework 4.0。
- Silverlight runtime for Windows Phone。
- Windows Phone 7 版本的 Microsoft Expression Blend。
- XNA Framework and XNA Game Studio 4.0。该工具是用户开发 XNA 游戏使用的。
- Windows Phone Emulator。该工具是为用户开发 Windows Phone 应用程序或者游戏使用的模拟器。
- 一些其他的工具，譬如 Silverlight 4。

2）开始安装 Windows Phone 开发环境，该过程大概需要 20～30min 时间，当然根据不同的计算机配置与当前的网速所花费的时间不一样。安装进程大概有 15 个阶段（如果计算机已经安装一些需要程序，可能会少一些），当安装完 .NET Framework 4.0 后，系统将重启。

3）计算机重启后，安装程序继续进行。当安装完毕后，可以在计算机的开始程序里面看到需要开发 Windows Phone 应用程序的工具 Visual Studio 2010 Express for Windows Phone 和 Windows Phone Emulator。如果计算机已经安装了 Visual Studio 2010 RC 的某一个版本，安装程序仍然会安装 Microsoft Visual Studio 2010 Express for Windows Phone 以及添加相应的 Silverlight 应用程序和 XNA 游戏开发模块。

2.3 Windows Phone 7 开发工具的使用技巧

下面来学习 Windows Phone 7 开发工具的使用技巧。安装完 Windows Phone Developer Tools 后，单击 Windows 7 系统的开始按钮，选择程序，单击 Microsoft Visual Studio 2010 Express for Windows Phone，进入 Windows Phone 7 的开发环境，选择 File，选择新建一个工程 New Project，在这里新建一个 Silverlight for Windows Phone 7 的 Windows Phone Application 工程，设置如图 2-7 所示。

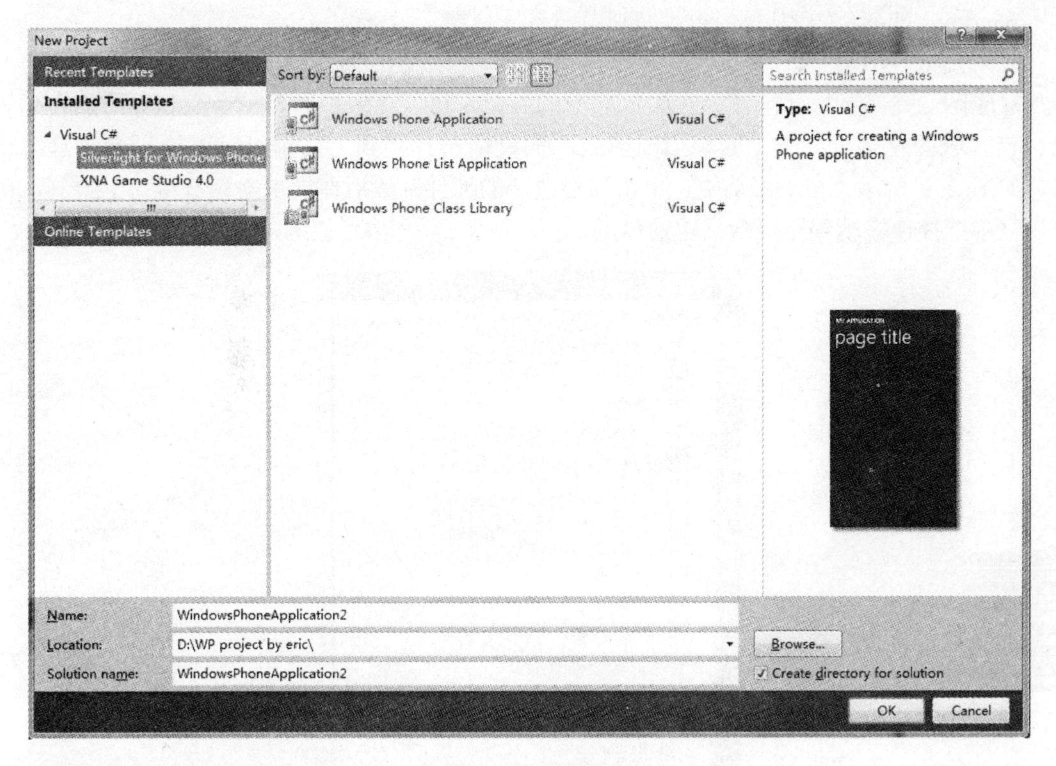

图 2-7　新建工程

图中，Name 为工程的名称，Location 指定工程的路径，Solution name 表示当前解决方案的名称，Create directory for solution 复选框表示是否为当前解决方案建立目录，一般选中该选项。单击 OK 按钮，进入 Windows Phone 7 的开发环境，如图 2-8 所示。

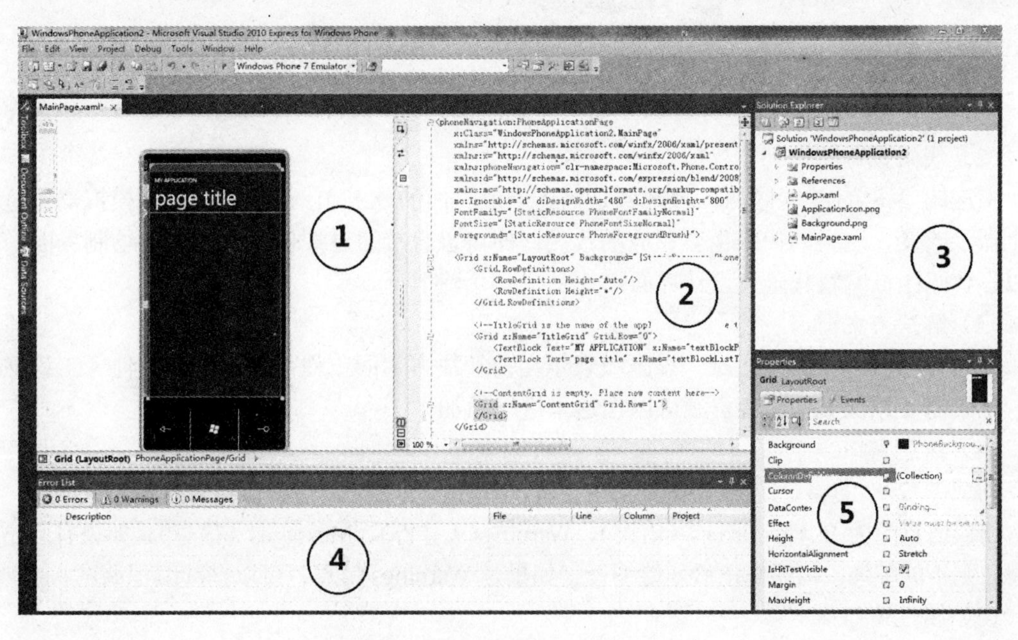

图 2-8　Windows Phone 7 开发环境

Windows Phone 7 开发环境大致可以分成 5 大区域。

（1）模拟器预览窗口

对应图 2-8 的 1 号区域。在绘制界面的时候，可以在模拟器预览中看到界面的实际效果，该区域的左侧有一个工具箱 ToolBox，把鼠标指针移到工具箱上，直接显示工具箱窗口，如图 2-9 所示。在工具箱中，单击需要选择的控件，然后在模拟器预览窗口上绘制，也可以直接把控件拖动到模拟器预览窗口上。

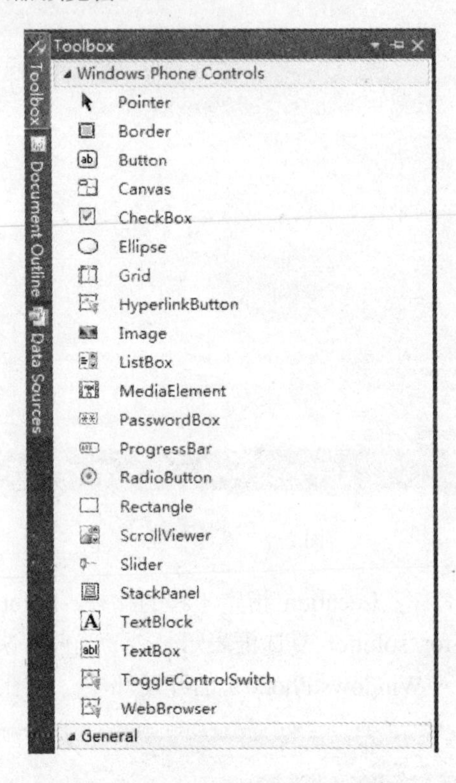

图 2-9　Windows Phone 7 工具箱

（2）代码预览窗口

对应图 2-8 的 2 号区域。该区域是描述当前界面的 XAML 语言，如果在模拟器预览区域上做了改变，这里的代码也会相应的改变，即可以直接通过控件在模拟器上绘制界面，也可以在代码区域编写代码来设计界面。

（3）解决方案窗口

对应图 2-8 的 3 号区域。该区域表示当前解决方案的工程名称、资源文件、工程文件等。如果需要添加文件或者资源可以在这里进行添加。

（4）信息窗口

对应图 2-8 的 4 号区域。如果当前工程的代码出现错误，该窗口将会显示错误信息，其中，错误信息分为 3 种：Errors（错误）、Warnings（警告）、Messages（信息）。如果有 Errors 信息，则不能编译，需要修正后才能编译；如果是 Warnings 信息，可以继续编程调试。

（5）属性窗口

对应图 2-8 的 5 号区域。表示选中的控件、区域、文件或者窗口的一些常用属性，开发

者可以在此对对应的组件直接修改。

> 提示：
>
> 信息窗口只能显示当前代码的语法信息，代码的逻辑或者架构是不能检测出来的。开发者在编译程序时，尽量控制信息窗口中没有 Errors 和 Warnings 信息，即 0 Errors 和 0 Warnings。

2.4　本章小结

在本章中，主要介绍了开发 Windows Phone 7 程序的准备工作，Windows Phone 7 的开发环境知识、如何搭建开发环境以及几种常用的开发工具，开发环境的使用方法，如何在开发环境里建立工程及一些使用 Windows Phone 7 开发工具的技巧。

第 3 章　创建第一个 Silverlight 应用程序

本章介绍如何建立第一个 Silverlight 应用程序。

当需要建立一个以 XAML 为基础的事件驱动应用程序时，比较明智的选择是使用 Silverlight。这使得应用程序可以浏览一个 HTML 网页，播放音乐视频等数字媒体，控制基本的本地话机任务（短信、语音通话等），或者是用来访问丰富的网络资源。

学习重点：

- 了解基本的 Silverlight 项目建立的方法。
- 掌握基本的编译、运行、调试程序过程。
- 熟悉集成开发环境。

3.1 建立 HelloWorld

采用经典的 HelloWorld 来开始第一个 Windows Phone 7 Silverlight 应用程序真是再适合不过了。为了能够更加细致地展现 Windows Phone 7 上 Silverlight 应用程序的事件驱动机制，将采用按钮来触发一个 Click 事件，从而再显示出“Hello World”字样。

1．建立项目

进行操作前，先检查是否已经下载并安装了 Windows Phone Developer Tools，如果一切准备就绪，那么可按照下列步骤建立第一个 Windows Phone 7 应用程序：

1）启动 Visual Studio 2010，创建一个新的项目。

2）在 New Project 窗口中，展开左边 Visual C#中的模板，然后选择 Silverlight for Windows Phone，再在右边选择 Windows Phone Application，如图 3-1 所示。

3）在新建项目的 Name 文本框中输入程序项目名称 Hello World，单击 OK 按钮，完成新建操作。

此时，一个新的 Windows Phone 7 项目就被建立好了，Visual Studio 2010 会显示 MainPage.xaml 的设计界面。

2．添加控件

如图 3-2 所示，在默认状态下 Visual Studio 2010 已经为 MainPage.xaml 添加了两个 TextBlock 控件：textBlockPageTitle 和 textBlockListTitle，分别显示着 MY APPLICATION 和 page title。

根据需要，下面将对控件的属性做一些设置和修改。其步骤如下：

1）在设计视图中选中 MY APPLICATION，此时应看到属性管理器中已经切换到针对该 TextBlock 的属性设置。如果属性管理器窗口没有出现，也可以通过右击 MY APPLICATION 选择属性来打开属性管理器窗口。同时把 Text Block 属性修改成 MY FIRST APPLICATION，

如图 3-3 所示。

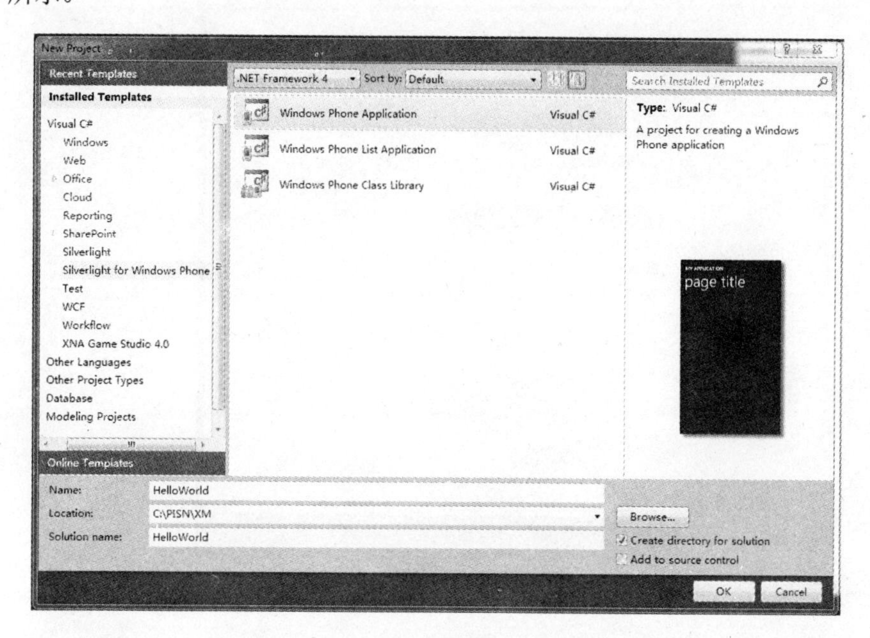

图 3-1　新建 Windows Phone Application

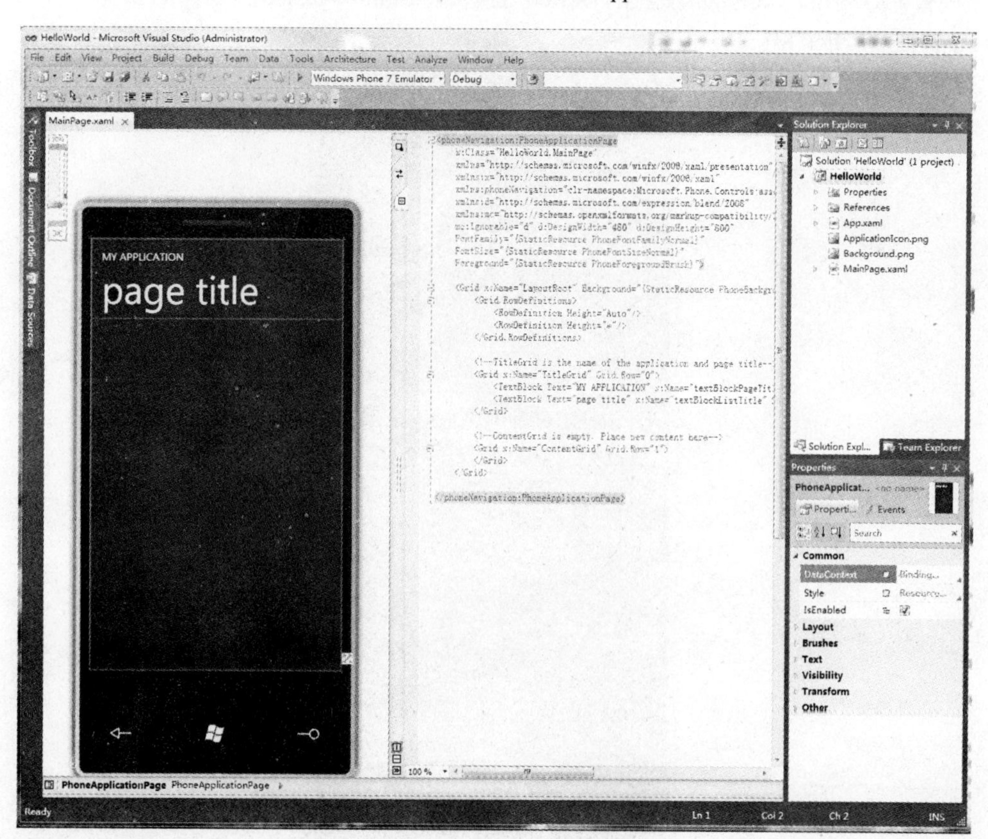

图 3-2　程序设计界面

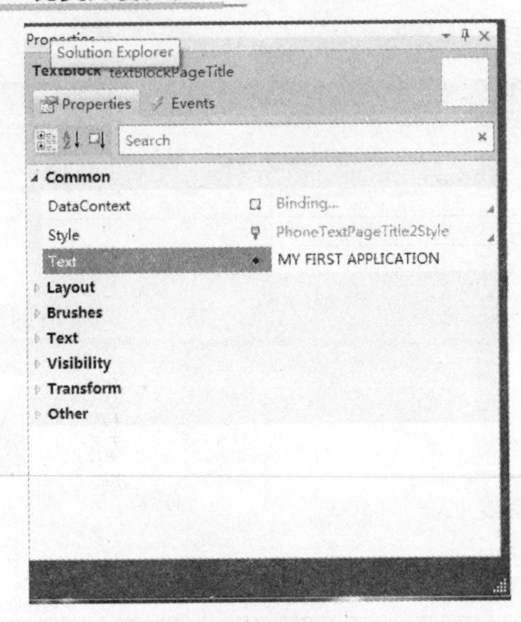

图 3-3　设置 TextBlock 属性

2）从工具箱中用鼠标拖动一个 Button 控件到 MainPage.xaml 设计面板上，并设置其 Content 属性为 Click Me。

3）将 Button 控件居中放在适当位置，最终的界面如图 3-4 所示。

图 3-4　HelloWorld 界面

3．添加代码

为了实现单击按钮显示 Hello World 字样，要对按钮添加相应的代码。其步骤如下：

1）双击按钮控件，以添加一个单击事件的事件处理程序。此时看到 MainPage.xaml.cs 文件的代码如下：

```
using System;
using System.Collections.Generic;
using System.Linq;
using System.Net;
using System.Windows;
using System.Windows.Controls;
using System.Windows.Documents;
using System.Windows.Input;
using System.Windows.Media;
using System.Windows.Media.Animation;
using System.Windows.Shapes;
using Microsoft.Phone.Controls;

namespace HelloWorld
{
    public partial class MainPage : PhoneApplicationPage
    {
        public MainPage()
        {
            InitializeComponent();

            SupportedOrientations = SupportedPageOrientation.Portrait | SupportedPageOrientation.
Landscape;
        }

        private void button1_Click(object sender, RoutedEventArgs e)
        {

        }
    }
}
```

从中可以看到以上代码和一般的.NET 程序结构大致相同，首先是使用 using 对命名空间的引用，然后看到整个程序的代码被封装在以程序名称 HelloWorld 为名的命名空间中，MainPage 继承于 PhoneApplicationPage。

由于刚才双击按钮触发了一个单击事件的响应程序，因此，可以看到有个名为 button1_Click 的方法。此方法与按钮一一对应，打开 XAML 编辑器可以看到如下相关代码：

```
<Button Content="Click Me" Height="70" HorizontalAlignment="Left" Margin="150,87,0,0" Name=
"button1" VerticalAlignment="Top" Width="160" Click="button1_Click" />
```

从中看到 Click="button1_Click"对单击事件做了关联。

2）将对按钮单击事件的响应代码输入到 button1_Click 中去，类似如下代码：

```
private void button1_Click(object sender, RoutedEventArgs e)
        {
textBlockListTitle.Text="Hello World!"
}
```

这样，当单击按钮时，名为 textBlockListTitle 的 TextBolck 控件将会显示 Hello World！字样。

3.2 编译和调试项目

HelloWorld 项目已经完成。下面需要编译并且部署到模拟器中运行，查看最终的运行结果。

正如在 Visual Studio 中运行和调试其他程序一样，只需要按〈F5〉键即可马上编译和调试。

单击 Click Me 按钮将会更改文字内容，显示 Hello World！字样，如图 3-5 所示。

图 3-5　HelloWorld 运行效果

3.3　本章小结

本章初步介绍了如何建立一个可以实际运行的 Windows Phone 7 程序。通过建立这样一个简单而完整的程序开启整个 Windows Phone 7 的开发之旅。

第4章　创建第一个XNA应用程序

本章介绍Windows Phone 7平台下的XNA开发技术，包括XNA的概述、类库等理论知识，最后通过一个例子介绍XNA的游戏架构以及生命周期。游戏开发是智能手机的一个重要领域，XNA是Windows Phone 7平台上游戏开发的主要工具，限于篇幅，本章只是对XNA做一个大致介绍。通过阅读本章，读者可以对XNA的框架有初步的理解，也为以后深入学习XNA做准备。

学习重点：

- 了解Windows Phone 7下XNA的概念。
- 了解Windows Phone 7下XNA的类库功能。
- 了解Windows Phone 7下XNA开发的游戏程序结构。

4.1　XNA简介

XNA作为Windows Phone 7全新的开发平台提供了优异的图形及游戏性能，也为Windows Phone 7手机增添了强劲的活力。

4.1.1　XNA概述

XNA是微软公司推出的所谓“通用软件开发平台”，是基于DirectX的游戏开发平台，是微软公司对于Managed DirectX的修正及扩充版本。它的目标是帮助开发者更加方便快捷地创建优秀、快速和跨平台的游戏。XNA中，X代表能够在DirectX和Xbox之间达到跨平台的强大的软件工具；N代表下一代（Next Generation）；A代表架构（Architecture）。以DirectX为原型，微软公司希望把XNA发展为所有游戏开发平台的通用标准。如此一来将实现游戏开发工具的无缝嵌入和平滑过渡。

4.1.2　XNA发展过程

XNA的发展过程如下：

1）2004年5月12日，微软公司在第十届全球电子企业展销会上提出了XNA技术。

2）2005年3月17日，微软公司在GDC（游戏开发者讨论会）上，正式发布针对新一代游戏开发的跨平台整合型游戏开发套件“XNA Studio”。

3）2006年3月20日，微软公司在GDC上发布了XNA Framework游戏开发技术。XNA Framework构建于.NET Framework上，添加了主要用于游戏应用开发所需的类别库，在指定的平台上使游戏代码的重复利用率达到最大，降低跨平台游戏开发的难度，让游戏开发者可轻松地以C#语言进行跨PC和Xbox 360平台的游戏开发。该技术整合在跨平台开发

套件“XNA Studio”中。

4）2006 年 8 月 30 日，微软公司发布为业余游戏制作者所设计的游戏开发套件 XNA Game Studio Express Beta1，同年 11 月 1 日，又发布了 XNA Game Studio Express Beta2。

5）2007 年 4 月 24 日，微软公司发布 XNA Game Studio Pro 版本。

6）2007 年 12 月 13 日，微软公司发布 XNA Game Studio 2.0 版本，该版本的特点是可以在 Visual Studio 2005 的各个版本中使用 XNA 开发项目。

7）2008 年 10 月 30 日，XNA Game Studio 3.0 正式版发布，支持 C# 3.0、LINQ 和各个版本的 Visual Studio 2008。

8）2009 年 6 月 11 日，微软公司发布 XNA Game Studio 3.1 版本，新版本提供 Video Playback、Revised Audio API。

9）2010 年 3 月 9 日，微软公司在 GDC 上发布了 XNA Game Sudio 4.0 版本，该版本支持在 Windows Phone 7 平台上开发 XNA 游戏。

4.1.3 XNA 特点

相对于微软公司以前的手机操作系统来说，在游戏开发技术上，Windows Phone 7 采用 XNA 技术是一个很大的突破点。归纳起来 XNA 游戏开发有以下特点：

① 加快游戏开发的速度。以前使用 DirectX 来开发 Windows 平台游戏，游戏开发公司大概花费 80%的时间在程序开发上，而在游戏的创意上仅占 20%。而使用 XNA.NET Framework 进行游戏开发，大大减少了开发者的工作量，不仅降低了开发的成本，而且在游戏开发上可以更加关注游戏的创意。

② 开发的游戏可以在 Windows 与 Xbox 360 之间跨平台运行，同时它更加易用，有更高的扩展性。XNA Framework 把所有用作游戏编程的底层技术封装起来，由此，游戏开发员就可以把精力大部分专注于游戏内容和构思开发，而不用关心游戏移植至不同平台上的问题，只要游戏开发于 XNA 的平台上，支持 XNA 的所有硬件都能运行。

③ 支持 2D 与 3D 游戏开发。XNA Framework 同时支持 2D 和 3D 的游戏开发，也支持 XBox 360 的控制器和震动效果。

4.1.4 XNA 游戏模型

XNA Framework 包括以下 3 个核心部分（如图 4-1 所示）。

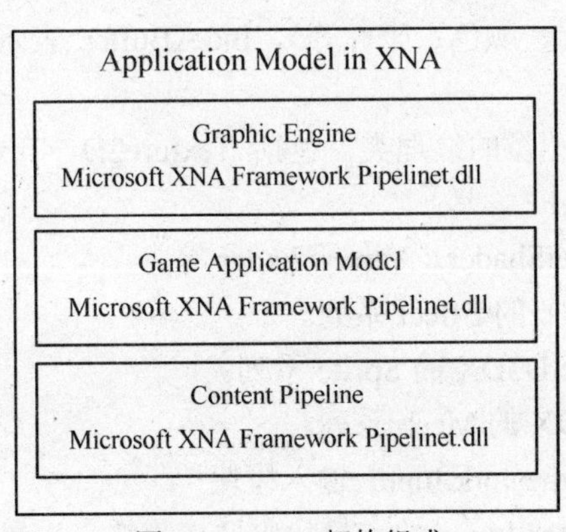

图 4-1 XNA 架构组成

- 在 Microsoft.XNA.Framework Pipelinet.dll 中的 XNA Graphic Engine（图形引擎）。
- 在 the Microsoft.XNA.Framework Pipelinet.dll 中的 XNA Game Application Model（应用程序模型）。
- 在 Microsoft.XNA.Framework Pipelinet.dll 中的 XNA Content Pipeline（内容管道）。

4.2 XNA 类库介绍

下面介绍 XNA 类库中的几大模块。

（1）Microsoft.XNA.Framework.Audio 声音模块

Microsoft.XNA.Framework.Audio 声音模块大大提高了开发人员在音效方面的开发速度，XNA 游戏上的声音通过 XACT（跨平台音效制作工具，Cross-Platform Audio Creation Tool）建立的，XACT 的理念与 Direct3D 渲染有点类似。声音制作人员根据游戏的需求配置好声音数据包的音量、音调、混音、声道、声音循环等，把该声音生成一个数据包，游戏开发人员通过在游戏工程中添加该声音数据包，就可以调用声音，而不需花时间去考虑声音的缓存、数据的导入等细节。

（2）Microsoft.XNA.Framework.Content 素材模块

在游戏中，素材是一个重要的组成部分，将素材导入游戏并不容易，不管是要找一个导出软件，还是要找一个合适的工具来辅助导出软件，都需要考虑很多方面。稍有不慎就会出现很多问题，例如，导入的素材是否能在游戏中正常显示，是否因导入出错而引起的问题。通过素材模块，可以使整个过程变得简单、方便。素材模块易用且具有高度的扩展性，能根据当前的游戏进行定制。

（3）Microsoft.XNA.Framework.Graphics 图像模块

Microsoft.XNA.Framework.Graphics 图像模块是 XNA 游戏开发中一个重点，该模块主要是对 Direct3D 进行封装。通过精心的重构和整理使调用图像更加方便，该模块与 MDX 最大的差别在于 MDX 使用固定函数的管理方式，而 Microsoft.XNA.Framework.Graphics 使用一种全渲染可编程管道。下面介绍该模块的几个核心类。

- GraphicsDevice 类：该类是控制显卡的类，对应 DirectX9 中的 IDirect3D9Device，管理所有资源的创建、卸载等；提供图像的绘制，配置图像的绘制属性等。
- Vertex 类：包括 VertexBuffer、IndexBuffer 和 VertexDeclaration。VertexBuffer 主要是存储顶点信息（即位置、颜色、坐标等），IndexBuffer 表示顶点索引，VertexDeclaration 表示 Vertex 说明。
- Texture 类：该类是图像的纹理类，包括 Texture2D、Texture3D 等，主要是处理 2D 和 3D 图像纹理。
- Shader 类：包括 PixelShader、VertexShader 等。
- Effect 类：对应 D3DX 的 Effect 系列。
- SpriteBatch 类：对应 D3DX 的 Sprite 系列。
- Model 类：对应 D3DX 的 Mesh 系列。

（4）Microsoft.XNA.Framework.Input 输入模块

Microsoft.XNA.Framework.Input 输入模块主要接收键盘、鼠标和 Xbox 360 控制器的输

入，该模块提供一个立即模式的 API，只需在恰当的控制器类型上调用 GetState 即可，而不需要初始化，不需要考虑获得或释放设备以及设置共享模式等。

（5）Microsoft.XNA.Framework.Storage 存储模块

Microsoft.XNA.Framework.Storage 提供读取和保存游戏数据（游戏状态、高分值、平均分等）的 API，包括 StorageContainer（存储容器）、StorageDevice（存储设备，如：硬盘或者记忆卡）和 StorageDeviceNotConnectedException（存储异常）。

4.3　使用 XNA 开发 Windows Phone 7 游戏

下面通过例子来说明如何使用 XNA 开发 Windows Phone 7 游戏。

> **提示：**
> Windows Phone 7 下开发 XNA 游戏，需要计算机的显卡支持 DirectX 9。

4.3.1　建立 Windows Phone 7 游戏项目

1．创建一个新的 Windows Phone 7 游戏工程

1）在开始菜单上运行 Visual Studio 2010 Express for Windows Phone。

2）单击 File，选择 New Project 选项，新建一个 Windows Phone 7 的工程。

3）在 New Project 窗口中，选择 XNA Game Studio 4.0。

4）选择 Windows Phone Game(4.0)。在窗口的底部 Name 文本框中输入工程名称 My Game。如图 4-2 所示。

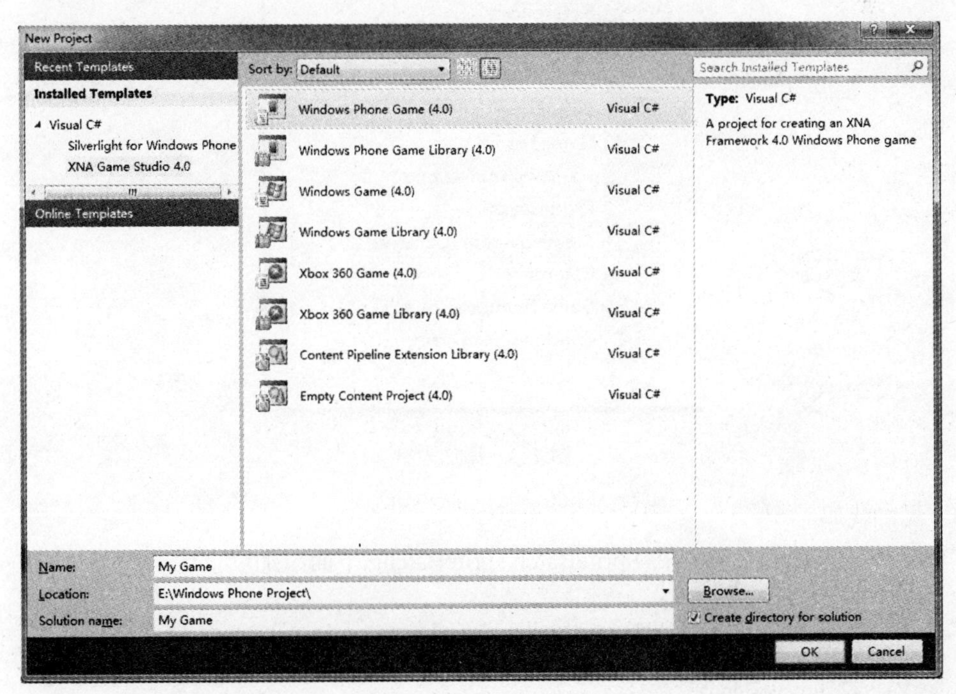

图 4-2　建立 XNA 项目

5）单击 OK 按钮，这样就建好一个 Windows Phone 7 Game 项目了。

> **提示：**
> 可以填入自己喜欢的工程名字，同时亦可以改变工程的路径。

2．添加素材

1）确定 Solution Explorer 窗口中已经显示 IDE。右击 My GameContent（Content），在弹出的菜单中，选择 Add，接着在子菜单中选择 Existing Item。在弹出的路径窗口中，选择以下路径：My Game\My Game\My Game\GameThumbnail.png，然后单击 OK 按钮。

2）添加一个声音文件，方法如上。路径设为 My Game\My Game\My Game\GameThumbnail.png，然后单击 OK 按钮。

> **提示：**
> 可以选择不一样的图片或者声音。注意声音只支持 wav 格式的。不同的计算机中有可能找不到这些文件，可以通过搜索找到这些文件，然后在添加素材的时候指定对应的路径就可以了。

3）最终情况如图 4-3 所示。

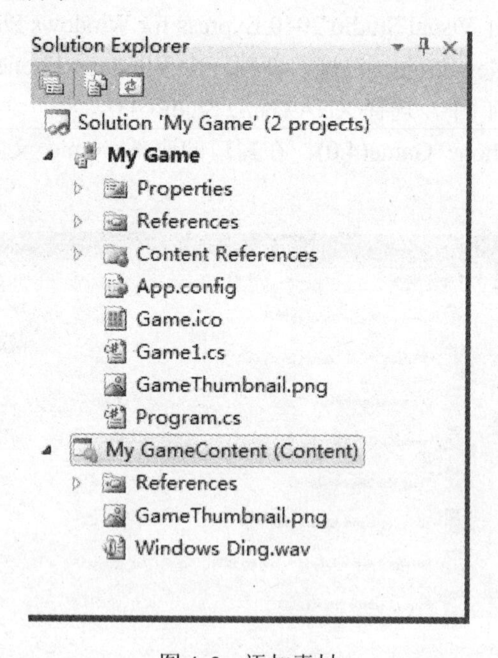

图 4-3　添加素材

3．添加代码

1）打开 Game1.cs 文件，在 SpriteBatch spriteBatchg 下面添加以下代码：

```
Texture2D texture_1;
Texture2D texture_2;
Vector2 spritePosition_1;
Vector2 spritePosition_2;
```

```
Vector2 spriteSpeed_1 = new Vector2(25.0f, 25.0f);
Vector2 spriteSpeed_2 = new Vector2(50.0f, 50.0f);
int sprite_1_Height;
int sprite_1_Width;
int sprite_2_Height;
int sprite_2_Width;

SoundEffect soundEffect;
```

2）用以下代码替代原来的 LoadContent()方法：

```
protected override void LoadContent()
{
    // Create a new SpriteBatch, which can be used to draw textures.
    spriteBatch = new SpriteBatch(GraphicsDevice);

    spriteBatch = new SpriteBatch(GraphicsDevice);
    texture_1 = Content.Load<Texture2D>("GameThumbnail");
    texture_2 = Content.Load<Texture2D>("GameThumbnail");

    soundEffect = Content.Load<SoundEffect>("Windows Ding");

    spritePosition_1.X = 0;
    spritePosition_1.Y = 0;

    spritePosition_2.X = graphics.GraphicsDevice.Viewport.Width - texture_1.Width;
    spritePosition_2.Y = graphics.GraphicsDevice.Viewport.Height - texture_1.Height;

    sprite_1_Height = texture_1.Bounds.Height;
    sprite_1_Width = texture_1.Bounds.Width;

    sprite_2_Height = texture_2.Bounds.Height;
    sprite_2_Width = texture_2.Bounds.Width;

}
```

3）用以下代码替代原来的 Draw(GameTime gameTime)方法：

```
protected override void Draw(GameTime gameTime)
{
    graphics.GraphicsDevice.Clear(Color.CornflowerBlue);

    // Draw the sprite.
    spriteBatch.Begin(SpriteSortMode.BackToFront, BlendState.AlphaBlend);
    spriteBatch.Draw(texture_1, spritePosition_1, Color.White);
    spriteBatch.End();
```

```
        spriteBatch.Begin(SpriteSortMode.BackToFront, BlendState.Opaque);
        spriteBatch.Draw(texture_2, spritePosition_2, Color.Gray);
        spriteBatch.End();

        base.Draw(gameTime);

    }
```

4）用以下代码替代原来的 Update(GameTime gameTime)方法：

```
    protected override void Update(GameTime gameTime)
    {
                    // Allows the game to exit
        if (GamePad.GetState(PlayerIndex.One).Buttons.Back ==ButtonState.Pressed)
        this.Exit();

        // Move the sprite around.
        UpdateSprite(gameTime, ref spritePosition_1, ref spriteSpeed_1);
        UpdateSprite(gameTime, ref spritePosition_2, ref spriteSpeed_2);
        CheckForCollision();

        base.Update(gameTime);

    }
```

5）另外添加 UpdateSprite 和 CheckForCollision 这两个函数。

```
    void UpdateSprite(GameTime gameTime, ref Vector2 spritePosition, ref Vector2 spriteSpeed)
    {
        // Move the sprite by speed, scaled by elapsed time.
        spritePosition += spriteSpeed * (float)gameTime.ElapsedGameTime.TotalSeconds;

        int MaxX =graphics.GraphicsDevice.Viewport.Width - texture_1.Width;
        int MinX = 0;
        int MaxY = graphics.GraphicsDevice.Viewport.Height - texture_1.Height;
        int MinY = 0;

        // Check for bounce.
        if (spritePosition.X > MaxX)
        {
            spriteSpeed.X *= -1;
            spritePosition.X = MaxX;
        }

        else if (spritePosition.X < MinX)
        {
            spriteSpeed.X *= -1;
```

```
            spritePosition.X = MinX;
        }

        if (spritePosition.Y > MaxY)
        {
            spriteSpeed.Y *= -1;
            spritePosition.Y = MaxY;
        }

        else if (spritePosition.Y < MinY)
        {
            spriteSpeed.Y *= -1;
            spritePosition.Y = MinY;
        }

    }

    void CheckForCollision()
    {
        BoundingBox bb1 = new BoundingBox(new Vector3(spritePosition_1.X - (sprite_1_Width / 2),
                                spritePosition_1.Y - (sprite_1_Height / 2), 0),
                                new Vector3(spritePosition_1.X + (sprite_1_Width / 2),
                                spritePosition_1.Y + (sprite_1_Height / 2), 0));

        BoundingBox bb2 = new BoundingBox(new Vector3(spritePosition_2.X - (sprite_2_Width / 2),
                                spritePosition_2.Y - (sprite_2_Height / 2), 0),
                                new Vector3(spritePosition_2.X + (sprite_2_Width / 2),
                                spritePosition_2.Y + (sprite_2_Height / 2), 0));

        if (bb1.Intersects(bb2))
        {
            soundEffect.Play();
        }

    }
```

4. 生成和调试游戏程序

至此，创建的 Windows Game XNA 项目已经完成，接下来看下运行的效果。

1）首先选择部署目标设备，在这里选择的是模拟器，如图 4-4 所示。

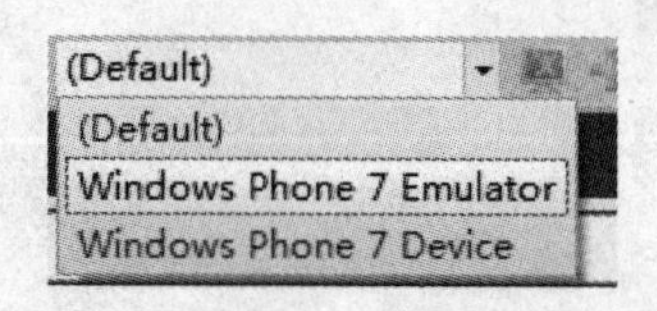

图 4-4　选择目标设备

2）然后执行部署命令，可以右击解决方案窗口的工程，选择 Deploy Solution，如图 4-5

所示。

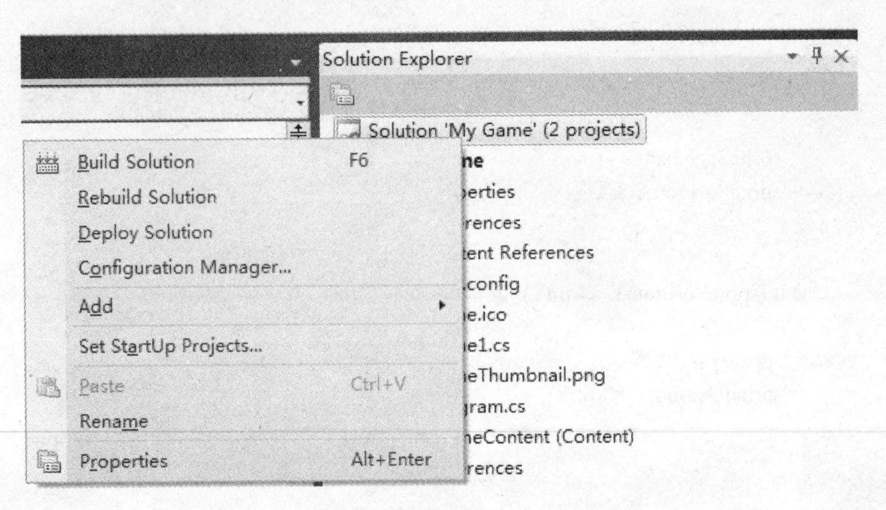

图 4-5　部署工程到目标设备

3）执行 Debug 菜单的 Start Debugging 命令。或者单击工具栏上的绿色运行按钮，如图 4-6 所示。最终效果如图 4-7 所示。

图 4-6　执行调试

图 4-7　最终效果图

4.3.2　Windows Phone 7 XNA 游戏结构分析

通过上面的例子，可以创建一个在 Windows Phone 7 平台下运行的比较简单的 XNA 游戏项目。下面对例子中的代码进行一次浅析，使大家在做 XNA 项目的框架时有一个概念上的理解。

1）GraphicsDeviceManager：在 XNA 类库介绍中提到的该类型是非常重要的。它为开发者提供方法来管理目标设备的显卡资源。简单地说就是调用显卡的一个接口，该对象的 GraphicsDevice 属性代表当前目标设备的显卡。

2）SpriteBatch：该对象主要的作用是绘制文字和 2D 图像。在游戏开发过程中，它的作用是非常重要的，因为游戏需要大部分图片、文字和声音等素材资源。所有游戏中需要显示的画面都必须经过 SpriteBatch 对象中的 Draw 方法来绘制。

3）Initialize( )：该方法用来初始化游戏程序的变量和对象。它允许游戏在运行之前做一些初始化的工作。可以在此查询任何需要的服务和载入与图形无关的内容。例如，显卡设备、游戏分数设置等。

4）LoadContent( )：当初始化完毕后，程序就进入 LoadContent，该方法用来加载游戏的素材，包括游戏的模式、声音、图像等。这个方法在一个游戏中只会被调用一次，并且是加载所有素材的地方。

5）Update( )：该方法相当于 Direct3D 中的 FrameMove，简单地说就是在图形上修改当前画面。它主要用于游戏执行一些逻辑，如：刷新画面、检查碰撞、更新分数、检测游戏进程、收集输入数据以及播放音频等。

6）Draw( )：该方法相当于 Windows 编程的 Paint 或者 OnPaint，是系统自动绘图的方法。

游戏程序执行完 LoadContent 后，开始进入一个游戏循环，无论用什么语言编写游戏程序，都需要一个游戏循环，这也是游戏程序与应用程序的最大区别。在 XNA 游戏项目中，游戏循环主要由 Update 和 Draw 两个方法组成。XNA 的生命周期如图 4-8 所示。

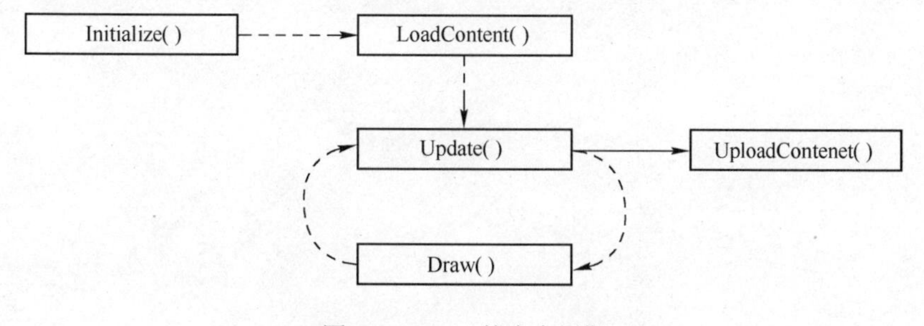

图 4-8　XNA 的生命周期

从图 4-8 中可知，当游戏程序执行完 Initialize、LoadContent 方法后，即初始化图像、声音和输入控制器，载入游戏资源（图片、声音等）后开始进入游戏循环，Update 方法有两个出口，如果游戏继续运行，则执行 Draw 方法；如果游戏结束，则执行 UploadContent 方法。

4.4 本章小结

本章介绍了XNA以及XNA类库。通过一个XNA游戏例子，讲解了Windows Phone 7下XNA游戏的程序结构。

第5章　Windows Phone 7 中的 Silverlight

本章介绍 Windows Phone 7 下使用 Silverlight 进行各种开发的基础知识，包括 Silverlight 的结构和组成等内容，同时还针对性地比较了 Silverlight 在 Windows 和 Windows Phone 7 的不同支持特点。

学习重点：

- 了解 Silverlight 技术基础。
- 了解 XAML 语言。
- 熟悉 Silverlight 在 Windows Phone 7 中特别支持的功能。

5.1　Silverlight 技术简介

Silverlight 是一种跨浏览器、跨平台的.NET Framework 实现，用于提供丰富的交互式应用程序体验。

5.1.1　Silverlight 概述

很难用某个方面的论述来表述 Silverlight 的功能，但是有一点可以肯定，Silverlight 是用来改善 UI 体验的。它首先是一种跨浏览器、跨平台的技术，以插件的形式在常见的 Web 浏览器中运行，它对视频和音频进行流处理，它可以不刷新整个页面来更新数据，同时显示的图像是基于矢量的，最后它还可以在浏览器外独立运行。

Silverlight 将多种技术组合到开发平台上来，比如 Silverlight 本身就是 Windows Presentation Foundation（WPF）技术的一个子集，支持很多 WPF 中的功能，并能提供很多高级的图形处理；Silverlight 通过对浏览器脚本语言的扩展，可以方便地控制浏览器的 UI，并且它还可以与现有的 JavaScript 和 ASP.NET AJAX 代码无缝集成；Silverlight 更可方便地访问.NET Framework 编程模型，提供对 TCP 上的 HTTP 的支持，可以连接到 WCF、SOAP 或 ASP.NET AJAX 服务并接收 XML、JSON 或 RSS 数据。

Silverlight 还重新定义了开发人员和图形设计人员之间的关系，使得他们可以更加专注于自己的开发任务，比如开发人员使用 Visual Studio 进行编码，图形设计人员使用 Microsoft Expression Blend 进行布局和图形设计。

5.1.2　Silverlight 应用程序模型

Silverlight 为开发者提供了两套不同的模型：

- Silverlight 托管 API，使用公共语言运行时运行的代码。
- Silverlight 的 JavaScript API，使用浏览器解释的 JavaScript 代码。

这两套编程模型是完全不同的，并且不能在同一个实例中同时使用。此外，托管 API 提供比 JavaStrip API 更多的功能，前者可以访问一个轻量级版本的.NET Framework，后者只能访问 Silverlight 表示核心和浏览器的脚本引擎。

托管 API 将托管程序集和资源文件打包成一个.xap 文件，也就是应用程序包。在运行的时候由 Silverlight 插件负责加载。应用程序包必须有一个程序集，并具有从 Application 类派生的类。这是因为 Application 类封装了应用程序和 Silverlight 插件之间的交互。

JavaScript API 是 Silverlight1.0 中的模型，为了向后兼容而保留至今。值得注意的是，在此模型下，Silverlight 插件加载单个 XAML 文件而不是应用程序包，并且不能够支持具有内部导航功能的复杂应用程序模型。但在一些诸如初始化屏幕的特殊应用中，其使用起来更加灵活。

5.1.3 认识 XAML

1. 什么是 XAML

如同大家所熟悉的 HTML 语言一样，XAML 也是一种标记语言，只是它们的相似处也仅此而已。可扩展应用程序标记语言（XAML）是一种声明性语言。事实上，XAML 可以通过一种语言结构来表示多个对象之间的分层关系，通过后备类型约定进行类型扩展，并初始化对象和设置对象的属性。

通过使用 XAML 标记创建用户界面元素（UI），然后使用单独的代码隐藏文件来响应事件和处理在 XAML 中的对象。一般情况下，XAML 代码保存在以.xaml 为扩展名的文件中。

如下面的代码是一段标准的 XAML 文件内容：

```
<UserControl x:Class="SilverlightApplication1.MainPage"
    xmlns="http://schemas.microsoft.com/winfx/2006/xaml/presentation"
    xmlns:x="http://schemas.microsoft.com/winfx/2006/xaml"
    xmlns:d="http://schemas.microsoft.com/expression/blend/2008"
    xmlns:mc="http://schemas.openxmlformats.org/markup-compatibility/2006"
    mc:Ignorable="d"
    d:DesignHeight="300" d:DesignWidth="400">
    <Grid x:Name="LayoutRoot" Background="White">

    </Grid>
</UserControl>
```

2. XAML 与 Silverlight

XAML 在 Silverlight 中扮演着重要的角色，具体有以下几点：

- XAML 用来声明和描述 Silverlight UI 元素的主要格式。一个采用 Silverlight 技术开发的页面至少会有一个 XAML 文件。
- XAML 提供创建 Silverlight UI 的统一模式，使得开发者可以在不同的开发工具中统一高效的编辑 Silverlight UI，如 Expression Blend 和 Visual Studio。
- XAML 可以将 UI 和关联的逻辑代码完全分隔开来，对于 UI 的调整完全不会破坏代码的原有执行含义，使得维护和分组开发变得更加容易。

● XAML 具有良好的兼容性，如果需要将 Silverlight 程序迁移到 WPF 上，几乎无需重新设计 UI 即可完美地进行迁移。

对于不同情况下，尤其是随着在开发中扮演的角色的不同，可能接触和使用 XAML 的方式与渠道会有不同。但是在任何时候都可以采用文本编辑器来修改 XAML 文件，这使得任何基于 XAML 的 UI 设计都可以更好地被维护和提供充分的便利以及灵活性。

3．XAML 文件结构和对象

用文本编辑器打开一个 XAML 文件，会发现一个 XAML 文件只有一个元素作为根，这个根是应用程序整个运行时定义的对象图。在这个根下，可以采用 3 种方式来声明对象以构建一个有意义的 XAML 文件。

（1）直接使用对象元素语法

如果 objectName 是一个需要实例化的类型名称，那么可以用如下代码创建对象：

```
<objectName>

</objectName>
```

一般一个对象还包含其他对象，那么可以这样表示：

```
<objectName>
    <otherobjectName>

    </otherobjectName>
</objectName>
```

为了方便，也可以省略成如下形式：

```
<objectName>
    <otherobjectName />
</objectName>
```

（2）使用属性语法设置属性

如果 objectName 是要实例化的对象，propertyName 是要设置的属性名称，propertyValue 是要设置的属性的值。那么应该使用的代码如下所示：

```
<objectName propertyName="propertyValue" .../>
```

或者：

```
<objectName propertyName="propertyValue">
...<!--element children -->
</objectName>
```

（3）标记扩展

标记扩展是一个 XAML 属性语法，采用花括号（{ 和 }）表示标记扩展。此方法可以将属性值不仅仅看做一段字符或者文本，分析器会调用适用该特定标记扩展的代码，从而在标记中构造对象。

这种方法被广泛用于数据绑定上，比如：

```
<Grid x:Name="LayoutRoot" Background="White">
    <ComboBox  ItemsSource="{Binding ElementName=LayoutRoot}" />
</Grid>
```

以上代码将 ComboBox 的 Itemssource 属性的值绑定为 Layoutroot。

5.2 Silverlight for Windows Phone 7 简介

Windows Phone 7 使用的 Silverlight 是基于 Silverlight 3 的。但是除了 Silverlight 原有支持的功能外，面向 Windows Phone 7 的 Silverlight 还支持一些额外的特有功能以能够完美支持电话系统。

以下列举了一些 Silverlight for Windows Phone 7 的功能模块：

- Input。
- UI rendering。
- Media。
- Deep Zoom。
- 公共语言运行时（CLR）Common language runtime（CLR）。
- 控制 Controls。
- 布局 Layout。
- 数据绑定 Data binding。
- 独立存储 Isolated storage。
- LINQ。
- Networking（HttpWebRequest, WebClient）。
- Windows Communication Foundation（WCF）。
- XAML。
- XAP packaging。
- XML 序列化。

以下功能仅在 Windows Phone 7 的 Silverlight 版本中被支持：

- 手势感知控件。
- 触摸操作的事件支持。
- 软键盘输入支持。
- 其他特有的电话支持功能。
- XML 序列化。

以下功能将不被支持：

- Browser host。
- Dynamic language runtime（DLR）。
- Expression trees。

- HTML DOM bridge。
- JavaScript programmability。
- System.Reflection.Emit。
- Silverlight plug-in object reference。
- Sockets。

5.3　Silverlight 在 Windows 和 Windows Phone 7 中的不同

本节将列举一些 Silverlight 在 Windows 和 Windows Phone 7 之间的支持差异。详细的信息请读者参考 MSDN 的相关文档。

在最新的 MSDN 文档中，Silverlight 的类型参考中已经明确地标示出了支持电话和 Windows 的属性。

（1）Deep Zoom

Silverlight for Windows Phone 7 中总是采用 Multiscaleimage 来进行处理，如果试图改变 CacheMode 属性将被忽略。

（2）Delegates

异步委托调用将不被支持。

（3）Finalizers

CERs 将不被支持。

（4）字体

某些字体将不被支持。

（5）图像处理

由于图形线程架构进行了设备优化处理，因此，诸如自定义像素着色器等将不被支持。

（6）Hosting

由于 Silverlight 是直接在设备中运行的，而不是像 Windows 那样在浏览器中运行，因此，诸如 JavaScript、HTML DOM 等将不被支持。

（7）输入

增加了基于手势和感知，包括重力感应等功能的支持。

（8）LINQ

LINQ 将不被支持。对 LINQ to XML 提供有限的支持。

差异几乎贯穿整个 SDK，但事实上大多数差异都是为了适应电话设备而做出的调整。顺着这个思路，就非常容易去发现和掌握其中的不同。在这里就不再一一列举了。

5.4　Silverlight for Windows Phone 7 支持的类型库

本节将列举 Silverlight for Windows 和 Silverlight for Windows Phone 之间主要的类型差异。可能尚未包括一些在 Silverlight 4 中出现的新类型，这些新的变化大多也将不被 Silverlight for Windows Phone 支持。

以下的类型仅在 Silverlight for Windows Phone 中被支持：

- DeviceType。
- System.Windows.Input.InputScope。
- System.Windows.Input.InputScopeName。
- System.Windows.Input.InputScopeNameValue。
- System.Windows.Input.ManipulationCompletedEventArgs。
- System.Windows.Input.ManipulationDelta。
- System.Windows.Input.ManipulationDeltaEventArgs。
- System.Windows.Input.ManipulationStartedEventArgs。
- System.Windows.Input.ManipulationVelocities。
- System.Windows.Media.CompositeTransform。

以下成员仅在 Silverlight for Windows Phone 中被支持：

- UIElement.ManipulationCompleted。
- UIElement.ManipulationDelta。
- UIElement.ManipulationStarted。
- Control.OnManipulationCompleted(ManipulationCompletedEventArgs)。
- Control.OnManipulationDelta(ManipulationDeltaEventArgs)。
- Control.OnManipulationStarted(ManipulationStartedEventArgs)。
- ListBox.OnItemsChanged(NotifyCollectionChangedEventArgs)。
- ListBoxItem.OnManipulationCompleted(ManipulationCompletedEventArgs)。
- ListBoxItem.OnManipulationStarted(ManipulationStartedEventArgs)。
- TextBox.InputScope。
- ExternalPart.Source。

以下组件不被支持：

- Microsoft.VisualBasic.dll。
- System.Windows.Browser.dll。
- System.Windows.Browser.dll。
- System.ComponentModel.DataAnnotations.dll。
- System.Data.Services.Client.dll。
- System.Json.dll。
- System.Runtime.Serialization.Json.dll。
- System.ServiceModel.PollingDuplex.dll。
- System.ServiceModel.Syndication.dll。
- System.Windows.Controls.dll。
- System.Windows.Controls.Input.dll。
- System.Windows.Controls.Data.dll。
- System.Windows.Controls.Data.Input.dll。
- System.Windows.Controls.Navigation.dll。
- System.Windows.Data.dll。
- System.Xml.Utils.dll。

不被支持的命名空间：

- Microsoft.VisualBasic。
- Microsoft.VisualBasic.CompilerServices。
- System.Net.Sockets。
- System.Reflection.Emit。
- System.Runtime.ConstrainedExecution。
- System.Windows.Browser。
- System.Windows.Messaging。

不被支持的类型：

- System.Diagnostics.StackFrame。
- System.Diagnostics.StackTrace。
- System.Diagnostics.SymbolStore.ISymbolDocumentWriter。
- System.Globalization.HebrewCalendar。
- System.Globalization.HijriCalendar。
- System.Globalization.JapaneseCalendar。
- System.Globalization.KoreanCalendar。
- System.Globalization.TaiwanCalendar。
- System.Globalization.ThaiBuddhistCalendar。
- System.Globalization.UmAlQuraCalendar。
- System.Linq.IOrderedQueryable。
- System.Linq.IOrderedQueryable（Of T）。
- System.Linq.IQueryable。
- System.Linq.IQueryable（Of T）。
- System.Linq.IQueryProvider。
- System.Linq.Queryable。
- System.Net.DnsEndPoint。
- System.Net.EndPoint。
- System.Net.IPAddress。
- System.Net.IPEndPoint。
- System.Net.SocketAddress。
- System.Reflection.LocalVariableInfo。
- System.Reflection.TypeDelegator。
- System.ResolveEventArgs。
- System.Runtime.ConstrainedExecution.CriticalFinalizerObject。
- System.Runtime.Serialization.Json.DataContractJsonSerializer。
- System.Runtime.Serialization.Json.JsonReaderWriterFactory。
- System.ServiceModel.ChannelFactory（Of TChannel）。
- System.ServiceModel.Channels.PollingDuplexBindingElement。
- System.ServiceModel.DuplexChannelFactory（Of TChannel）。

- System.ServiceModel.DuplexClientBase（Of TChannel）。
- System.ServiceModel.InstanceContext。
- System.ServiceModel.PollingDuplexHttpBinding。
- System.ServiceModel.PollingDuplexHttpSecurity。
- System.ServiceModel.PollingDuplexHttpSecurityMode。
- System.ThreadStaticAttribute。
- System.TypedReference。
- System.Windows.Analytics。
- System.Windows.Automation.Peers.AutoCompleteBoxAutomationPeer。
- System.Windows.Automation.Peers.CalendarAutomationPeer。
- System.Windows.Automation.Peers.CalendarButtonAutomationPeer。
- System.Windows.Automation.Peers.CalendarDayButtonAutomationPeer。
- System.Windows.Automation.Peers.ChildWindowAutomationPeer。
- System.Windows.Automation.Peers.DataGridAutomationPeer。
- System.Windows.Automation.Peers.DataGridCellAutomationPeer。
- System.Windows.Automation.Peers.DataGridColumnHeaderAutomationPeer。
- System.Windows.Automation.Peers.DataGridColumnHeadersPresenterAutomationPeer。
- System.Windows.Automation.Peers.DataGridDetailsPresenterAutomationPeer。
- System.Windows.Automation.Peers.DataGridGroupItemAutomationPeer。
- System.Windows.Automation.Peers.DataGridItemAutomationPeer。
- System.Windows.Automation.Peers.DataGridRowAutomationPeer。
- System.Windows.Automation.Peers.DataGridRowGroupHeaderAutomationPeer。
- System.Windows.Automation.Peers.DataGridRowHeaderAutomationPeer。
- System.Windows.Automation.Peers.DataGridRowsPresenterAutomationPeer。
- System.Windows.Automation.Peers.DataPagerAutomationPeer。
- System.Windows.Automation.Peers.DatePickerAutomationPeer。
- System.Windows.Automation.Peers.DescriptionViewerAutomationPeer。
- System.Windows.Automation.Peers.FrameAutomationPeer。
- System.Windows.Automation.Peers.GridSplitterAutomationPeer。
- System.Windows.Automation.Peers.TabControlAutomationPeer。
- System.Windows.Automation.Peers.TabItemAutomationPeer。
- System.Windows.Automation.Peers.TreeViewAutomationPeer。
- System.Windows.Automation.Peers.TreeViewItemAutomationPeer。
- System.Windows.Automation.Peers.ValidationSummaryAutomationPeer。
- System.Windows.CheckAndDownloadUpdateCompletedEventArgs。
- System.Windows.CheckAndDownloadUpdateCompletedEventHandler。
- System.Windows.Controls.AutoCompleteBox。
- System.Windows.Controls.AutoCompleteFilterMode。
- System.Windows.Controls.AutoCompleteFilterPredicate（Of T）。

- System.Windows.Controls.Calendar。
- System.Windows.Controls.CalendarBlackoutDatesCollection。
- System.Windows.Controls.CalendarDateChangedEventArgs。
- System.Windows.Controls.CalendarDateRange。
- System.Windows.Controls.CalendarMode。
- System.Windows.Controls.CalendarModeChangedEventArgs。
- System.Windows.Controls.CalendarSelectionMode。
- System.Windows.Controls.ChildWindow。
- System.Windows.Controls.DataGrid。
- System.Windows.Controls.DataGridAutoGeneratingColumnEventArgs。
- System.Windows.Controls.DataGridBeginningEditEventArgs。
- System.Windows.Controls.DataGridBoundColumn。
- System.Windows.Controls.DataGridCell。
- System.Windows.Controls.DataGridCellEditEndedEventArgs。
- System.Windows.Controls.DataGridCellEditEndingEventArgs。
- System.Windows.Controls.DataGridCheckBoxColumn。
- System.Windows.Controls.DataGridColumn。
- System.Windows.Controls.DataGridColumnEventArgs。
- System.Windows.Controls.DataGridColumnReorderingEventArgs。
- System.Windows.Controls.DataGridEditAction。
- System.Windows.Controls.DataGridEditingUnit。
- System.Windows.Controls.DataGridGridLinesVisibility。
- System.Windows.Controls.DataGridHeadersVisibility。
- System.Windows.Controls.DataGridLength。
- System.Windows.Controls.DataGridLengthConverter。
- System.Windows.Controls.DataGridPreparingCellForEditEventArgs。
- System.Windows.Controls.DataGridRow。
- System.Windows.Controls.DataGridRowDetailsEventArgs。
- System.Windows.Controls.DataGridRowDetailsVisibilityMode。
- System.Windows.Controls.DataGridRowEditEndedEventArgs。
- System.Windows.Controls.DataGridRowEditEndingEventArgs。
- System.Windows.Controls.DataGridRowEventArgs。
- System.Windows.Controls.DataGridRowGroupHeader。
- System.Windows.Controls.DataGridRowGroupHeaderEventArgs。
- System.Windows.Controls.DataGridSelectionMode。
- System.Windows.Controls.DataGridTemplateColumn。
- System.Windows.Controls.DataGridTextColumn。
- System.Windows.Controls.DataPager。
- System.Windows.Controls.DatePicker。

- System.Windows.Controls.DatePickerDateValidationErrorEventArgs。
- System.Windows.Controls.DatePickerFormat。
- System.Windows.Controls.DateTimeTypeConverter。
- System.Windows.Controls.DescriptionViewer。
- System.Windows.Controls.Dock。
- System.Windows.Controls.FocusingInvalidControlEventArgs。
- System.Windows.Controls.Frame。
- System.Windows.Controls.GridSplitter。
- System.Windows.Controls.HeaderedItemsControl。
- System.Windows.Controls.ISelectionAdapter。
- System.Windows.Controls.Label。
- System.Windows.Controls.OpenFileDialog。
- System.Windows.Controls.Page。
- System.Windows.Controls.PagerDisplayMode。
- System.Windows.Controls.PopulatedEventArgs。
- System.Windows.Controls.PopulatedEventHandler。
- System.Windows.Controls.PopulatingEventArgs。
- System.Windows.Controls.PopulatingEventHandler。
- System.Windows.Controls.Primitives.CalendarButton。
- System.Windows.Controls.Primitives.CalendarDayButton。
- System.Windows.Controls.Primitives.CalendarItem。
- System.Windows.Controls.Primitives.DataGridCellsPresenter。
- System.Windows.Controls.Primitives.DataGridColumnHeader。
- System.Windows.Controls.Primitives.DataGridColumnHeadersPresenter。
- System.Windows.Controls.Primitives.DataGridDetailsPresenter。
- System.Windows.Controls.Primitives.DataGridFrozenGrid。
- System.Windows.Controls.Primitives.DataGridRowHeader。
- System.Windows.Controls.Primitives.DataGridRowsPresenter。
- System.Windows.Controls.Primitives.DatePickerTextBox。
- System.Windows.Controls.Primitives.TabPanel。
- System.Windows.Controls.RoutedPropertyChangingEventArgs（Of T）。
- System.Windows.Controls.RoutedPropertyChangingEventHandler（Of T）。
- System.Windows.Controls.SaveFileDialog。
- System.Windows.Controls.SelectedDatesCollection。
- System.Windows.Controls.SelectorSelectionAdapter。
- System.Windows.Controls.TabControl。
- System.Windows.Controls.TabItem。
- System.Windows.Controls.TreeView。
- System.Windows.Controls.TreeViewItem。

- System.Windows.Controls.ValidationSummary。
- System.Windows.Controls.ValidationSummaryFilters。
- System.Windows.Controls.ValidationSummaryItem。
- System.Windows.Controls.ValidationSummaryItemSource。
- System.Windows.Controls.ValidationSummaryItemType。
- System.Windows.CrossDomainAccess。
- System.Windows.GpuInformation。
- System.Windows.HierarchicalDataTemplate。
- System.Windows.InstallState。
- System.Windows.Media.Effects.Effect。
- System.Windows.Media.Effects.BlurEffect。
- System.Windows.Media.Effects.DropShadowEffect。
- System.Windows.Media.Effects.PixelShader。
- System.Windows.Media.Effects.ShaderEffect。
- System.Windows.Media.VideoBrush。
- System.Windows.MessageBox。
- System.Windows.Navigation.FragmentNavigationEventArgs。
- System.Windows.Navigation.FragmentNavigationEventHandler。
- System.Windows.Navigation.JournalOwnership。
- System.Windows.Navigation.NavigationCacheMode。
- System.Windows.Navigation.NavigationContext。
- System.Windows.Navigation.NavigationFailedEventArgs。
- System.Windows.Navigation.NavigationFailedEventHandler。
- System.Windows.Navigation.NavigationService。
- System.Windows.Navigation.NavigationStoppedEventHandler。
- System.Windows.Navigation.UriMapper。
- System.Windows.Navigation.UriMapperBase。
- System.Windows.Navigation.UriMapping。
- System.Windows.OutOfBrowserSettings。
- System.Windows.WindowSettings。
- System.Xml.Resolvers.XmlKnownDtds。
- System.Xml.Resolvers.XmlPreloadedResolver。

不被支持的方法：

- AppDomain.DefineDynamicAssembly（AssemblyName, AssemblyBuilderAccess）。
- Delegate.Delegate（Object, String）。
- Delegate.Delegate（Type, String）。
- IsolatedStorageFile.GetUserStoreForSite。
- Expression（Of TDelegate）.Compile。
- LambdaExpression.Compile。

- HttpWebRequest.HttpWebRequest。
- MulticastDelegate.MulticastDelegate（Object, String）。
- FieldInfo.GetFieldFromHandle（RuntimeFieldHandle, RuntimeTypeHandle）。
- MethodBase.GetGenericArguments。
- MethodInfo.GetGenericArguments。
- MethodInfo.GetGenericMethodDefinition。
- MethodInfo.MakeGenericMethod（Type( )）。
- PropertyInfo.GetConstantValue。
- PropertyInfo.GetRawConstantValue。
- SecurityException.ToString。
- ChannelFactory.InitializeEndpoint（ServiceEndpoint）。
- ChannelFactory（Of TChannel）.ChannelFactory（Of TChannel）（Type）。
- ChannelFactory（Of TChannel）.CreateChannel。
- WaitHandle.WaitAll。
- AssemblyPart.Load（Stream）。
- MediaElement.SetSource（Stream）。

不被支持的属性：

- ArgumentOutOfRangeException.Message。
- Environment.ExitCode。
- MissingFieldException.Message。
- MissingMethodException.Message。
- WebRequestCreator.BrowserHttp。
- MethodInfo.ReturnParameter。
- SecurityPermissionAttribute.ControlDomainPolicy。
- XmlSerializerFormatAttribute.Style。
- Regex.CacheSize。
- Application.InstallState。
- Application.IsRunningOutOfBrowser。
- HyperlinkButton.TargetName。
- MediaElement.Attributes。
- MediaElement.Markers。
- MediaElement.RenderedFramesPerSecond。
- Deployment.ExternalCallersFromCrossDomain。
- Deployment.OutOfBrowserSettings。
- Content.IsFullScreen。
- Content.ZoomFactor。
- Settings.EnableAutoZoom。
- Settings.EnableHTMLAccess。
- Settings.Windowless。

- SilverlightHost.InitParams。
- SilverlightHost.Source。
- UIElement.Effect。

不被支持的事件：

- Content.FullScreenChanged。
- Content.Zoomed。
- Application.InstallStateChanged。
- Application.CheckAndDownloadUpdateCompleted。
- MediaElement.MarkerReached。

不被支持的字段：

- PlatformID.MacOSX。
- PlatformID.NokiaS60。
- TypeAttributes.CustomFormatClass。
- TypeAttributes.CustomFormatMask。
- MediaElement.AttributesProperty。
- ShaderEffect.PixelShaderProperty。
- Deployment.ExternalCallersFromCrossDomainProperty。
- Deployment.OutOfBrowserSettingsProperty。
- HyperlinkButton.TargetNameProperty。

5.5 本章小结

本章从结构体系和理论上介绍了在 Windows Phone 7 中的 Silverlight。为进一步使用该技术进行开发打下了基础。

第6章　认识Silverlight控件

本章介绍Windows Phone 7下使用Silverlight进行开发的各种常用控件。这些控件可以更加快速地帮助开发者设计出效果出众、风格统一的应用程序界面。大多数复杂的项目都是从这些基本的控件使用开始的。

学习重点：

- 了解Silverlight控件模型。
- 掌握使用常用控件进行开发。
- 了解控件的编程模型。

6.1　Silverlight控件模型

Silverlight控件是一种用来显示内容的类型。表6-1列出了常见控件的内容类型和内容属性（注意：Windows Phone 7并不完全支持这些控件）。

表6-1　常见控件的内容类型和内容属性

控　件	内容类型	内容属性
TEXTBLOCK	TEXT	TEXTBLOCK.TEXT TEXTBLOCK.INLINES
TEXTBOX	TEXT	TEXTBOX.TEXT
RICHTEXTBOX	TEXT	RICHTEXTBOX.BLOCKS
PASSWORDBOX	TEXT	PASSWORDBOX.PASSWORD
BUTTON	单个元素	CONTENTCONTROL.CONTENT
REPEATBUTTON	单个元素	CONTENTCONTROL.CONTENT
CHECKBOX	单个元素	CONTENTCONTROL.CONTENT
RADIOBUTTON	单个元素	CONTENTCONTROL.CONTENT
LISTBOXITEM	单个元素	CONTENTCONTROL.CONTENT
COMBOBOXITEM	单个元素	CONTENTCONTROL.CONTENT
DATAGRIDCELL	单个元素	CONTENTCONTROL.CONTENT
VIEWBOX	单个元素	VIEWBOX.CHILD
TABITEM	单个元素和标题	CONTENTCONTROL.CONTENT TABITEM.HEADER
COMBOBOX	项集合	ITEMSCONTROL.ITEMS ITEMSCONTROL.ITEMSSOURCE
LISTBOX	项集合	ITEMSCONTROL.ITEMS ITEMSCONTROL.ITEMSSOURCE

（续）

控 件	内容类型	内容属性
TABCONTROL	项集合	ITEMSCONTROL.ITEMS ITEMSCONTROL.ITEMSSOURCE
TREEVIEW	项集合	ITEMSCONTROL.ITEMS ITEMSCONTROL.ITEMSSOURCE
DATAGRID	项集合	DATAGRID.ITEMSSOURCE
AUTOCOMPLETEBOX	文本和项集合	AUTOCOMPLETEBOX.TEXT AUTOCOMPLETEBOX.ITEMSSOURCE
CANVAS	用户界面元素	PANEL.CHILDREN
GRID	用户界面元素	PANEL.CHILDREN
STACKPANEL	用户界面元素	PANEL.CHILDREN

6.1.1 文本控件

文本控件用来显示字符串内容，主要有 3 种类型的控件：TextBlock、TextBox 和 PasswordBox 以及 RichTextBox。它们分别用来显示简单只读的文本、可编辑的文本、密码和多格式的可编辑文本。

（1）TextBlock

该控件继承自 FrameworkElement。主要用来显示只读文本。可以使用 Text 属性对其进行赋值，Text 属性接受 String 类型。如果需要使用样式，那么可以使用 Inlines 属性，其接受 InlineCollection 类型。InlineCollection 接受 Inline 对象。后者是一个抽象类，可以使用派生自 Inline 的 Run 或者 LineBreak 来填充该集合。从而可以设置每个 Inline 的字体、样式和大小。一般情况下，使用 Text 属性即可。

（2）TextBox 和 PasswordBox

TextBox 控件继承自 Control，用于显示可编辑的文本信息。使用 Text 属性来设置其内容。可以使用 TextWrapping 来设置文本是否换行，也可以指定 FontStyle、FontWeight、FontSzie 和 FontFamily 来设置文本格式。

PasswordBox 控件继承自 TextBox，用于显示和输入密码信息，但只允许使用一行文本，并使用符号隐藏用户输入内容。

（3）RichTextBox

该控件继承自 Control，显示和编辑多格式文本。使用 Blocks 属性设置 RichTextBox 内容。其中，Blocks 属性包含 Paragraph 集合。后者可以包含许多类型，如 Inline、InlineUIContainer、Run、Span、Bold、Hyperlink、Italic、Underline 等。

6.1.2 显示单个元素的控件（内容控件）

此类型控件派生自 ContentControl 类，如按钮控件 Button、RepeatButton 和 HyperLinkButton；选择控件 CheckBox 和 RadioButton；容器控件 ListBoxItem、ComboBoxItem 和 DataGridCell。

所有的该类型控件都是通过设置 Content（内容）属性来显示一段内容的。内容属性属于 Object 类型，对于内容类型没有什么限制，而且可以嵌套内容显示。如可以在 CheckBox 中嵌套图像和文本。

6.1.3 TabItem 控件

该控件也属于内容控件，但比较特殊的是它还可以设置标题，通过 Content 设置其内容，以及通过 Header 属性设置内容标题。类似地，Header 属性也属于 Object 类型，所以其包含的内容也没有限制。

6.1.4 显示对象集合的控件

有两种显示对象集合的控件：项控件和 DataGrid 控件。

（1）项控件

此类控件继承自 ItemControl 类。如 ListBox、ComboBox、TreeView 等。项控件显示的集合类型与控件类型和填充的集合有关。每个项控件都有一个项容器，如与上面 3 个控件对应的项容器分别是：ListBoxItem、ComboBoxItem、TreeViewItem。

项控件具有两个不同的属性 Items 和 ItemsSource，用于确定项内容。

Items 属性用来直接填充项控件，其类型为 ItemCollection，是一个泛型类型 PresentationFrameworkCollection<T>。当然使用 Add 方法也可以向现有的集合中添加项。

ItemsSource 属性可以将实现 IEnumerable 的类型用做 ItemsControl 的内容。一般情况下设置了该属性，会自动为集合中的每个项创建项容器。

（2）DataGrid 控件

该控件继承自 Control，虽然不是项控件，但是它和项控件一样不能手动填充。必须将 ItemsSource 设置为对象集合，控件才会自动为集合中的每一对象创建一行。通过将 AutoGenerateColumns 设置为 ture，来自动为对象类型的每个属性生成一列。通过 Columns 来指定列。

6.1.5 HeaderedItemsControl 控件

该控件是一种比较特别的项控件，这是因为它可以设置项集合和标题。它也具有 ItemSource 属性，此外还有 Header 属性设置标题。该控件在需要分层显示数据的时候非常有用。

6.1.6 显示用户界面元素的控件

此类控件派生自 Panel 类，用于显示用户界面和进行控件布局。它们的内容属性为 Children。该属性的类型为 UIElementCollection，且只能包含 UIElement 对象。

6.2 常用 Silverlight 控件

Silverlight 为 Windows Phone 7 提供了丰富的控件，熟练使用这些控件能够帮助开发者快速开发自己的应用程序。

6.2.1 命令控件

命令控件用于相应用户的操作，如用键盘、触摸和其他的用户输入。主要有 Button 和

HyperLinkButton 两个控件。下面分别介绍。

1．Button

该控件表示为一个按钮控件，如图 6-1 所示，属于 System.Windows.Controls 命名空间。单击 Button 按钮时，将引发 Click 事件，如果某个 Button 按钮具有焦点，它还将响应默认的确认操作。

图 6-1　Button 按钮控件

Button 为 ContentControl，内容属性为 Content。

可以通过修改 ClickMode 属性来改变按钮引发 Click 事件的方式。默认的属性值为 Release，如果设置为 Hover，将无法使用键盘引发的事件。同样可以通过修改 Style 属性来更改可视结构和可视行为。

【XAML 代码】

```
<Button .../>
-或者-
<Button>
  声明内容的对象元素
</Button>
-或者-
<Button ...>一个字符串</Button>
```

【示例】

下面将通过一个示例来演示 Button 控件的 Click 事件。示例要达到的效果是单击按钮后，按钮显示的数字将累加“1”，初始状态下按钮显示数字“0”。

1）启动 Microsoft Visual Studio 2010 Express for Windows Phone，新建一个 Windows Phone Application，如图 6-2 所示。

图 6-2　新建一个 Windows Phone Application（解决方案窗口）

2）从 Toolbox 中添加一个 Button 控件到设计面板，如图 6-3 所示。

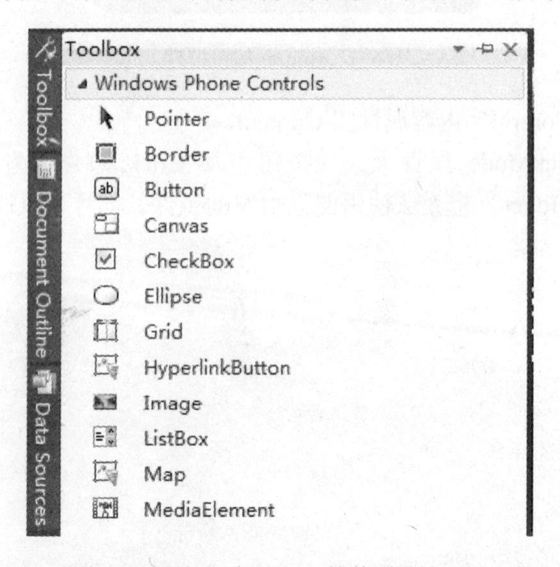

图 6-3　添加一个 Button 控件到设计面板

3）为了让程序主题更加明确，可以修改 Visual Studio 自动生成模板中的两个 TextBolck 控件的 Text 属性，使界面看上去更加明了，最终得到如图 6-4 所示的程序界面。

图 6-4　排列好的窗口

4）右击 Button 控件，选择 Properties 打开属性设置窗口，修改 Content 属性为数字“0”，如图 6-5 所示。

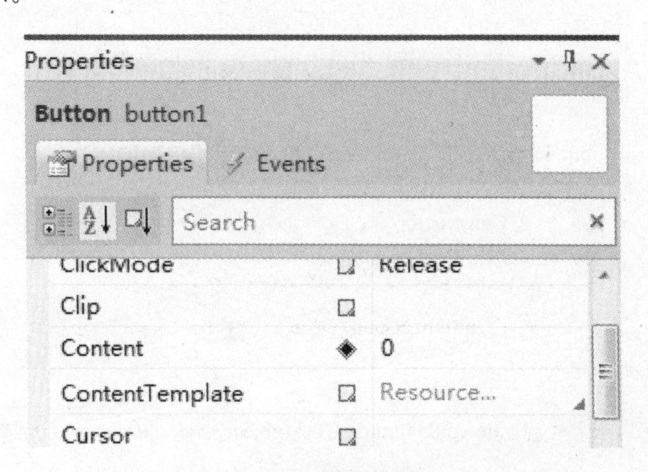

图 6-5　属性设置窗口

5）从图 6-5 中可以看到 Button 控件默认的名称是 button1，暂时不做修改，双击 button1 控件以编写 Click 事件的响应代码，双击后会看到如图 6-6 所示的代码编辑窗口。

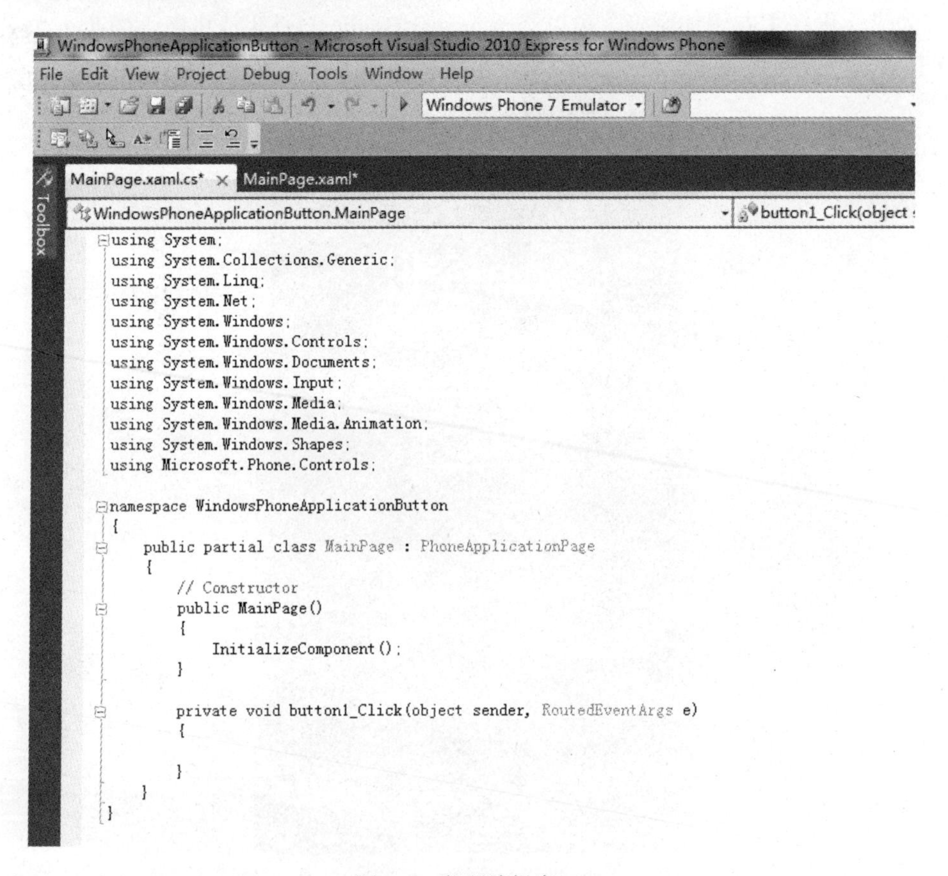

图 6-6　代码编辑窗口

6）编辑代码以完成对 Click 事件的响应，实现每单击一次按钮，按钮显示的数字就累加 1。

完整代码如下：

```
namespace WindowsPhoneApplicationButton
{
        public partial class MainPage : PhoneApplicationPage
        {
            // Constructor
            public MainPage()
            {
                InitializeComponent();
            }

            private void button1_Click(object sender, RoutedEventArgs e)
            {
                Int32 oldnumber;
                Int32 newnumber;
                oldnumber = Int32.Parse(button1.Content.ToString());
                newnumber = oldnumber + 1;
```

```
                    button1.Content = newnumber.ToString();
                }
            }
    }
```

7）按〈F5〉键运行程序，查看结果，程序界面显示如图 6-7 所示，单击按钮后 Button 上的数字会依次递增，如图 6-8 所示。

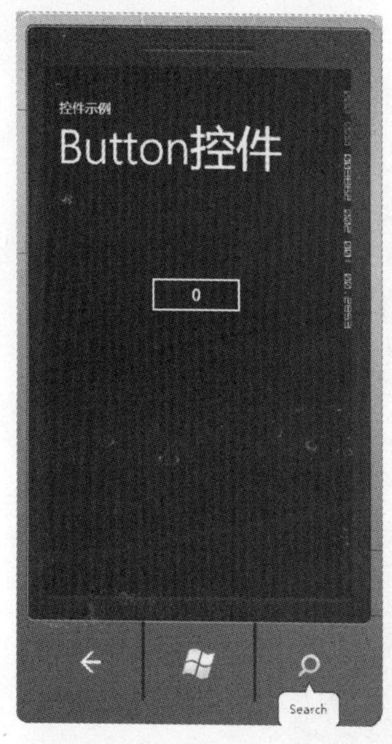

图 6-7　初始运行效果

图 6-8　单击按钮后运行效果

2．HyperlinkButton

正如名字所示的那样，这个控件会提供一个类似超链接的按钮，用户单击 HyperlinkButton 按钮后，可以导航到一个外部网页或者内容。使用 NavigateUri 属性来指定一个 URI。如果需要指向一个外部网页，那么可以使用 TargetName 属性来指定打开页面的目标窗口或者框架。正如所预料的那样，如果 URI 设置为同一个应用程序的内容，可以使用 TargetName 属性来制定要导航的对象名称。通过修改 Content 属性来更改显示的内容信息。

> **注意：**
> 该控件不需要处理单击事件，控件会自动导航到指定的 URI。

【XAML 代码】

```
< HyperlinkButton .../>
-或者-
< HyperlinkButton >
  声明内容的对象元素
</ HyperlinkButton >
-或者-
< HyperlinkButton ...>一个字符串</ HyperlinkButton>
```

【示例】

下面通过一个简单的示例来展示一下 HyperlinkButton 控件导航到一个外部网页地址的过程。

1）启动 Microsoft Visual Studio 2010 Express for Windows Phone，新建一个 Windows Phone Application。

2）添加一个 HyperlinkButton 控件到窗口上，和上一个示例一样为了让程序看上去更加明了，修改两个 TextBlock 控件，最终的效果如图 6-9 所示。

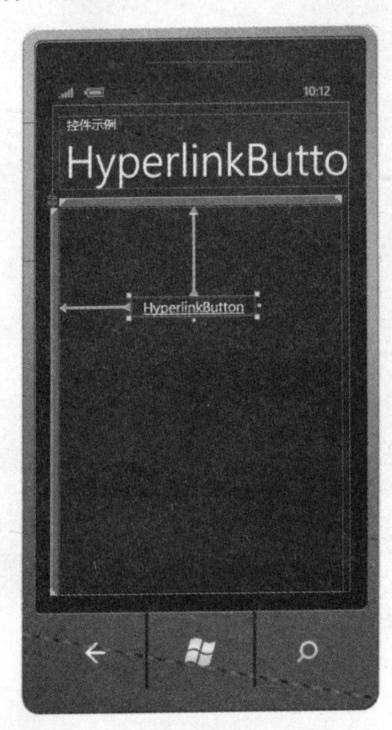

图 6-9　HyperlinkButton 控件最终效果

3）修改控件的 Content 属性，让控件显示的更加明了，如图 6-10 所示。

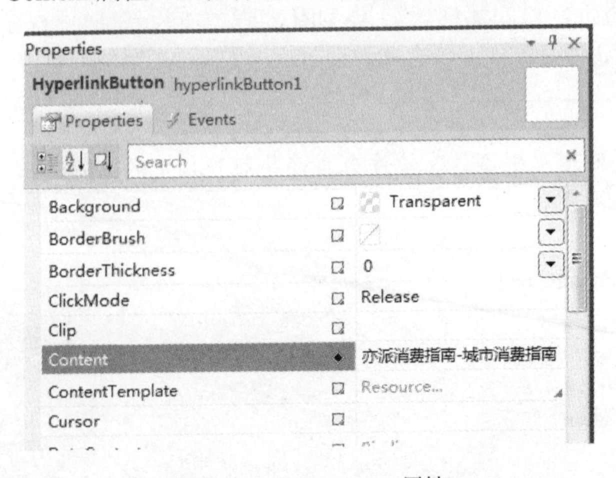

图 6-10　设置 Content 属性

4）将控件的 NavigateUri 属性修改为想要访问的网站地址，例如，http://www.1pies.com/，同时修改 TargetName 属性为_blank，表示将在一个新的窗口目标中显示网页。

5）运行程序，首先会看到如图 6-11 所示的运行效果，如果单击“亦派消费指南-城市消费指南”的 HyperlinkButton 按钮，看到程序导航到了在 NavigateUri 属性中指定的网址，如图 6-12 所示。

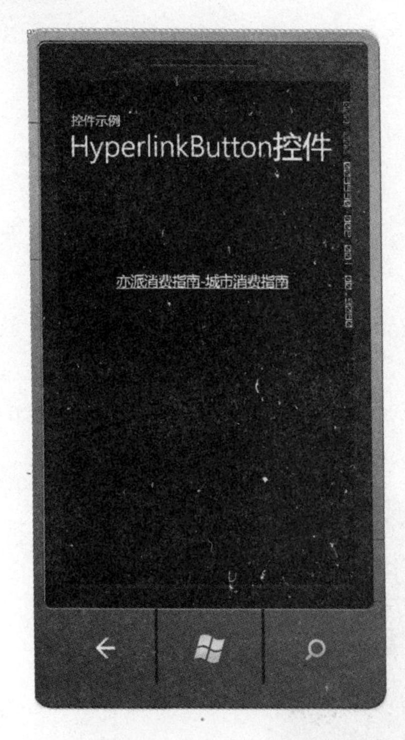

图 6-11　运行后显示链接

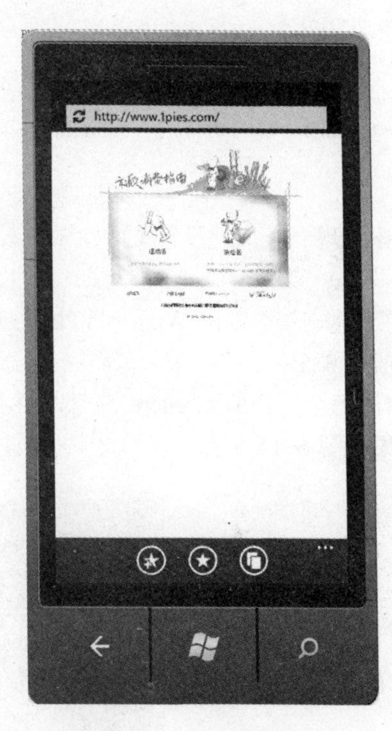

图 6-12　单击链接后效果

6.2.2　选择控件

选择控件用来显示两项及以上的内容，并允许用户进行选择。在 Windows Phone 7 中常见的此类控件有 CheckBox、ListBox、RadioButton 和 Slider。下面分别介绍这几种控件的功能和常用方法。

1．CheckBox

该控件继承自 ToggleButton，是一种可以让用户进行 3 种状态选择的控件。这 3 种状态为：选中、未选中和不确定。通过设置 IsChecked 属性来设置和判断控件当前的状态，如 Ture 为选中，False 为未选中，Null 为不确定，如图 6-13 所示为一个不确定选择的属性值。

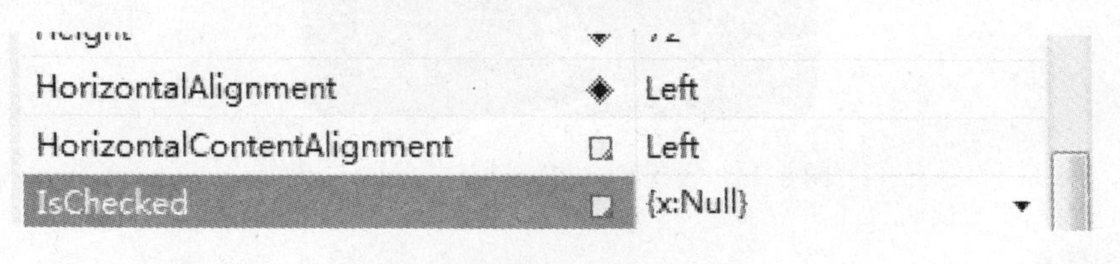

图 6-13　设置 IsChecked 属性

此外，CheckBox 控件也是通过 Content 属性来设置其显示的文字内容的。

【XAML 代码】

```
<CheckBox .../>
-或者-
<CheckBox>
  声明内容的对象元素
</CheckBox>
-或者-
<CheckBox ...>一个字符串</CheckBox>
```

【示例】

下面来展现一下如何设置 CheckBox 控件的 3 种不同状态，并且查看不同状态下控件的外观。

1）首先建立一个新的 Windows Phone Application 项目文件，将 CheckBox 控件放入窗口中，一共放置 3 个。

2）修改每个控件的 Content 属性，并且根据 Content 内容设置控件的 IsChecked 属性，最终的结果如图 6-14 所示。

图 6-14　设置 CheckBox 控件的最终结果

2. ListBox

ListBox 控件提供一个显示项集合，用来显示多个项供用户选择。该控件是

ItemControl，因此，可以使用 Items 或 ItemsSource 属性来设置其内容。可以在设计阶段直接设置 ListBox 内容，也可以在代码中添加其内容。另外，可以使用 SelectionMode 属性来指定 ListBox 是否允许多重选择。

【XAML 代码】

```
<ListBox .../>
```

【示例】

下面通过一个示例来演示如何在代码中向 ListBox 添加项。在界面中，使用一个 TextBox 用于输入文本内容，使用一个 Button 来触发向 ListBox 添加项的操作，使用一个 ListBox 进行演示。

1）建立一个新的 Windows Phone Application 项目文件，在程序主窗口中添加一个 TextBox，一个 Button 和一个 ListBox。

2）设置 TextBox 的 Text 属性为“在这里输入 ListBox 项内容”，修改 Button 的 Content 属性为“添加”，将 ListBox 控件的大小调整到充满整个窗体的下部分，设置完毕后，程序主界面大致如图 6-15 所示。

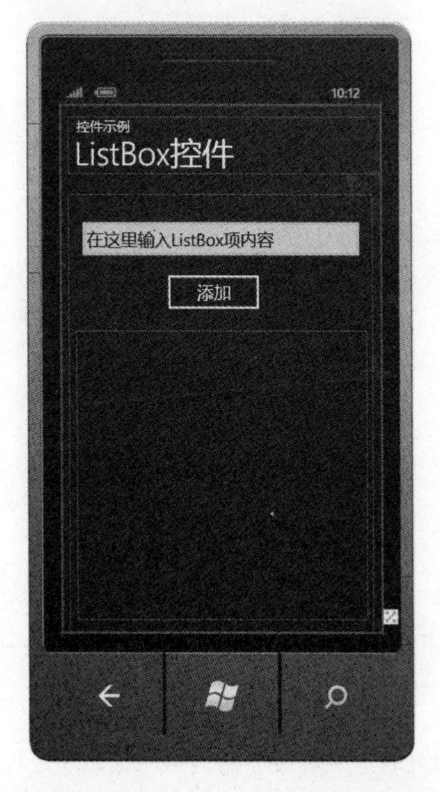

图 6-15　调整 ListBox 控件的程序主界面

3）示例的目标是为了在单击 Button 按钮的时候将 TextBox 中的内容添加为 ListBox 的项。因此，需要处理 Button 按钮的 Click 事件，双击 Button 按钮触发对 Click 事件的响应，并填写如下代码：

```
private void button1_Click(object sender, RoutedEventArgs e)
    {
        listBox1.Items.Add(textBox1.Text);
    }
```

4）ListBox1 是 ListBox 在本示例中一个实例的名字，这是由 Visual Studio 提供的默认名称，在此没有做修改。以上代码中调用了 Item 的 Add 方法来添加 ListBox 的项。

运行程序，在 TextBox 中分别输入“aaa”、“bbb”等字符，然后单击 Button 按钮，可以看到如图 6-16 所示的运行结果。

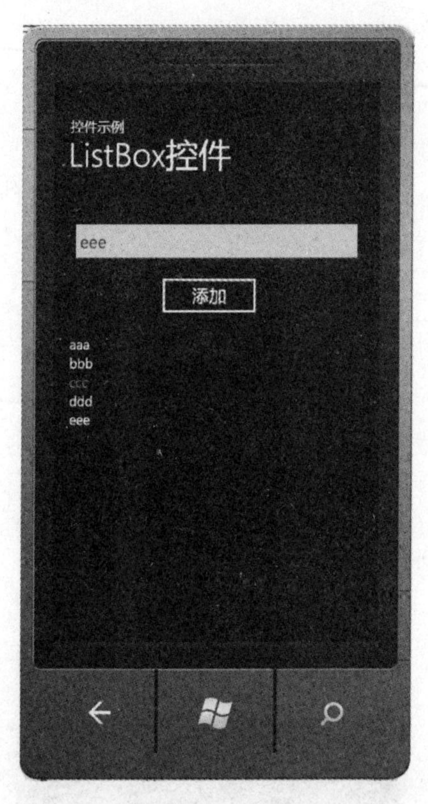

图 6-16　添加 ListBox 内容的运行结果

事实上，有许多种方法可以在 ListBox 中显示数据，也可以通过在 XAML 代码中直接向列表添加项，或者将 ItemsSource 属性设置为一个集合来填充 ListBox。还可以通过设置 ItemTemplate 来自定义每个 ListBoxItem 的显示方式。

3. RadioButton

该控件允许用户从一个列表中选择唯一的选项，这是通过设置 RadioButton 的组别来实现单选互斥的。可以通过将 RadioButton 放到其父控件内或者为多个 RadioButton 设置 GroupName 属性来对 RadioButton 进行分组。同一个组别中的 RadioButton 控件，只有一个能被用户选中。

RadioButton 只有两种状态：选中或未选中。通过 RadioButton 的 IsChecked 属性来设置或者判断控件是否被选中的状态。被选中的 RadioButton，其 IsChecked 属性为 true，如果需

要清除选中的 RadioButton，必须选中该组的另外一个 RadioButton，而不能通过单选其本身来清除选中的状态。

RadioButton 与之前介绍过的 CheckBox 控件十分类似，但是前者是一种只能在同组中单选的互斥按钮，而后者是一个可以实现复选的选择控件。

此外，RadioButton 也是 ContentControl，其内容属性为 Content。

【XAML 代码】

```
<RadioButton .../>
-或者-
<RadioButton...>
  声明内容的对象元素
</RadioButton>
```

【示例】

本示例演示了一个互斥的条件选择场景：选择性别的程序界面。可以通过设置或检查 RadioButton 的 IsChecked 属性来改变控件的选中状态，如图 6-17 所示。

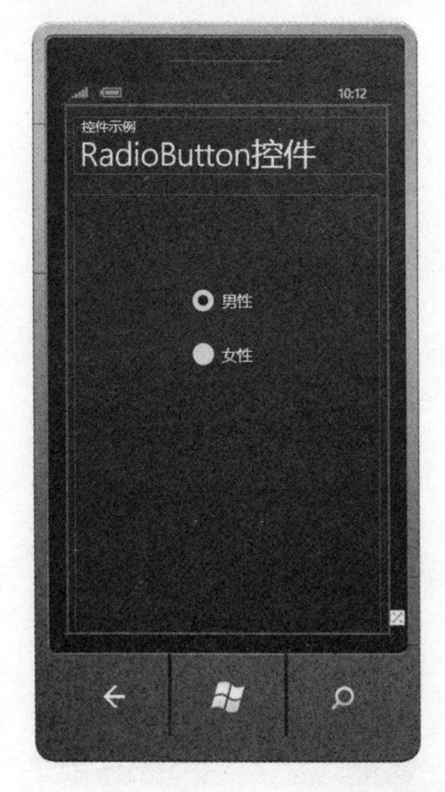

图 6-17　改变 RadioButton 控件的选中状态

4．Slider

该控件用来显示一条类似轨道或者进度条的状态条，用户可以在其上一定范围内选择一个值。事实上，该控件常常应用在一个对值的选择更加形象化的场合，如常见的音量大小选择或者色彩比例的选择。

Slider 控件可以设置其方向：水平或垂直方向，这是通过改变其属性 Orientation 的值来达到的。Slider 控件的当前选择值保存在属性 Value 中，也可以通过设置其 Maximum 和 Minimum 来指定可选值的范围。

Slider 还具有 IsDirectionReversed 属性，用来设置其初始的值状态：空或满。

【XAML 代码】

```
<Slider …/>
```

【示例】

下面通过一个示例来演示如何获取 Slider 当前的值，这里需要注意一点，Slider 控件有一个 ValueChanged 事件，这是 Slider 的一个主要事件，该事件在用户每次更改了 Slider 的选择值后触发。示例就需要来响应这样一个事件来更新显示用户当前选择的值。

1）首先建立一个新的 Windows Phone Application 项目文件，向程序添加两个 Slider 控件，并且设置其中一个 Slider 控件的 Orientation 属性的值为 Vertical，默认为 Horizontal，再添加两个 TextBlock，设置其中一个 TextBlock 的 Text 属性为当前值，另一个为 0，按图 6-18 所示排列所有控件。

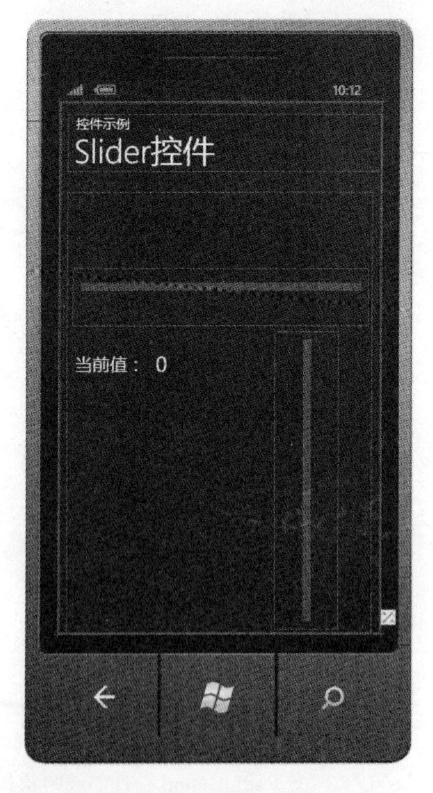

图 6-18　Slider 控件

2）分别双击两个 Slider 控件以触发各自的 ValueChanged 事件，在这里使用 Visual Studio 默认的命名：Slider1 和 Slider2。ValueChanged 事件的响应代码如下：

```
private void slider1_ValueChanged(object sender,
```

```
RoutedPropertyChangedEventArgs<double> e)
        {
            textBlock2.Text = slider1.Value.ToString();
        }

private void slider2_ValueChanged(object sender,
RoutedPropertyChangedEventArgs<double> e)
        {
            textBlock2.Text = slider2.Value.ToString();
        }
```

3）以上代码中，将 Slider 的 Value 值转换成 String 类型，并赋给 textBlock 的 Text 属性以显示出来。

程序运行后的结果如图 6-19 所示，单击 Slider 控件的不同位置会改变当前 Slider 属性 Value 的值，当然改变也会被 TextBlock 显示出来。

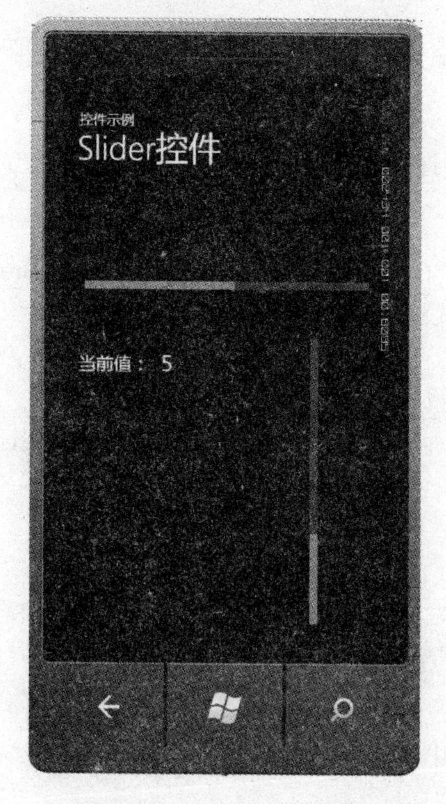

图 6-19 Slider 控件运行效果

6.2.3 信息及文本显示控件

信息显示和文本显示控件是一组最常用的控件，它们用来在程序中显示提示信息、接受用户的输入，或者显示进度以及密码等敏感数据的输入。下面将介绍此类控件的基本功能和使用方法，它们是：TextBlock、TextBox、PasswordBox 和 ProgressBar。

1. TextBlock

该控件用于显示只读的，少量的文本信息，通常用来在程序界面中显示一些标识性的提示信息，类似于大家所熟悉的 Lable 控件。

通过设置 TextBlock 控件的 Text 属性来设置文本内容，通过 TextAlignment、HorizontalAlignment 和 VerticalAlignment 属性对齐父容器布局内的 TextBlock。

TextBlock 还可以表示包含在不同的 Run 元素中的一系列字符串，而不是表示单个字符串。LineBreak 对象表示 TextBlock 中的显式换行，并且通常用于在 Run 元素之间。LineBreak 和 Run 共享自 Inline，因此，TextBlock 可以承载其文本模型内容的 InlineCollection。该 InlineCollection 也是 TextBlock XAML 内容属性，要在 TextBlock 模型中指定项，只需将不同的 Run 和 LineBreak 指定为 TextBlock 的子元素即可。

【XAML 代码】

```
<TextBlock.../>
-或者-
<TextBlock>
  声明内容的对象元素
</TextBlock>
-或者-
<TextBlock ...>一个字符串</TextBlock>
```

【示例】

下面通过一个示例来演示如何在 XAML 中通过使用 LineBreak 进行分组 Run 对象，在 TextBlock 指定多个不同格式的文本。

```
<TextBlock FontFamily="Arial" Text="Sample text formatting runs" Margin="12,38,6,378">
  <LineBreak />
  <Run Foreground="#FFF22600" FontFamily="Segoe WP Semibold" FontSize="48" Text="Seqoe WP
Semibold 30"></Run>
  <LineBreak />
  <Run Foreground="Lime" FontFamily="Georgia" FontSize="36" FontStyle="Italic" Text="Georqia
lime 22"></Run>
  <LineBreak />
  <Run Foreground="#FFFCFCFC" FontFamily="Arial" FontSize="28" FontWeight="Bold" Text=
"Arial 18"></Run></TextBlock>
```

以上代码的运行效果如图 6-20 所示。

2. TextBox

该控件用于显示可编辑的文本，如需使 TextBox 只读，可以通过设置 IsReadOnly 属性来实现，将该属性设置为 true，则不支持编辑。如果需要启用多行文本显示和编辑，可以通过设置 AcceptsReturn 属性实现，同时使用 HorizontalScrollBarVisibility 或 VerticalScrollBar-Visibility 属性以启用水平滚动条或垂直滚动条。可以使用 BorderThickness 和 BorderBrush 属性修改 TextBox 的边框。如要隐藏 TextBox 周围的边框，只需将 TextBox 的 BorderThickness 属性设置为 0。

图 6-20 不同格式的文本

【XAML 代码】

```
<TextBox .../>
```

【示例】

下面通过一个示例来了解一下 TextBox 的使用。示例将实现一个简单的“小费计算器”。示例小程序的主界面将由 3 个 TextBox 组成，其中两个用来接收用户输入的信息，另一个用来显示计算结果。示例中所有的其他提示性文字都是用 TextBlock 来显示。

1）首先建立一个新的 Windows Phone Application 项目文件，将 3 个 TextBox 放入界面，另外放入若干个 TextBlock 用于显示提示信息，将其中一个 TextBox 控件的 IsReadOnly 设置为 true，由于没有修改控件的默认名称，因此，它们的名称应该是：用于接受消费金额的 TextBox 是 TextBox1，用于接受小费比例的 TextBox 控件是 TextBox2，用于显示应付小费金额的 TextBox 是 TextBox3。程序的界面如图 6-21 所示。

2）读者可能会发现界面中没有 Button 控件，那么如何来计算消费呢？这里将采用输入消费金额即可计算消费的模式，也就是说要在用户输入消费金额的同时计算出消费金额，为了要时刻监控用户是否输入或者改变了输入的数据，需要使用 TextBox1 的 TextChanged 事件，该事件在每次检测到 TextBox1 控件内容变化时被触发。如图 6-22 所示，在事件管理器中添加对此事件的响应。

3）这里有个小问题，就是每次计算消费还需要用户输入一个消费比例，但是每次都要输入会很麻烦，因此，有必要在程序加载的时候预设一个通用比例（例如 15%）。如何解决这个问题呢？最简单的做法就是响应 TextBox2 的 Loaded 事件，该事件将会在 TextBox2 控件被完全加载后触发，如图 6-23 所示。

10:12
控件示例
TextBox控件
小费计算器
消费金额：
小费比例：
应付小费：
TextBox

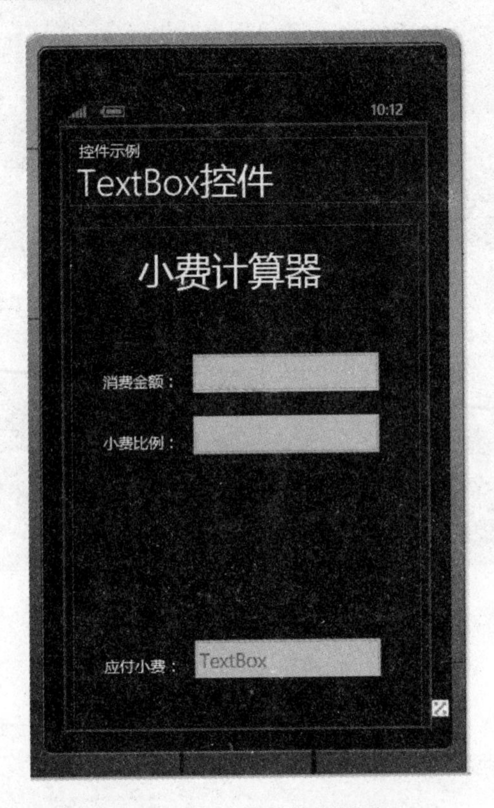

图 6-21　小费计算器界面

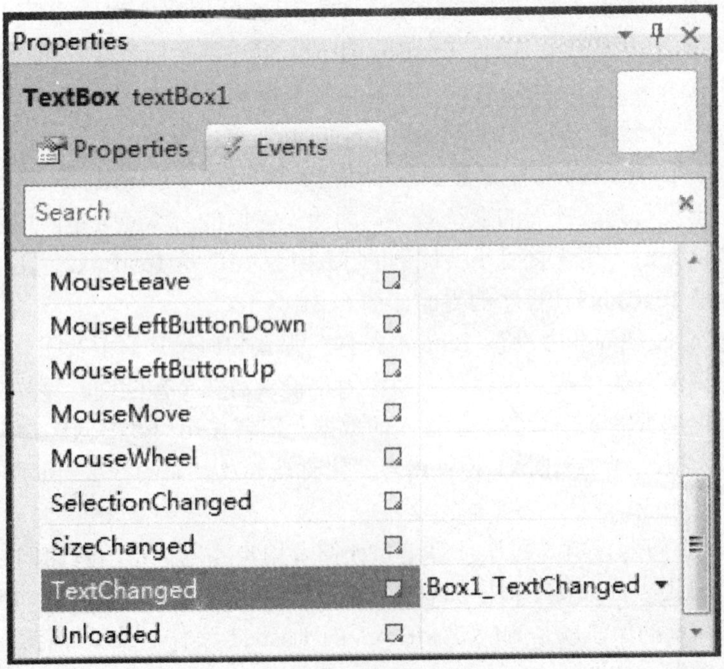

Properties
TextBox textBox1
Properties
Events
Search
MouseLeave
MouseLeftButtonDown
MouseLeftButtonUp
MouseMove
MouseWheel
SelectionChanged
SizeChanged
TextChanged
:Box1_TextChanged
Unloaded

图 6-22　添加 TextChanged 事件响应程序

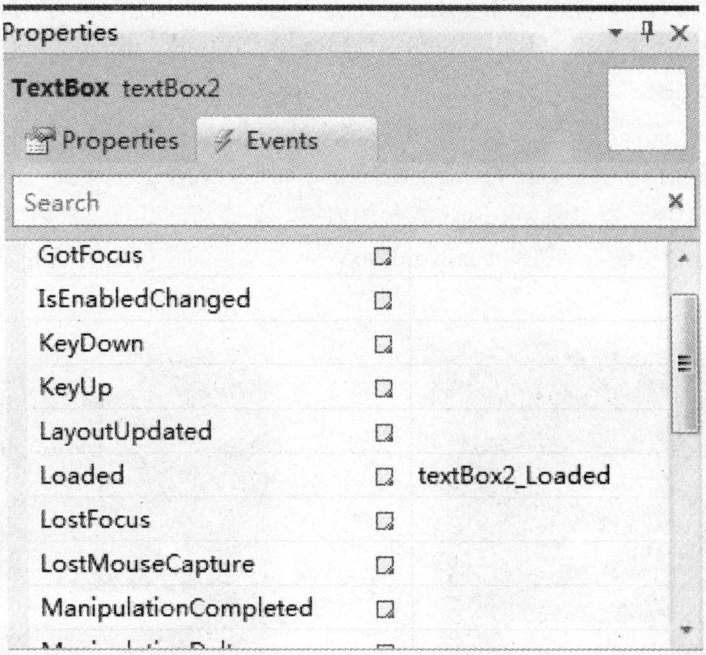

图 6-23　添加 Loaded 事件响应程序

4）为两个事件添加相应的代码如下：

```
private void textBox2_Loaded(object sender, RoutedEventArgs e)
{
    textBox2.Text = "0.15";
}

private void textBox1_TextChanged(object sender, TextChangedEventArgs e)
{
    if (textBox1.Text != "" & textBox2.Text != "")
    {
        Double a = Double.Parse(textBox1.Text);
        Double b = Double.Parse(textBox2.Text);

        textBox3.Text = (a * b).ToString();
    }
}
```

5）程序运行后，输入一个数字在消费金额上，当输入完毕后即可看到消费金额已经计算完毕并显示，如图 6-24 所示。

在这个示例中，并没有采用标准思路的 Button 来触发用户的操作，而是改用了 TextBox 的 TextChanged 事件。这种方法有时候会在项目设计中带来意想不到的便捷操作体验。在计算过程中，为了防止用户完全清除了消费金额和消费比例 TextBox 中的内容而导致计算错误，还使用了一个 IF 语句进行验证，确保在有数据的情况下才进行计算。但是这个验证的方法并不完善，因为它只能检验 TextBox 内容是否为空，而不能检验其中输入的信息是否为数字，如果用户输入了字母或其他字符将会导致错误。这一点，留给有兴趣的读者去完善。

3．PasswordBox

PasswordBox 控件用于输入敏感的不便透露的信息，比如密码。输入后，控件只使用 PasswordChar 属性指定的密码字符来显示输入的字符数，而不会显示文本本身的内容。值得注意的是，如果需要获取 PasswordBox 控件的内容，需要访问其特有的内容属性 Password。图 6-25 表示了一个被输入字符的 PasswordBox，不太常见的是在这里使用了中文“密”来替代传统的“*”。

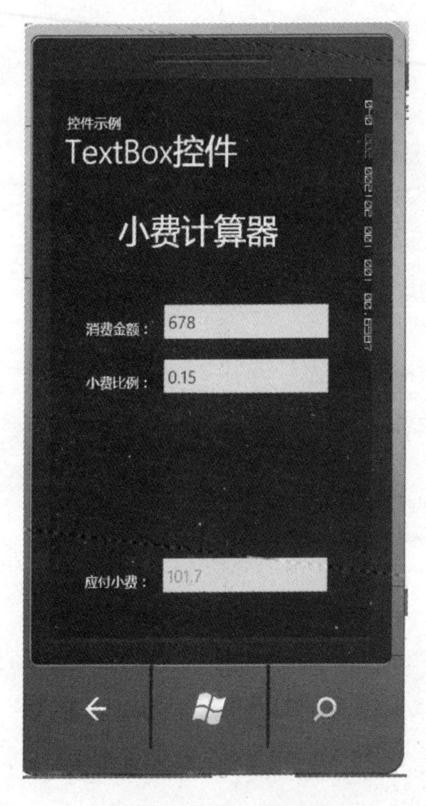

图 6-24　小费计算结果

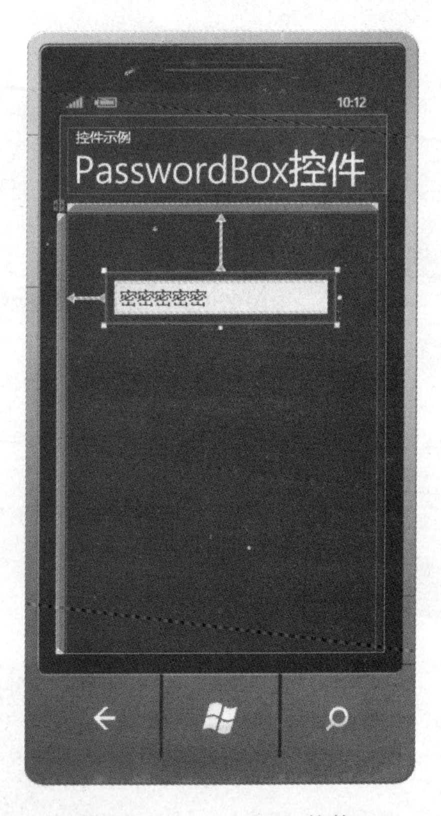

图 6-25　PasswordBox 控件

【XAML 代码】

```
<PasswordBox …/>
```

4．ProgressBar

该控件用来表示一个操作的进度。它有两种样式：显示重复模式的条和基于值进行填充的条。两种样式是由 IsIndeterminate 属性来进行设置的，如果设置该属性为 true，那么控件将显示重复的模式，如果为 false，则显示为基于值的进度条模式。

如果控件以基于值的进度条模式运行的话，还可以使用 Minimum 和 Maximum 属性来设置范围，Minimum 默认为 0，而 Maximum 默认为 100。同时，进度条的当前取值由 Value 属性来控制。

【XAML 代码】:

```
<ProgressBar .../>
```

6.2.4　图形和视频控件

1. Image

该控件用于显示 JPEG 和 PNG 图像格式的图片。通过设置 Source 属性来指定图片的地址，地址可以是绝对 URL 地址，如 http://www.1pies.com/logo.jpg，也可以是相对于应用程序的 XAP 文件的 URL 地址。

通过设置 Height 和 Width 属性，使 Image 控件以确定的高度和宽度来显示图片，如果未设置这两个属性，那么将使用自然高度和其源图像的宽度进行显示。

如果 Source 属性设置为无效值，那么将引发控件的 ImageFailed 事件。

为了提高效率，如果直接在 XAML 中指定 URI 来设置 Source，或者为其设置使用 URI 新构造的 BitmapImage，那么 Image 可能具有异步行为。

【XAML 代码】

```
<Image .../>
```

【示例】

下面通过编写一个简单的网络图片显示器来演示 Image 控件显示图片的功能。该图片显示器的使用方式是在 TextBox 中输入一个在网络上的图片地址，按下“确定”按钮即可显示该网络位置的图片（如果地址正确可靠的话）。

1）新建一个 Windows Phone Application 项目，将 Image 控件、TextBox 控件和一个 Button 控件放入界面中，调整控件尺寸如图 6-26 所示。

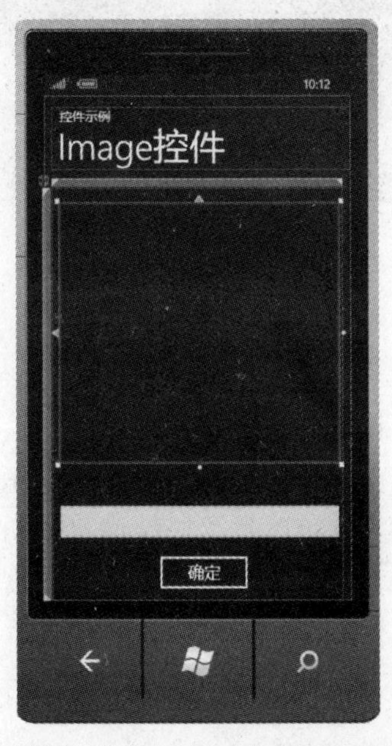

图 6-26　新建一个 Windows Phone Application 项目

2）为了使用户单击 Button 按钮可以显示图片，需要编写其响应代码，双击 Button 按钮编写其 Click 事件的响应代码如下：

```
private void button1_Click(object sender, RoutedEventArgs e)
    {
        String photosource = textBox1.Text;
        image1.Source = new BitmapImage(new Uri(photosource, UriKind.RelativeOrAbsolute));
    }
```

3）运行程序，输入图片网址，Image 控件将会显示指定的图片，如图 6-27 所示。

图 6-27　访问网络图片后效果

2．MediaElement

【简介】

该控件用于播放音频或者视频对象。

MediaElement 在默认情况下会立即播放由属性 Source 提供的媒体，这是通过设置 AutoPlay 属性为 true 来做到的，当然可以将该属性设置成 false 来关闭自动播放功能。

通过设置 Height 和 Width 来定制视频显示的高度和宽度。但是最省事的方式是不设置这两个属性，这样的话视频会按照其实际大小进行播放和显示。

【XAML 代码】

```
<MediaElement .../>
```

下面列出了控件所支持的音频和视频格式：

（1）视频

1）原始视频。

2）YV12 - YCrCb（4:2:0）。

3）RGBA - 32 位 Alpha、红色、绿色、蓝色。

4）WMV1：Windows Media Video 7。

5）WMV2：Windows Media Video 8。

6）WMV3：Windows Media Video 9。

- 支持简单配置文件和主配置文件。
- 仅支持渐进式（逐行扫描）内容。

7）WMVA：Windows Media 视频高级配置文件，非 VC-1。

8）WVC1：Windows Media 视频高级配置文件，VC-1。

- 支持高级配置文件。
- 仅支持渐进式（逐行扫描）内容。

9）H264（ITU-T H.264 / ISO MPEG-4 AVC）。

- 支持 H.264 和 MP43 编解码器。
- 支持基本配置文件、主配置文件和高配置文件。
- 仅支持渐进式（逐行扫描）内容。
- 仅支持 4:2:0 色度二次采样配置文件。
- 支持具有 MP4 的 PlayReady DRM（H264 和 AAC-LC）。

（2）音频

1）“1”.这是线性 8 位或 16 位脉冲编码调制。大致来说，这是 WAV 格式。

2）"353"- Microsoft Windows Media Audio v7、v8 和 v9.x Standard（WMA Standard）。

3）"354"- Microsoft Windows Media Audio v9.x 和 v10 Professional（WMA Professional）。

- 支持 32～96Kbit/s 范围内的 WMA 10 Professional 低比特率（LBR）模式的全保真解码。
- 多声道（5.1 和 7.1 环绕）音频内容自动混缩为立体声。
- 24 位音频将返回静音。
- 采样率超过 48000 将在同域时返回无效格式错误代码，在跨域时返回 4001。

4）"85"- ISO MPEG-1 第三层（MP3）。

5）"255"- ISO 高级音频编码（AAC）。

- 支持达到全保真的低复杂度（AAC-LC）解码（最高 48kHz）。
- 高效（HE-AAC）编码内容将仅解码为半保真（最高 24kHz）。
- 不支持多声道（5.1 环绕）音频内容。

6.2.5 WebBrowser

该控件允许显示 HTML 内容。由于该控件的 Height 和 Width 属性默认为 0，因此，应该始终在使用该控件前设置这两个属性。同时需要注意的是 WebBrowser 只能显示同一架构的内容。

控件提供3种方式来显示HTML内容：

- 调用NavigateToString（String）方法并传递一个包含要显示的XAML内容的字符串。
- 将Source 属性设置为完全限定。
- 调用Navigate（Uri）方法并将一个完全限定的或相对的URI传递给要显示的HTML内容。

【XAML代码】

```
<WebBrowser    .../>
```

【示例】

本示例将模拟一个简单的浏览器，使用TextBox来获取用户输入的网址，用一个Button来获得用户的操作指令，同时使用一个WebBrowser来显示HTML内容。

1）首先建立一个新的Windows Phone Application项目文件，将一个TextBox，一个Button和一个WebBrowser放入界面中，调整控件大小和位置，最后的布局如图6-28所示。

2）双击Button，编写如下代码：

```
private void button1_Click(object sender, RoutedEventArgs e)
{
    String urlstring = textBox1.Text;
    webBrowser1.Navigate(new Uri(urlstring));
}
```

3）运行程序，在TextBox中输入网址“http://www.1pies.com”，按下GO按钮，程序运行后结果如图6-29所示。

图6-28　WebBrowser控件

图6-29　一个简易的浏览器

6.2.6　布局和分组控件

布局和分组控件主要有 Border、Canvas 和 ScrollViewer。

其中，Border 控件为其他控件提供边框和背景；Canvas 控件用于提供一个区域，并且可以针对该区域进行坐标定位子对象，类似于一个视窗中的视窗；ScrollViewer 控件提供一个滚动的区域用来显示其他元素。

更加详细的有关布局和分组控件的使用请参考第 7 章的有关内容。

6.3　本章小结

本章较为全面地介绍了 Windows Phone 7 平台下 Silverlight 控件的类别和功能。熟练应用这些控件是 Windows Phone 7 应用程序的基础。因此，读者应该从本章的思路开始，更为全面地掌握这些控件的属性和事件的具体使用方法。更多信息可以参考 MSDN 上的联机文档信息。

第7章　布局系统

无论在 Web 开发还是 WinForm 中，布局都是一个相当重要的概念。布局是否合理，直接决定着应用程序的 UI 是否人性化。在屏幕空间有限的移动设备中，布局更显得尤为重要。本章介绍在 Windows Phone 7 中用 Silverlight 进行开发时需要了解的布局方面的基础知识，主要讨论在 Silverlight 中如何进行界面元素的排列布局，从而为进一步创建应用程序 UI 打好基础。

学习重点：

- Grid、Canvas、StackPanel 布局控件的使用。
- 自定义面板的使用。

7.1　Silverlight 布局系统

与网页布局类似，Silverlight 中的界面布局也包含两方面：调整元素大小和确定元素位置。相应地，布局系统在进行一次重新布局时所进行的操作也可分为两个过程：测量处理过程和排列处理过程。测量处理过程主要是计算出每个元素所需的大小，而排列处理过程则是最终确定元素的大小和位置。

页面上的可见元素是可以嵌套的，因此，布局处理过程是一个递归处理过程。对每一个元素的布局，都会引发该元素中所有子元素的重新布局，而子元素的布局，又会引发下一级子元素的重新布局，直到最后一级元素为止。可见，布局系统是一个很复杂的系统。

但幸运的是，Silverlight 本身已经提供了一套很完善的布局方案。Silverlight 提供了一个称为 Panel 的布局面板作为所有布局元素的公共基类。Panel 是一个抽象类，封装了布局处理过程的通用属性和方法。通过继承此基类并实现其中的测量和排列方法，可以很方便地实现自定义的布局处理类。

自定义布局处理类可以用于实现一些个性化的布局要求。而在一般情况下，仅依靠 Silverlight 本身已实现的一些 Panel 类的派生子类就可以满足大部分的布局需求。最常用到的由 Panel 派生来的布局容器有 3 个，即 Grid、Canvas 和 StackPanel，均已封装为控件。他们的主要功能如下。

- Grid：实现由行和列控制的网格布局，类似于 Web 中的表格布局。
- Canvas：实现由坐标控制的画布布局，类似于 Web 中的层布局。
- StackPanel：实现沿水平或垂直方向的堆叠布局，一般用于局部。

最后补充两个术语的描述：布局槽和布局剪辑。

如图 7-1 所示，每一个可见子元素周围都存在一个虚线所示的边界框，该边界框的范围是子元素在父面板中所占的范围，称为布局槽。

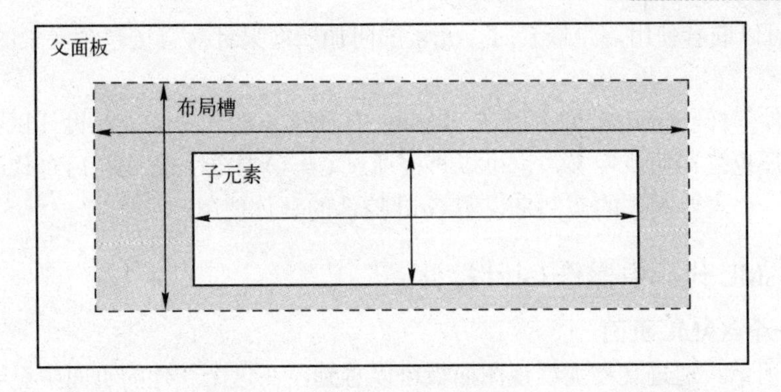

图 7-1　布局槽

图 7-1 中子元素所需要的空间小于父面板分配给它的布局槽的范围。但是有些情况下子元素所需空间也可能会大于父元素分配的布局槽范围 。如图 7-2 所示，由于子元素的旋转，其所需空间超出了布局槽的范围，这时布局系统会对子元素进行裁剪以适应布局槽，该裁剪后的区域即称为布局剪辑。

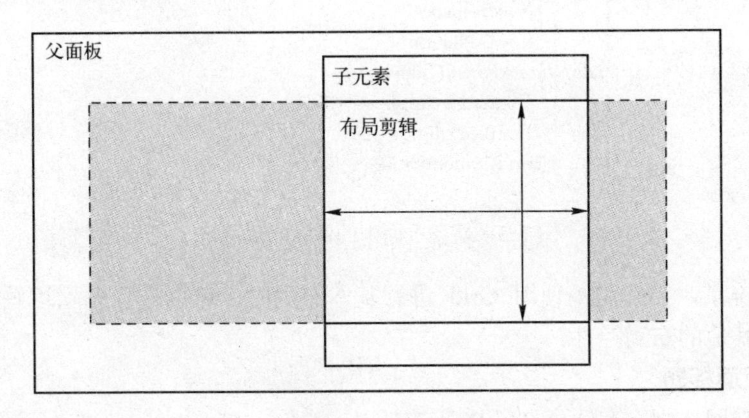

图 7-2　布局剪辑

7.2　Grid 网格布局控件

Grid 网格布局控件是 Silverlight 中默认提供的最灵活也最复杂的一个布局控件。其基本机制类似于 HTML 中 Table，先将界面划分为由行和列组成的网格，然后再向每一个单元格中放置内容。与 Table 不同的是，Grid 控件中行和列的定义与内容是分离的，而不是混淆在一起的，因此，结构性、灵活性更强一些。在目前版本的开发工具中，Grid 布局已经作为新建页面时的默认布局模板，是比较推荐的一种布局方案。

在 Grid 控件中，元素的附加属性 Grid.Row 指定元素所处的行索引，Grid.Clumn 指定元素所处的列索引；相应的 Grid.RowSpan 指定元素的行跨度（即跨越几行），Grid.ClumnSpan 指定元素的列跨度（即跨越几列）。通过这 4 个附加属性，就可以将元素分配到相应的单元格中。

Gid 控件可以嵌套使用，当嵌套时，元素的附加属性只针对直接包含元素的那个 Grid 控件有效。

和其他控件一样，Grid 控件可以在 XAML 代码中声明式定义（在设计试图用鼠标拖曳创建 Grid，实质也是声明或定义，也可以直接通过 C#（VB 等）代码在后台代码中操作。

下面通过一个表单制作的实例来说明 Grid 控件的具体使用。

7.2.1 在 XAML 代码中操作 Grid 控件

1．新建一个 XAML 页面

如图 7-3 所示，通过文档大纲视图面板可以看到，在这个新建的页面中已经默认包含了 3 个 Grid 控件：名为 LayoutRoot 的根布局网格，以及 LayoutRoot 中包含的 TitlePanel 标题布局网格和 ContentPanel 内容布局网格。

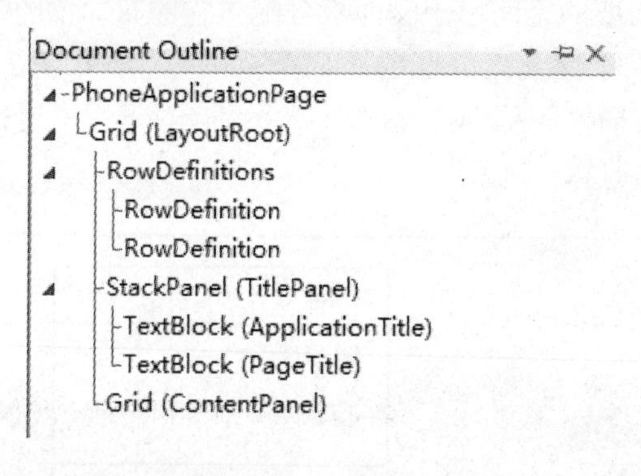

图 7-3 新建页面中的默认布局网格

在某些情况下，当确定不使用 Grid 进行基本布局时，可以选择删除这些默认的布局网格，然后放置其他的布局控件。

2．修改页面标题

在标题布局网格中，有两个 TextBox 控件 ApplicationTitle 和 PageTitle，将其 Text 属性分别改为 GridDemo 和 Register Page。此时 XAML 页面中核心代码如下：

```
<!-- 根布局网格的行定义 -->
<Grid x:Name="LayoutRoot" Background="Transparent">
    <Grid.RowDefinitions>
        <RowDefinition Height="Auto"/>
        <RowDefinition Height="*"/>
    </Grid.RowDefinitions>

    <!-- 显示应用程序名称和页面标题的 Grid 控件 TitlePanel -->
    <StackPanel x:Name="TitlePanel" Grid.Row="0" Margin="12,17,0,28">
        <TextBlock x:Name="ApplicationTitle"Text="GridDemo" Style="{StaticResource Phone
TextNormalStyle}"/>
        <TextBlock x:Name="PageTitle" Text="Register Page" Margin="9,-7,0,0" Style="{Static
Resource PhoneTextTitle1Style}"/>
    </StackPanel>
```

```
        <!--放置页面内容的 Grid 控件 ContentPanel，目前为空-->
        <Grid x:Name="ContentPanel" Grid.Row="1" Margin="12,0,12,0"></Grid>
    </Grid>
```

> 注意：
>
> “LayoutRoot”网格中的行定义，定义了两个 Grid 行。第一行指定固定高度为 170px，第二行为*，代表除 170px 之外的部分。

在 Silveriight 中元素的 Width/Height 属性里，纯数字代表固定高度，数字加*代表按比例分配剩余空间。分配过程为优先分配固定高度，然后剩余部分按照指定比例分配。如上例中，假设定义 4 行，高度依次指定为 10*、100、20*、30*，则分配过程为先分配指定固定高度的第二行为 100px，然后对于剩余空间，按照 10∶20∶30 的比例分配给一、三、四行。

在指定元素的 Width/Height 时，除纯数字、数字加*外，还有一个可选值即 Auto，根据子元素大小自动分配空间。

3．为内容网格控件 ContentPanel 添加行列定义

如图 7-4a 所示，将光标放在 ContentPanel 左边线附近，当光标变为十字形时，单击即可添加新行，并可以拖动网格线以调整空间分布。

如此操作，为 ContentPanel 添加 3 行、2 列，如图 7-4b 所示。

图 7-4　为 Grid 控件添加行列

a) 添加第一行　b) 添加所需行和列

此时，ContentPanel 对应的 XAML 代码片段如下：

```
    <Grid Grid.Row="1" x:Name="ContentPanel">
        <!--列定义-->
        <Grid.ColumnDefinitions>
```

```
                <ColumnDefinition Width="180*" />
                <ColumnDefinition Width="300*" />
            </Grid.ColumnDefinitions>
            <!--行定义-->
            <Grid.RowDefinitions>
                <RowDefinition Height="110*" />
                <RowDefinition Height="110*" />
                <RowDefinition Height="410*" />
            </Grid.RowDefinitions>
        </Grid>
```

在 Grid 标记中，Grid.Row 为一个附加属性（Attached Property），指示其自身在上级布局表格容器，即 LayoutRoot 控件中的行序号。

每一个放置在 Grid 控件中的可视元素都会自动拥有一个 Grid.Row、Grid.Clumn、Grid.RowSpan、Grid.ClumnSpan 附加属性，分别指示该元素在上一级 Grid 控件中的行序号、列序号、行跨度、列跨度。在没有指定的情况下，其默认值分别为 0、0、1、1。

Grid 控件的 RowDefinitions 属性和 ClumnDefinitions 属性分别为该网格的行定义集合和列定义集合。如上例中，为 ContentPanel 定义了宽度比为 180：300 的两列和高度比为 110：110：410 的 3 行。

4．添加内容元素

如图 7-5 所示，在相应单元格内拖入相应控件，并根据需要设置样式。

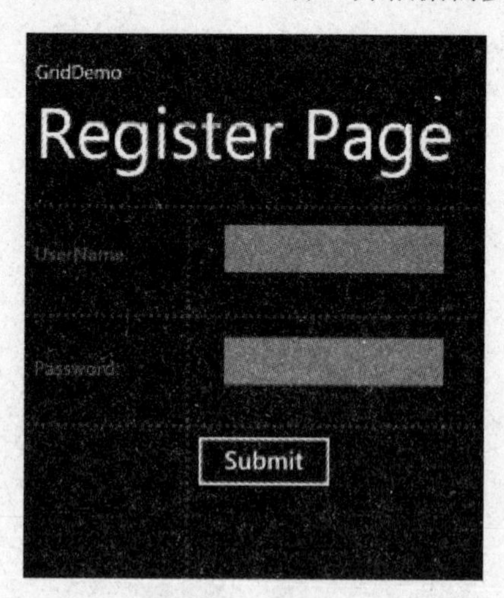

图 7-5　添加内容元素

限于篇幅，此处 XAML 代码不再列出。在 Visual Studio 中观察 XAML 代码时，会发现，ContentPanel 中的部分元素并未包含全部的 Grid.Row、Grid.Clumn、Grid.RowSpan、Grid.ClumnSpan 附加属性，这意味着此处这些属性取默认值。

7.2.2　在后台页面中操作 Grid 控件

至此为止，对于 Grid 控件的操作都是限于在 XAML 中操作。很多情况下，可能还需要

在C#后台页面中动态操作Grid控件。

首先，一个常见的操作是动态为Grid添加行或列。对于Grid控件的行列的增删操作，实际上就是对Grid控件的行集合RowDefinitions和列集合ClumnDefinitions的操作。

添加行的具体过程是：首先新建一个RowDefinition行对象并设置相关属性，然后通过Grid. RowDefinitions集合的Add或Insert方法添加到Grid的RowDefinitions集合中。添加列与此过程类同。

其次，是将指定的页面元素（通常为控件）放置到Grid中指定的行列中。

具体过程是：先将该页面元素加入到Grid的子元素集合Children中，然后通过Grid类的静态方法SetRow和SetClumn设置该页面元素的Grid.Row及Grid.Clumn附加属性，从而将其放置到指定的行列位置。

下面通过向ContentPanel中动态添加一个输入国家信息的列表框元素来演示该操作。

向ContentPanel中插入一个新行，在该行中插入一个供选择国家信息的列表框。

在页面的载入事件中，添加如下代码：

```
private void PhoneApplicationPage_Loaded(object sender, RoutedEventArgs e)
{
    //创建一个新的行定义并插入到索引2位置
    RowDefinition newRow = new RowDefinition();
    newRow.Height = new GridLength(200, GridUnitType.Pixel);
    ContentPanel.RowDefinitions.Insert(2, newRow);

    //将提交按钮btnSubmit下移到下一行
    Grid.SetRow(btnSubmit, Grid.GetRow(btnSubmit)+1 );

    //创建一个TextBlock和一个ListBox控件
    TextBlock txblCountry = new TextBlock();
    txblCountry.Text = "Country:";
    txblCountry.Foreground = textblockUserName.Foreground;
    txblCountry.Margin = textblockUserName.Margin;
    ListBox listCountry = new ListBox();
    listCountry.SelectionMode = SelectionMode.Single;
    listCountry.Margin = new Thickness(50,0,0,0);
    listCountry.Items.Add("China");
    listCountry.Items.Add("America");
    listCountry.Items.Add("England");

    //将刚创建的控件放置到新建的行中
    ContentPanel.Children.Add(txblCountry);
    Grid.SetRow(txblCountry,2);
    Grid.SetColumn(txblCountry,0);
    ContentPanel.Children.Add(listCountry);
    Grid.SetRow(listCountry,2);
    Grid.SetColumn(listCountry,1);
}
```

> 提示：
> 这里需要特别提出的一点是，为什么要将提交按钮 Submit 下移一行呢？如果是向索引 0 处插入新行并放置元素，又该如何操作呢？这两个问题留给读者去思考。

如图7-6所示是完成的注册页面的最终运行结果。

图 7-6　注册页面的最终运行结果

7.3　Canvas 画布布局控件

Canvas 画布布局是 Silverlight 中最早提供的一种布局方案，属于一种绝对布局，类似于 HTML 布局中的层绝对布局。其基本机制是以画布的左上顶点为坐标原点，以可视元素的左上顶点坐标来标识元素位置，从而实现布局定位。因为绝对布局不考虑屏幕大小，因此，在屏幕大小变化或旋转时可能会受到影响，如果不是必须，应避免大面积使用，一般情况下可用于局部布局。

在 Canvas 控件中，元素的左上顶点坐标由 Canvas.Left 和 Canvas.Top 两个附加属性来表示。Canvas.Left 即元素的 x 坐标，对应元素的左边缘到画布左边缘的距离（单位为 px）；Canvas.Top 即元素的 y 坐标，对应元素的上边缘到画布上边缘的距离；另外还有一个 Canvas.ZIndex 对应元素所处的层次。

Canvas 控件同样允许嵌套，嵌套时，元素的画布只对应直接嵌套元素的那一个 Canvas 控件。

下面通过一个简单的小动画来演示 Canvas 布局控件的使用。

1）创建一个新的页面，并修改页面标题。

2）从工具箱中拖放一个 Canvas 控件到页面中的 ContentPanel 上，并设置相应属性（代码如下所示）。

3）在 Canvas 上绘制绿色、红色的两个椭圆 greenBall、redBall，并设置相关属性。

此时，Canvas 对应生成的 XAML 代码如下。

```
<Canvas Name="canvas1" HorizontalAlignment="Center"
        VerticalAlignment="Top" Width="400" Height="400">
    <Ellipse Name="greenBall" Fill="#00FF00" Canvas.Left="150" Canvas.Top="145"
            Height="100" Stroke="Black" StrokeThickness="1" Width="100" />
    <Ellipse Name="redBall"   Fill="Red" Canvas.Left="26" Canvas.Top="177"
            Height="150" Stroke="Black" StrokeThickness="1" Width="150" />
</Canvas>
```

如上面代码所示，椭圆 greenBall 和 redBall 的 Canvas.Left、Canvas.Top 附加属性指示了椭圆在画布上的位置，greenBall 为（150px,145px），redBall 为（26px,177px）。

4）如图 7-7 所示，在页面下方添加 6 个按钮，分别命名为 btnLeft、btnRight、btnUp、btnDown、btnUpZ、btnDownZ，位置与名称对应。

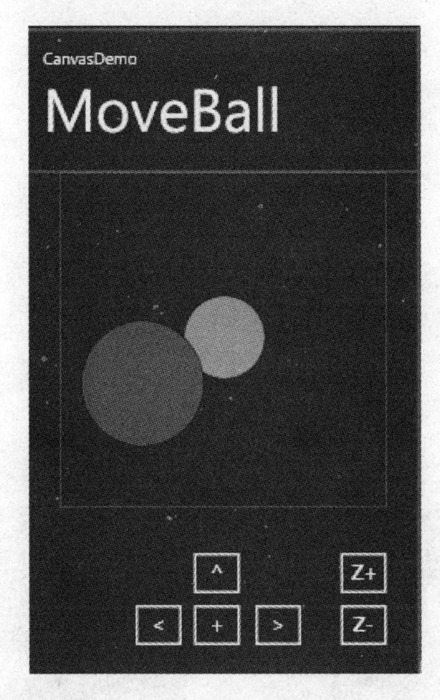

图 7-7　在页面下方添加按钮

5）分别为以上 6 个按钮添加事件处理程序，用以控制绿色小球 greenBall 的行为。具体代码如下：

```
//移动 greenBall 的位置
private void btnLeft_Click(object sender, RoutedEventArgs e)
{
    Canvas.SetLeft(greenBall, Canvas.GetLeft(greenBall) - 10);
}
private void btnRight_Click(object sender, RoutedEventArgs e)
{
    Canvas.SetLeft(greenBall, Canvas.GetLeft(greenBall) + 10);

}
private void btnUp_Click(object sender, RoutedEventArgs e)
```

```
{
    Canvas.SetTop(greenBall,Canvas.GetTop(greenBall)-10);
}
private void btnDown_Click(object sender, RoutedEventArgs e)
{
    Canvas.SetTop(greenBall, Canvas.GetTop(greenBall) + 10);
}

//改变 greenBall 的层次
private void btnUpZ_Click(object sender, RoutedEventArgs e)
{
    Canvas.SetZIndex(greenBall,1);
}
private void btnDownZ_Click(object sender, RoutedEventArgs e)
{
    Canvas.SetZIndex(greenBall, 0);
}
```

如上所示，可以通过 canvas 类的静态方法 GetLeft、GetTop、GetZIndex 获取指定元素的附加属性值，相应地也可以通过 SetLeft、SetTop、SetZIndex 方法设置元素的附加属性值。

运行该程序，可以通过单击上下左右 4 个按钮使绿色小球向相应方向移动，通过单击 Z+/Z-按钮改变绿色小球的层次，这可以通过观察红绿两个小球的层叠关系看出来。如图 7-8a 所示，单击“Z+”按钮后，绿色小球将遮盖红色小球；如图 7-8b 所示，单击“Z-”按钮后，红色小球将遮盖绿色小球。

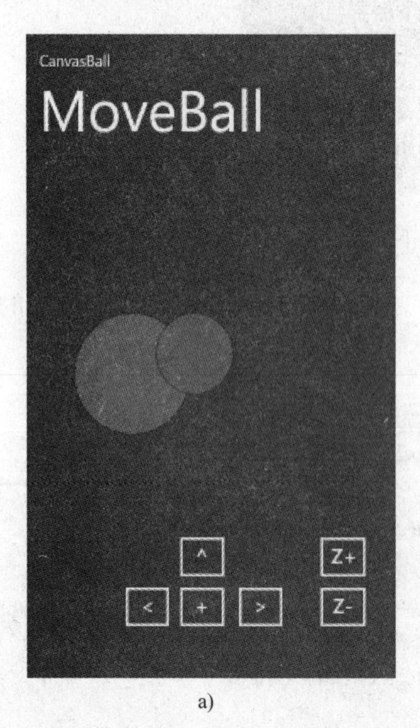

a)

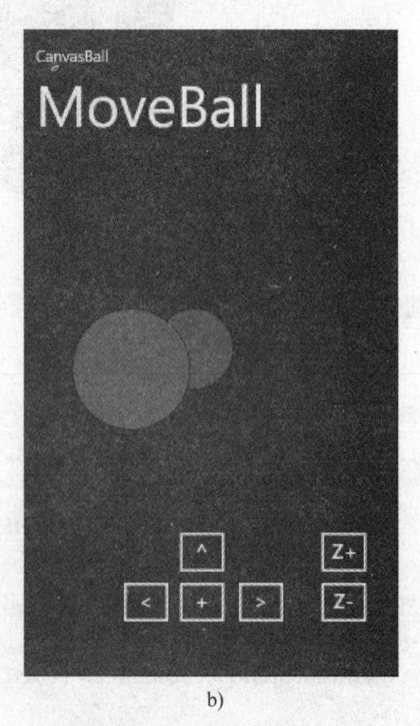

b)

图 7-8　CanvasDemo 运行结果

a) 单击“Z+”按钮后　b) 单击“Z-”按钮后

7.4　StackPanel 堆叠布局控件

StackPanel 堆叠布局是相对较为简单的一种布局方案。StackPanel 控件会将自己的子元素按水平或垂直方向依次排开。

通过 StacPanel 的 Orientation 属性，可以指定元素的排列方式。当 Orientation 值为 Vertical 时，指定沿垂直方向排列；当 Orientation 值为 Horizontal 时，指定沿水平方向排列。系统默认值为 Vertical。

同样，下面通过一个小示例展示 StackPanel 的基本使用。

1）如下代码将在页面中创建 3 个垂直排列的 TextBox，依次显示数字 1、3、5。

```
<StackPanel Height="443" HorizontalAlignment="Left" Margin="20,45,0,0" Name="stackPanel1"
        VerticalAlignment="Top" Width="442">
    <TextBlock FontSize="64" FontWeight="Bold" Name="textBlock1" Text="1"
            Style="{StaticResource PhoneTextAccentStyle}" TextAlignment="Center" />
    <TextBlock FontSize="64" FontWeight="Bold"  Name="textBlock3"  Text="3"
            Style="{StaticResource PhoneTextAccentStyle}" TextAlignment="Center"  />
    <TextBlock FontSize="64" FontWeight="Bold"  Name="textBlock5"  Text="5"
            Style="{StaticResource PhoneTextAccentStyle}" TextAlignment="Center" />
</StackPanel>
```

显示结果如图 7-9a 所示。

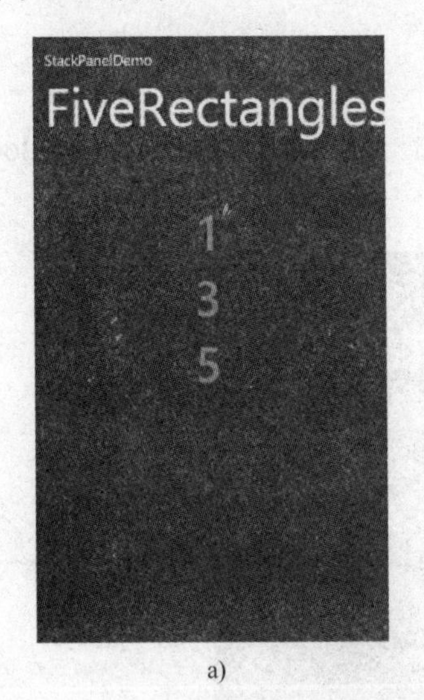

a)

b)

图 7-9　StackPanelDemo 界面设计

a) 垂直排列　b) 水平排列

2）可以通过改变 StackPanel 的 Orientation 值改变排列方式。拖放一个按钮到页面下方，并在其单击事件中添加如下代码用以切换排列方式。

```
private void btnChange_Click(object sender, RoutedEventArgs e)
{
```

```
        if (stackPanel1.Orientation == System.Windows.Controls.Orientation.Horizontal)
            stackPanel1.Orientation = System.Windows.Controls.Orientation.Vertical;
        else
            stackPanel1.Orientation = System.Windows.Controls.Orientation.Horizontal;
    }
```

单击 change 按钮，将实现水平排列和垂直排列之间的相互切换。如图 7-9b 所示为单击按钮切换到水平排列状态的截图。

3）通过对 StackPanel 的 Children 属性的操作，可以在页面中动态添加、删除子元素。

在页面中添加一个 btnInsert2 按钮，在其单击事件中添加如下代码：

```
    private void btnInset2_Click(object sender, RoutedEventArgs e)
    {
        //创建一个 TextBLock 控件显示数字 2
        TextBlock textBlock2 = new TextBlock();
        textBlock2.Text = "2";;
        textBlock2.Style = textBlock1.Style;
        textBlock2.FontSize = textBlock1.FontSize;
        textBlock2.TextAlignment = textBlock1.TextAlignment;
        textBlock2.FontWeight = textBlock1.FontWeight;

        //将数字 2 插入到 Stackpanel 的子元素集合中
        stackPanel1.Children.Insert(1,textBlock2);
    }
```

单击 btnInsert2 按钮时，将会向页面中添加一个显示数字 2 的 TextBlock 控件，并放置在合适位置，如图 7-10 所示。

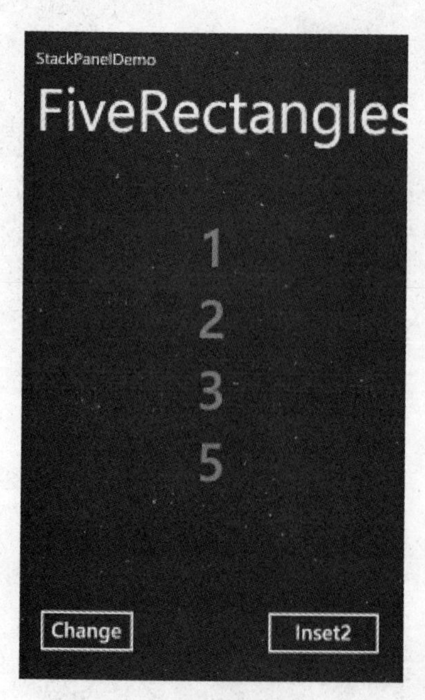

图 7-10　StackPanel 插入数字

类似地，通过对 Children 集合的操作，可以对 StackPanel 的子元素实行很灵活的管理。

7.5 自定义面板

如前文所述，在通常情况下，借助系统提供的 Grid、Canvas、StackPanel 3 个控件，已经可以满足大部分布局需求，但是系统同样支持用户通过自定义面板实现一些个性化的布局。

实现自定义面板需要实现一个抽象类 Panel（Grid、Canvas、StackPanel 类的公共基类），通过重写此类中的方法 MeasureOverride（测量方法）和 ArrangeOverride（排列方法），指定面板子元素的具体布局行为。

使用过 Windows Mobile 6.5 的用户对其主页的蜂窝式菜单布局（如图 7-11a 所示）印象一定很深刻，下面通过实现一个类似的蜂窝式布局面板（如图 7-11b 所示）来演示自定义面板的创建及使用。

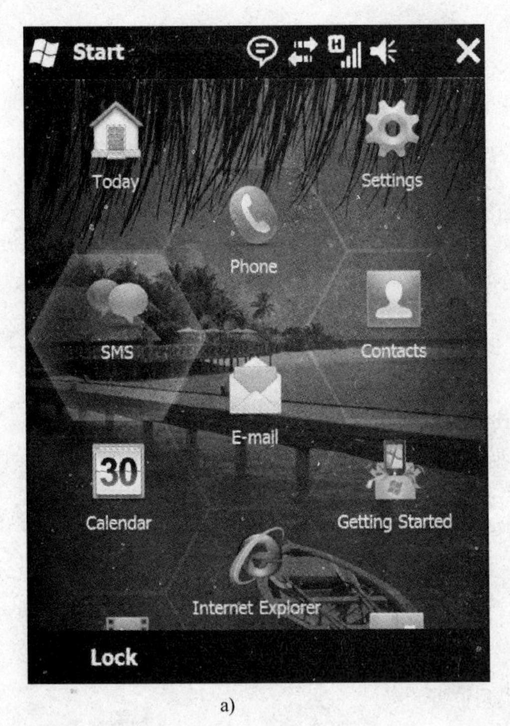

a)

b)

图 7-11 蜂窝式布局

a) Windows Mobile 6.5 中的蜂窝式菜单布局 b) 类似的蜂窝式布局面板

1）新建一个 class 文件，命名为 CellsPanel。修改代码使其继承自 Panel 类。

```
public class CellsPanel:Panel
{
}
```

2）在 CellsPanel 类中重写 Panel 类的测量方法 MeasureOverride，对前 15 个子元素分配

100×100 的布局槽，其余子元素不分配。代码如下：

```
protected override Size MeasureOverride(Size availableSize)
{
    int i = 0;
    foreach (FrameworkElement child in Children)
    {
        if (i < 15)
        {
            child.Measure(new Size(100, 100));
        }
        else
        {
            child.Measure(new Size(0, 0));
        }
        i++;
    }
    return new Size(300,600);
}
```

3）重写排列方法 ArrangeOverride，为每一个子元素指定位置大小。代码如下：

```
protected override Size ArrangeOverride(Size finalSize)
{
    UIElementCollection mychildren = Children;
    int count = mychildren.Count;
    for (int i = 0; i < count; i++)
    {
        Point cellOrigin = GetCellOrigin(i);
        double dw = mychildren[i].DesiredSize.Width;
        double dh = mychildren[i].DesiredSize.Height;
        mychildren[i].Arrange(new Rect(cellOrigin.X, cellOrigin.Y, dw, dh));
    }
    return new Size(300, 600);
}

//计算索引为 cellIndex 的子元素的左上角位置
protected Point GetCellOrigin(int cellIndex)
{
    int cellRow, cellColomn;
    cellColomn = cellIndex % 3;
    cellRow = cellIndex / 3;

    int x, y;
    x = cellColomn * 100;
    y = cellRow * 100;
    if (cellColomn == 1) y += 50;
```

```
        Point cellOrigin = new Point(x, y);
        return cellOrigin;
    }
```

4）按〈F6〉键编译项目后，CellsPanel 蜂窝式布局面板会出现在 ToolBox 中。至此，自定义面板 CellsPanel 就创建好了。下面的步骤演示如何使用该自定义面板。

5）在任一页面上拖放一个 CellsPanel，向 CellsPanel 中添加子元素，子元素即会自动排列为蜂窝式布局。如图 7-11b 所示为添加 15 个椭圆后的效果。代码如下：

```
<my:CellsPanel x:Name="cellPanel1"    Width="300" Margin="90,35,90,46">
        <Ellipse Fill="SkyBlue" Height="80" Name="ellipse1" Stroke="Black" StrokeThickness="1" Width="80" Margin="10"/>
        //...省略若干
        <Ellipse Fill="SkyBlue" Height="80" Name="ellipse15" Stroke="Black" StrokeThickness="1" Width="80" Margin="10" />
</my:CellsPanel>
```

当然，对于 CellsPanel 的子元素，同样可以通过 C#代码在后台页面中动态操作。与前面的 3 个内置布局控件类似，只需操作代表其子元素集合的 Children 属性即可，此处不再演示。

7.6　边距和对齐

通过以上几个布局控件，已经可以大体上控制 UI 元素在页面中的位置。下面介绍的边距和对齐，用于更精确地控制元素在页面上的显示。

边距对应每个 UI 元素的 Margin 属性，该属性决定了每个 UI 元素与其布局槽之间的空白距离。如图 7-12 所示，中间矩形为 UI 元素，虚线框为其布局槽，UI 元素的 Margin 通常又包含上下左右 4 个方向的边距，可根据需要分别设置。

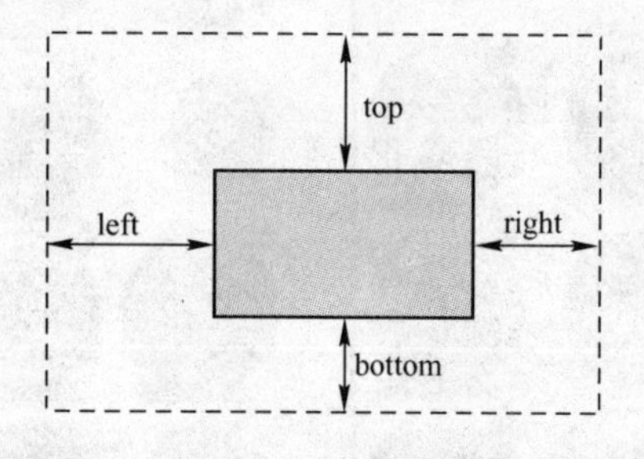

图 7-12　Margin 示意图

设置 Margin 的方式通常有 3 种，下面示例说明了各种设置方式的含义：

- Margin=20　　　　　left=top=right=bottom=20。
- Margin=10,30　　　　left=right=10,top=bottom=30。
- Margin=10,20,30,40　left=10,top=20,right=30,bottom=40。

对齐方式包含水平和垂直两个方向，对应 UI 元素的 HorizontalAlignment 属性和 VerticalAlignment 属性，指定了 UI 元素在布局槽内的对齐标准。

- HorizontalAlignment：水平对齐方式，可选值有 Left（左对齐）、Right（右对齐）、Center（居中）、Stretch（水平拉伸）。
- VerticalAlignment：垂直对齐方式，可选值有 Top（顶对齐）、Bottom（底对齐）、Center（垂直居中）、Stretch（垂直拉伸）。

一般而言，边距和对齐主要用以决定 UI 元素的位置，但是当 UI 元素的 Width 和 Height 属性设置为 Auto 时，其实际大小除了由其内容大小决定外，也将由其边距和对齐方式共同决定。此时，边距和对齐方式显得更加重要。

7.7 应用实例：疯狂炸弹

本节通过设计并开发一个简单的小游戏"疯狂炸弹（CrazyBomb）"来展示布局系统在实际应用中的范围及使用方法。本例是对本章内容的一个巩固和提高，同时通过本例，也提供了一个同类游戏的设计原型。

7.7.1 需求分析

1. 游戏简介

疯狂炸弹是一个休闲类小游戏，其基本玩法是玩家通过阻止界面上的炸弹（Bomb）爆炸来赢取分数。如下图 7-13 所示为游戏的核心界面，可以看到界面上存在着不同状态的炸弹，用户可以通过单击来改变界面上炸弹的状态。

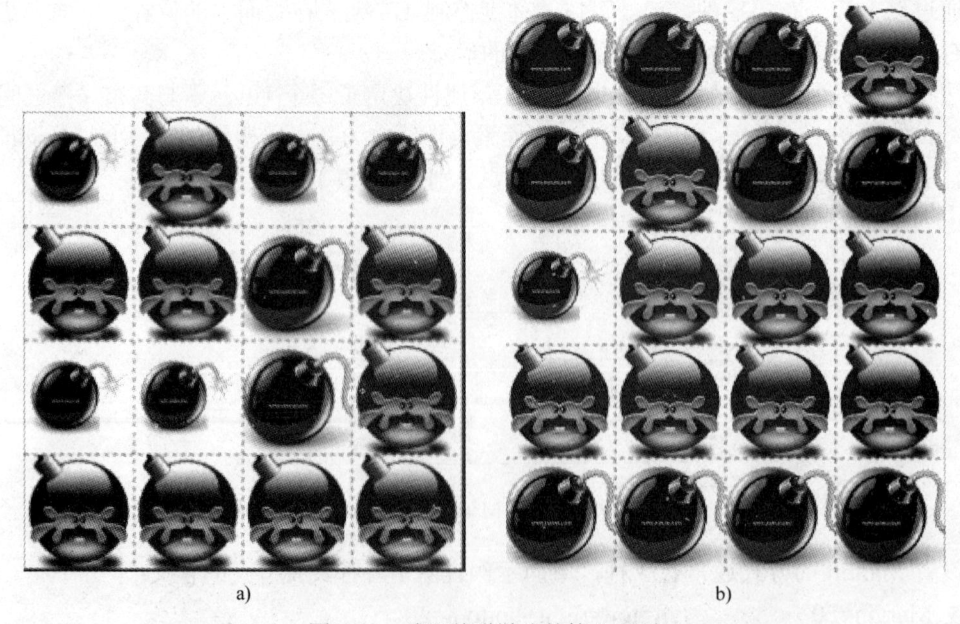

图 7-13 疯狂炸弹游戏的核心界面

a) 正常状态 b) 一次惩罚后状态

界面上的炸弹，有 4 种可能的状态，如图 7-14 所示。

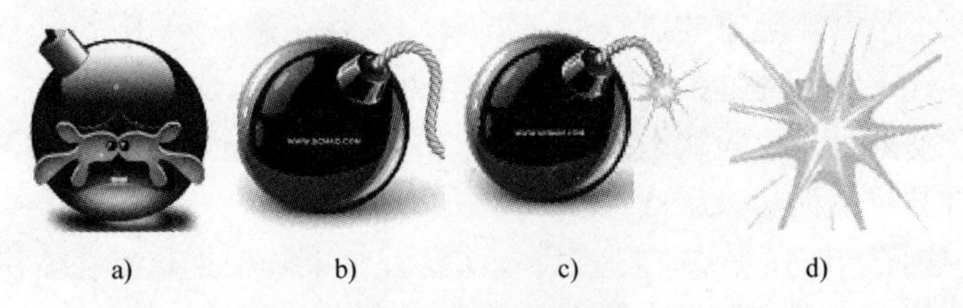

a)　　b)　　c)　　d)

图 7-14　炸弹的 4 种状态

a) SleepState（睡眠）状态　b) ActiveState（激活）状态　c) DelayState（延时）状态　d) BombingState（爆炸）状态

4 种状态之间，存在如下的转换关系：

- SleepState（睡眠）状态为一个安全状态，只要玩家不误单击，那么处于该状态的炸弹将一直保持直到游戏结束；若被玩家误单击，则会被激活，进入 ActiveState 状态。
- ActiveState（激活）状态为一个相对安全的状态，不会直接爆炸，但是该状态的炸弹会自动启动一个计时器，若干秒（记为 fireTime，即点火时间）后会自动转入下一个状态 DelayState。
- DelayState（延时）状态是一个极危险的状态，若玩家不干涉，则若干秒（记为 delayTime，即延时时间）后会自动引爆，即进入 BombingState 状态；若玩家在引爆前单击该炸弹，则炸弹会回到前一个状态 ActiveState。
- BombingState（爆炸）状态意味着该炸弹生命的终结。一旦发生爆炸，炸弹将没有机会再进入其他任何状态。
- 另外，如果 ActiveState 状态的炸弹被单击，不会引发状态改变，但是为增加趣味性，本游戏中对此行为设计了一个惩罚，就是每误单击一次，增加一行炸弹。具体如图 7-13 所示，若误点了图 7-13a 中 ActiveState 状态的炸弹，其结果如图 7-13b 所示，多出一行处于 DelayState 状态的炸弹。

2．游戏规则

游戏中玩家的任务就是阻止爆炸的发生，尽量长地维持游戏的时间。具体规则如下：

1）游戏开始时将会在 4×4 的方格中放满 16 颗 SleepState 状态的炸弹，并随机激活（即转入 ActiveState 状态）若干颗，如图 7-15a 所示。ActiveState 状态的炸弹将在计时器控制下向更危险的状态转变；SleepState 状态的炸弹若被玩家误单击，也会开始向危险状态转变。

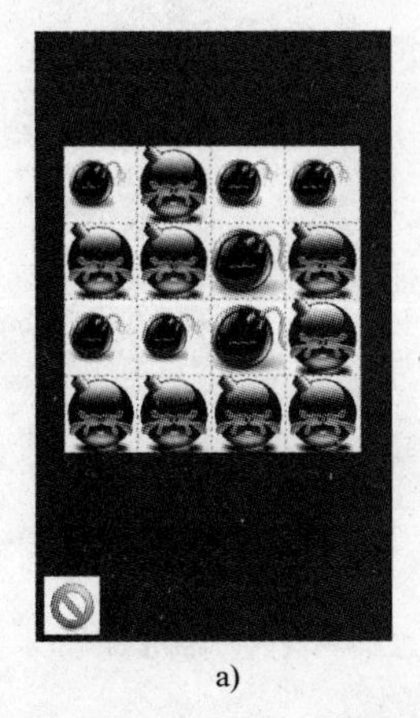

a)　　b)

图 7-15　游戏运行界面

a) 游戏开始界面　b) 游戏结束界面

2）在游戏过程中，玩家要进行的主要操作就是：准确单击处于 DelayState 状态的炸弹，使其回到 ActiveState 状态，以免爆炸；避免误单击 SleepState 状态的炸弹，因为误单击会激活该炸弹，使其进入危险状态；避免误单击 ActiveState 状态的炸弹，因为误单击会遭到惩罚，增加炸弹数目从而加大游戏难度。

3）若界面中任一炸弹爆炸，则宣告本次游戏结束。根据玩家在本次游戏中的表现计算得分。得分主要依赖于玩家在本次游戏中坚持的时间。

3．游戏界面

游戏运行界面如图 7-15 所示，图 7-15a 为开始时界面，图 7-15b 为结束时界面。

游戏帮助界面和设置界面如图 7-16a、b 所示。

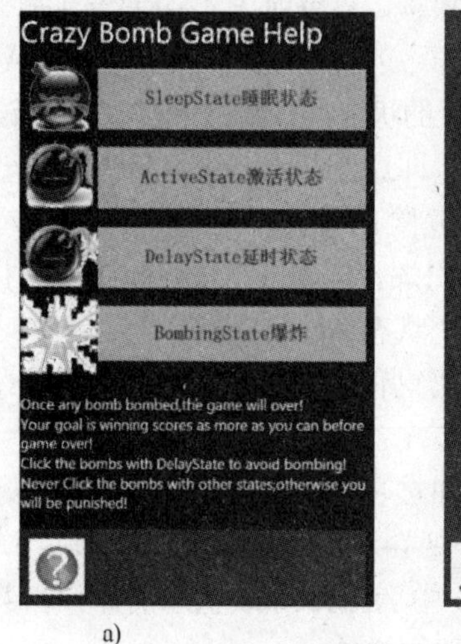

a)

b)

图 7-16　帮助界面与设置界面

a) 帮助界面　b) 设置界面

7.7.2　设计思路

1．炸弹对象的设计（状态机）

根据炸弹状态的描述，很容易想到将炸弹（Bomb）抽象为一个拥有 4 个状态的状态机。该状态机的状态转换图如图 7-17 所示。那么对于炸弹对象 Bomb 的设计，只需对照图 7-17 实现一个状态机即可。

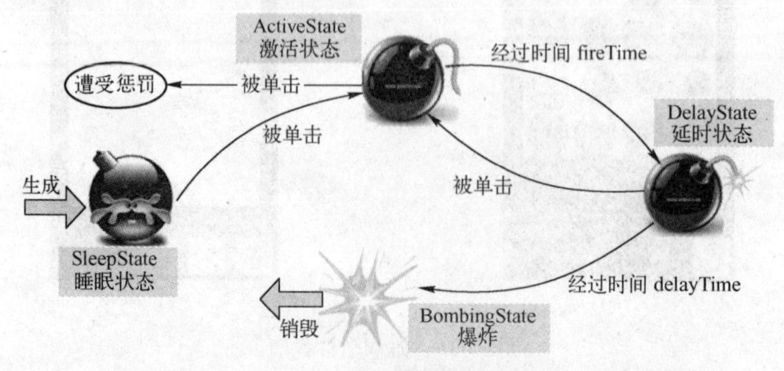

图 7-17　Bomb 状态转换图

2．页面整体布局设计（Grid 布局）

根据前面的游戏运行界面，可以将页面整体上划分为菜单栏与主游戏区两部分，如图 7-18 所示。这个简单的划分可以通过一个 Grid 布局控件来实现，只需将一个 Grid 划分为两行即可，上面一行为主游戏区，下面一行为菜单栏。

图 7-18　CrazyBomb 简单界面布局

3．游戏面板的设计（Grid 布局）

从前面的运行截图看，作为炸弹容器的游戏面板由很多个小方格组成，很显然这样的布局用 Grid 控件来实现是最合适的。根据游戏规则，格子数目是变化的，因此，考虑通过后台 C#代码来动态创建行列定义，进行 Grid 操作。

4．菜单栏的设计（StackPanel 布局）

从图 7-15、图 7-16 的 4 幅图来看，菜单栏中不同时刻显示的菜单项是不同的，要保证在菜单项增删变化时能够自动排列到合适位置，考虑用一个水平方向的 StackPanel 来实现。由于菜单栏整体的大小、位置没什么变化，因此，直接通过设计视图设计即可。

5．帮助界面设计（StackPanel 布局）

如图 7-19 所示，帮助界面中帮助面板实际上包含 3 个部分，1、3 均为 TextBlock 控件，2 为 Image 控件。为了节省资源，帮助面板只在要显示时动态创建，不显示时可释放资源。如图 7-19 所示的从上到下依次排列的布局，可以考虑用 StackPanel 实现，同时在需要动态创建时，StackPanel 也是相对代码最少的。

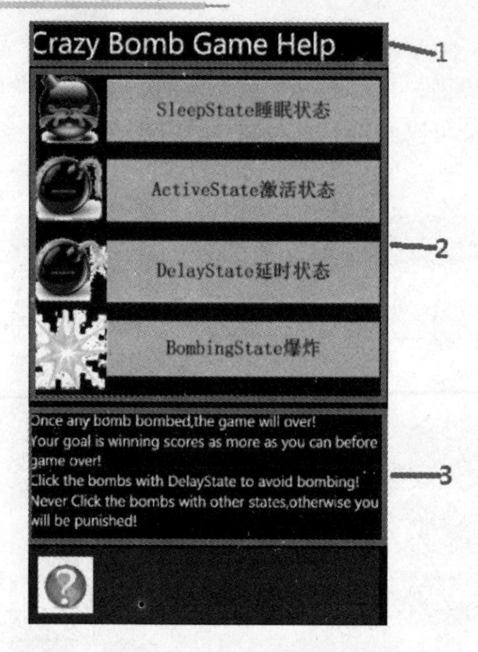

图 7-19　帮助面板界面结构

6．设置界面设计（自定义面板布局）

如图 7-16b 所示，设置界面中，用了一个类似于 Windows Mobile 中的蜂窝式菜单布局。在前面的 7.5 自定义面板一节，已经通过自定义面板实现了这种蜂窝式菜单布局，此处直接借用前面的代码即可。

7.7.3　开发过程

1．准备工作

1）创建一个 Windows Phone Application 项目，命名为 CrazyBomb。

2）在项目根目录下创建一个文件夹，命名为 Images，并将所需的所有图片素材添加进来。

3）打开 App.xaml.cs 文件，在 CrazyBomb 命名空间下定义一个 BombState（炸弹状态）枚举类型和一个 GameState（游戏状态）枚举类型，以备后续开发使用。代码如下：

```
public enum GameState { Running, Over, Setting, Help }
public enum BombState { SleepSate, ActiveState, DelayState, BombingState };
```

4）在 App 类中定义一个 GameState 类型的静态变量 CurrentState，用以记录游戏的当前状态。代码如下：

```
public static GameState CurrentState;
```

注意：

两个枚举类型是定义在 CrazyBomb 命名空间中的，而 CurrentState 是定义在 App 类中的。

2. 创建 Bomb 控件

创建一个 Bomb 控件，封装炸弹的外观及所有行为。炸弹的外观以一个 Image 控件实现，行为如图 7-17 所示，为一个状态机。制作 Bomb 控件的具体步骤如下：

1）新建一个 Windows Phone User Control 项目，取名为 Bomb。

2）在 Bomb.xaml 设计视图中，删除自动生成的 Grid 控件，并调整整个 UserControl 的 DesignHeight、DesignWidth 为 100、100。

3）拖放一个 Image 控件到界面上，重命名为 imgBomb，大小改为 100×100，默认图像 Source 指定为 Images/SleepState.png。

此时，Bomb.xaml 页面代码如下所示：

```
<UserControl x:Class="CrazyBomb.Bomb"
    xmlns="http://schemas.microsoft.com/winfx/2006/xaml/presentation"
    xmlns:x="http://schemas.microsoft.com/winfx/2006/xaml"
    xmlns:d="http://schemas.microsoft.com/expression/blend/2008"
    xmlns:mc="http://schemas.openxmlformats.org/markup-compatibility/2006"
    mc:Ignorable="d"
    d:DesignHeight="100" d:DesignWidth="100" >
    <Image Height="100" Name="image1" Stretch="Fill" Width="100" Source="/CrazyBomb;
component/Images/SleepState.png" />

</UserControl>
```

4）到上一步为止，Bomb 控件的界面基本实现，下面的工作就是实现其行为，也就是如图 7-17 所示的状态机。至于状态机的实现，不是本章的重点，因此，只列出 Bomb.xaml.cs 源代码，不做过多描述，只说明以下几点：

- 对于命名空间的引用，只列出默认没有引用的，默认引用的命名空间不再列出。
- 炸弹的当前状态由 State 属性记录。
- Punish、OverGame 方法定义为两个委托。Punish 用于在主程序中指定对误单击 ActiveState 状态炸弹的惩罚处理方法；OverGame 用于在有炸弹爆炸时通知主程序游戏结束。
- 在本例中，爆炸延时时间 delayTime 设置为 5s；点火时间设置为一个 2～10s 的随机数。
- 4 个公开的方法 GoSleepState、GoActiveState、GoDelayState、GoBombingState 分别使炸弹进入相应的状态。代码如下：

```
using System.Windows.Media.Imaging;
using System.Windows.Threading;

namespace CrazyBomb
{
    public partial class Bomb : UserControl
    {
        protected BombState state;
```

```
        public BombState State
        {
            get { return state; }
        }

        public delegate void PunishHandler(Bomb bomb);
        public PunishHandler Punish;
        public delegate void OverGameHandler(Bomb bomb);
        public OverGameHandler OverGame;

        protected TimeSpan fireTime;
        protected TimeSpan delayTime = new TimeSpan(0, 0, 5);
        protected DispatcherTimer fireTimer;
        protected DispatcherTimer delayTimer;
        protected static Random random = new Random();

        public Bomb()
        {
            InitializeComponent();

            fireTimer = new DispatcherTimer();
            fireTimer.Tick += new EventHandler(fireTimer_Tick);

            delayTimer = new DispatcherTimer();
            delayTimer.Tick += new EventHandler(delayTimer_Tick);
            delayTimer.Interval = delayTime;

            GoSleepState();
        }

        //转到 4 种状态
        public void GoSleepState()
        {
            state = BombState.SleepSate;
            imgBomb.Source = new BitmapImage(new Uri("Images/SleepState.png", UriKind.Relative
OrAbsolute));
        }
        public void GoActiveState()
        {
            state = BombState.ActiveState;
            imgBomb.Source = new BitmapImage(new Uri("Images/ActiveState.png", UriKind.Relative
OrAbsolute));

            delayTimer.Stop();
            int seconds = random.Next(2, 10);
            fireTimer.Interval = new TimeSpan(0, 0, seconds);
```

```
            fireTimer.Start();
        }
        public void GoDelayState()
        {
            state = BombState.DelayState;
            imgBomb.Source = new BitmapImage(new Uri("Images/DelayState.png", UriKind.Relative
OrAbsolute));

            fireTimer.Stop();
            delayTimer.Start();
        }
        public void GoBombingState()
        {
            state = BombState.BombingState;
            imgBomb.Source=new BitmapImage(new Uri("Images/BombingState.png", UriKind.
Relative OrAbsolute));

            delayTimer.Stop();
        }

        //计时器命中
        protected void fireTimer_Tick(object sender, EventArgs e)
        {
            if (App.CurrentState == GameState.Running)
            {
                GoDelayState();
            }
        }
        protected void delayTimer_Tick(object sender, EventArgs e)
        {
            if (App.CurrentState == GameState.Running)
            {
                GoBombingState();
                OverGame(this);
            }
        }

        //单击事件
        private void imgBomb_MouseLeftButtonDown(object sender, MouseButtonEventArgs e)
        {
            switch (state)
            {
                case BombState.SleepSate:
                    GoActiveState();
                    break;
                case BombState.ActiveState:
```

```
                    Punish(this);
                    break;
                case BombState.DelayState:
                    GoActiveState();
                    break;
            }
        }

    }
}
```

5）至此，Bomb 控件完成。按〈F6〉键编译后，Bomb 控件会在 ToolBox 的 Bomb Controls 选项卡中显示出来。在任意页面上拖放一个 Bomb 控件，测试其行为是否与图 7-17 所示的状态图相符。

> **注意：**
> 由于 Punish、OverGame 为两个尚未实现的委托方法，因此，在被调用时会报错，可以暂时添加两个临时方法作为这两个委托的实现以进行测试。

3．创建游戏界面

本例中直接以 MainPage.xaml 页面作为游戏的主页面，在其上创建游戏界面。游戏基本界面如图 7-18 所示，根据前面的设计思路：整体布局用 Grid 实现；游戏面板区域用 Gird 实现；工具栏用 Stackpanl 实现。

1）此处直接修改 MainPage.xaml 中的 LayoutRoot 以实现基本界面。在 MainPage.xaml 的设计视图中删除默认的布局元素 TitlePanel 和 ContentPanel，并参考图 7-18 调整 LayoutRoot 布局网格。

2）拖放一个 Grid 控件到页面的主游戏区，命名为 gridGround。设置其大小为 400×400，水平、垂直居中且 Margin 为 0，以保证随时居中显示。由于 gridGround 的行列数是变化的，因此，行列定义不在设计视图中指定，而是留待游戏逻辑来完成。

3）拖放一个 StackPanel 到菜单区作为菜单栏容器，命名为 gridMenuBar。设置水平、垂直拉伸且“Margin”为 0 以充满整个菜单区。

4）在 gridMenuBar 中，放置 4 个 Button，分别命名为 btnStartGame、btnOverGame、btnSetting、btnHelp，各自功能分别为开始游戏、结束游戏、设置、帮助，具体功能将在游戏逻辑中实现。依次单击 4 个按钮为其注册单击事件。

此时，MainPage.xaml 页面主要代码如下所示：

```
<Grid x:Name="LayoutRoot" Background="{StaticResource PhoneBackgroundBrush}">
    <Grid.RowDefinitions>
        <RowDefinition Height="700*"/>
        <RowDefinition Height="100*"/>
    </Grid.RowDefinitions>
    <Grid HorizontalAlignment="Center" Name="gridGround" VerticalAlignment="Center" Width=
"400" Height="400" />
```

```
        <StackPanel  Grid.Row="1"  HorizontalAlignment="Stretch"  Name="stackMenuBar"  Vertical
Alignment="Stretch" Orientation="Horizontal">
            <Button Name="btnStartGame"   Click="btnStartGame_Click" HorizontalAlignment="Left"
Width="100" Height="100">
                <Button.Background>
                    <ImageBrush ImageSource="/CrazyBomb;component/Images/StartIcon.jpg" />
                </Button.Background>
            </Button>
            <Button  Name="btnOverGame"  Click="btnOverGame_Click"  Width="100"  Height="100"
Visibility="Collapsed">
                <Button.Background>
                    <ImageBrush ImageSource="/CrazyBomb;component/Images/OverIcon.jpg" />
                </Button.Background>
            </Button>
            <Button Name="btnSetting" Click="btnSetting_Click" Width="100" Height="100">
                <Button.Background>
                    <ImageBrush ImageSource="/CrazyBomb;component/Images/SettingsIcon.jpg" />
                </Button.Background>
            </Button>
            <Button Name="btnHelp" Width="100" Height="100" Click="btnHelp_Click">
                <Button.Background>
                    <ImageBrush ImageSource="/CrazyBomb;component/Images/helpIcon.jpg" />
                </Button.Background>
            </Button>
        </StackPanel>
    </Grid>
```

4. 创建游戏逻辑

游戏逻辑直接编写在 MainPage.xaml.cs 中，作为 MainPage 类的中的方法。对一局游戏而言，其主要逻辑是 StartGame（开始游戏）和 OverGame（结束游戏）。

1）在 StartGame 中，主要的操作有：

- 初始化游戏面板 gridGround，定义 4 行 4 列。
- 在游戏面板中放置 16 颗 SleepState 状态的 Bomb。
- 随机激活若干颗 Bomb，这里设计为随机激活最多 12 颗，当然一般会少于 12 颗。
- 更改游戏状态、更新菜单栏等其他初始化操作。

相应代码如下：

```
    private DateTime startTime;
    private void StartGame()
    {
        App.CurrentState = GameState.Running;
        startTime = DateTime.Now;

        //更新菜单栏
        UpdateMenuBar(App.CurrentState);
```

```
        //绘制 gridGround
        gridGround.RowDefinitions.Clear();
        gridGround.ColumnDefinitions.Clear();
        gridGround.Children.Clear();
        gridGround.Height = 400;
        for (int i = 0; i < 4; i++)
        {
            RowDefinition row = new RowDefinition();
            row.Height = new GridLength(100, GridUnitType.Star);
            gridGround.RowDefinitions.Add(row);

            ColumnDefinition column = new ColumnDefinition();
            column.Width = new GridLength(100, GridUnitType.Star);
            gridGround.ColumnDefinitions.Add(column);
        }

        //在 4*4 的方格中放置 Bomb
        for (int i = 0; i < 16; i++)
        {
            Bomb bomb = new Bomb();
            bomb.Punish = Punish;
            bomb.OverGame = OverGame;
            gridGround.Children.Add(bomb);
            Grid.SetRow(bomb, i / 4);
            Grid.SetColumn(bomb, i % 4);
        }

        //随机激活其中的 12 个 Bomb(实际上激活的可能少于 12 个)
        Random random = new Random();
        UIElementCollection bombs = gridGround.Children;
        for (int i = 0; i < 12; i++)
        {
            int randomIndex = random.Next(0, 15);
            ((Bomb)bombs[randomIndex]).GoActiveState();
        }
    }
    //误单击 ActiveState 状态的炸弹时实施的惩罚
    public void Punish(Bomb bomb)
    {
        RowDefinition newRow = new RowDefinition();
        newRow.Height = new GridLength(100, GridUnitType.Star);
        gridGround.Height += 100;
        gridGround.RowDefinitions.Add(newRow);

        int newRowIndex = gridGround.RowDefinitions.Count - 1;
```

```
        for (int i = 0; i < 4; i++)
        {
            Bomb newBomb = new Bomb();
            newBomb.Punish = Punish;
            newBomb.OverGame = OverGame;
            gridGround.Children.Add(newBomb);
            Grid.SetRow(newBomb, newRowIndex);
            Grid.SetColumn(newBomb, i);
            newBomb.GoActiveState();
        }
    }

    private void UpdateMenuBar(GameState state)
    {
    //更新菜单栏。代码略，详见附带光盘
    }
```

其中，需要说明的是：startTime 记录一局游戏的开始时间，在计算玩家得分时会用到；UpdateMenuBar 方法的功能为根据游戏状态更新菜单栏的显示，如在游戏运行状态显示 btnOverGame，而在游戏结束状态隐藏 btnOverGame；Punish 方法为惩罚逻辑的实现。

2）OverGame 主要操作如下：

- 引爆界面上所有炸弹。
- 显示玩家得分。
- 更新游戏状态、更新菜单栏等。

具体实现代码如下：

```
    public void OverGame(Bomb bomb)
    {
        App.CurrentState = GameState.Over;

        //引爆所有炸弹
        foreach (UIElement child in gridGround.Children)
        {
            Bomb theBomb = (Bomb)child;
            theBomb.GoBombingState();
        }

        string scoreMessage = string.Format("Your Score : {0} !", GetScore());
        MessageBox.Show(scoreMessage, "GameOver", MessageBoxButton.OK);

        UpdateMenuBar(App.CurrentState);
    }

    private int GetScore()
    {
```

```
            TimeSpan gameTime = DateTime.Now - startTime;
            return (int)gameTime.TotalSeconds;
        }
```

其中，GetScore 方法用于计算本局游戏得分。在本例中，得分即为该次游戏进行的秒数。

3）将开始、结束游戏逻辑关联到菜单栏的操作按钮上。

```
        private void btnStartGame_Click(object sender, RoutedEventArgs e)
        {
            StartGame();
        }
        private void btnOverGame_Click(object sender, RoutedEventArgs e)
        {
            OverGame(null);
        }
```

5．创建帮助面板

帮助面板 helpPanel 界面结构如图 7-19 所示，根据设计思路，helpPanel 通过一个 StackPanel 实现，在后台页面中动态创建，向其中添加子元素后，并关联到 btnHelp 按钮。当单击 btnHelp 按钮时，changeHelpPanelVisible 方法判断当前帮助面板是否存在，如果不存在，则创建面板并显示；否则，移除面板。代码如下：

```
        private StackPanel helpPanel;
        private void changeHelpPanelVisible()
        {
            if (helpPanel == null)
            {
                helpPanel = new StackPanel();
                helpPanel.Width = 480;
                helpPanel.Height= 700;
                helpPanel.Background = new SolidColorBrush(SystemColors.ControlDarkColor);

                TextBlock txbkTitile = new TextBlock();
                txbkTitile.Height = 70;
                txbkTitile.FontSize =40;
                txbkTitile.Text = "Crazy Bomb Game Help";
                helpPanel.Children.Add(txbkTitile);

                Image helpImage = new Image();
                helpImage.Source = new BitmapImage(new Uri("Images/BombStates.png", UriKind.
RelativeOrAbsolute));
                helpPanel.Children.Add(helpImage);

                TextBlock txbkHelpText1 = new TextBlock();
                txbkHelpText1.TextWrapping = TextWrapping.Wrap;
                txbkHelpText1.Text = "\r\nOnce any bomb bombed,the game will over!"
```

```
                                        + "\r\nYour goal is winning scores as more as you can before game
over!"
                                        + "\r\nClick the bombs with DelayState to avoid bombing!"
                                        + "Never Click the bombs with other states,otherwise you will be
punished!";
                    helpPanel.Children.Add(txbkHelpText1);

                    LayoutRoot.Children.Add(helpPanel);
                    UpdateMenuBar(GameState.Help);
                }
                else
                {
                    LayoutRoot.Children.Remove(helpPanel);
                    helpPanel = null;
                    UpdateMenuBar(GameState.Over);
                }

        }
```

6．创建设置面板

与 helpNanel 一样， settingsPanel（设置面板）也在后台动态创建。根据设计思路，可直接利用前面 7.5 自定义面板中制作的蜂窝式菜单面板（CellsPanel）来实现。

1）将前面完成的 CellsPanel.cs 文件添加到当前项目中，根据需要稍作修改（主要是大小）。

2）添加 ChangeSettingsPanelVisible 方法以使其实现与 helpPanel 类似地显示/隐藏行为。

相关代码如下：

```
                private void ChangeSettingsPanelVisible()
                {
                    if (settingsPanel == null)
                    {
                        string[] icons = new string[] { "Adobe1.jpg", "Adobe2.jpg", "Adobe3.jpg",
"Adobe4.jpg" , "Adobe5.jpg", "Adobe6.jpg" ,"Adobe7.jpg", "Adobe8.jpg", "Adobe9.jpg", "Adobe10.jpg",
"Adobe11.jpg", "Adobe12.jpg"};

                        settingsPanel = new CellsPanel();
                        settingsPanel.Background = new SolidColorBrush (SystemColors.ControlLight Light
Color);

                        for (int i = 0; i < 12; i++)
                        {
                            Button btnSettingItem = new Button();
                            btnSettingItem.Width = btnSettingItem.Height = 120;
                            btnSettingItem.Margin = new Thickness(10);
                            ImageBrush brush = new ImageBrush();
                            brush.ImageSource = new BitmapImage(new Uri("Images/"+icons[i], UriKind.
RelativeOrAbsolute));
                            btnSettingItem.Background = brush;
```

```
                        btnSettingItem.Click += delegate(object o, RoutedEventArgs e)
                                                {MessageBox.Show("SettingItem is Clicked! ","
Click",MessageBoxButton.OK); };

                        settingsPanel.Children.Add(btnSettingItem);
                    }

                    LayoutRoot.Children.Add(settingsPanel);

                    UpdateMenuBar(GameState.Setting);
                }
                else
                {
                    LayoutRoot.Children.Remove(settingsPanel);
                    settingsPanel = null;
                    UpdateMenuBar(GameState.Over);
                }
            }

        private void btnSetting_Click(object sender, RoutedEventArgs e)
        {
            ChangeSettingsPanelVisible();
        }
```

至此，小游戏 CrazyBomb 基本完成。

本节通过一个简单游戏的开发，展示了布局控件在实际中的具体应用。限于篇幅，本节主要介绍了布局相关部分的开发，对于其他内容有选择地忽略，读者可参考随书光盘中的完整示例代码以作研究。

> 提示：
> 该项目在光盘中的位置为 SampleCode/Chapter7/CrazyBomb。

7.8 本章小结

本章首先介绍了 Silverlight 的布局系统，介绍了 Silverlight 的基本布局机制。然后结合一些 Demo 示例，讨论了 Silverlight 中 3 个基本的布局控件 Grid、Canvas 和 StackPanel 的具体使用。通过这些内容，掌握了 Silverlight 中基本的布局方法。

为了对页面布局进行更加灵活、自由的控制，本章紧接着介绍了 Silverlight 中的自定义布局面板。通过自定义面板，开发者可以充分发挥创造力，实现一些个性化的布局。

最后，通过开发一个小游戏“疯狂炸弹”，对本章的内容进行了统一的复习及巩固，演示了各种布局方案适用的场景，同时也提供了类似游戏开发的基本模型。

通过本章的学习，希望读者能够熟练掌握 Silverlight 中布局的基本技术，能够应用相关技术进行 Windows Phone 7 应用程序的开发。

第 8 章　资源、样式与事件处理

项目中所有非可执行文件统称为资源，资源在项目中可以有多种存在形式，本章将对此进行详细的介绍。样式决定了 UI 元素的大小、颜色、观感等，直接影响着应用程序的用户体验，本章对此部分也将详细探讨。本章主要介绍 Silverlight 中的资源和样式基本机制。另外，介绍 Windows Phone 7 事件的支持，包括基本的 Silverlight 事件和手势事件等。

学习重点：

- 资源文件和资源字典。
- 定制样式的方式。
- 了解 Silverlight 下事件处理基本机制。
- 了解手势事件。

8.1　资源

合理使用资源可以帮助开发者在应用程序中轻松地提供优异的交互界面和数据访问机制。大多数应用程序都要使用到资源。本节将介绍这方面的开发技巧。

8.1.1　资源文件及其部署

所谓资源文件，指项目中任意的非可执行数据文件，通常包括项目中的图片、音频、视频、字体等各种文件。如果想建立一个视听效果绚丽的 Silverlight 应用，通常与这些资源文件是密不可分的。

如图 8-1 所示，资源文件的部署方式通常有如下几种。

- 方式 1：打包在 XAP 文件包中的独立文件。
- 方式 2：嵌入在 dll 程序集中的文件。
- 方式 3：按需检索的独立文件。

具体采取何种部署方式，实战中应根据资源的性质和实际需求灵活定制。在具体操作上，一般通过设置资源文件的 Build Action 属性来确定。在 Silverlight 中，资源文件可用的 Build Action 属性值有 3 个。

- Content：当选择此值时，资源文件将以方式 1 打包在 XAP 文件中。
- Resource：当选择此值时，资源文件将以方式 2 嵌入程序集中。
- None：当选择此值时，编译器不会对该资源文件进行任何操作，需开发者自行将其部署为按需文件，即方式 3。

如下通过 3 个图片资源来说明以上 3 种部署方式的实际效果和具体操作。

1）新建项目 Demos8，在项目中添加一个 Resources 文件夹作为资源文件夹。

2）在 Resources 文件夹下添加 3 个图片 Content.jpg、Resource.jpg、None.jpg（用右击 Resources 文件夹→Add→Existing Itemt→选择文件）。

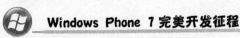

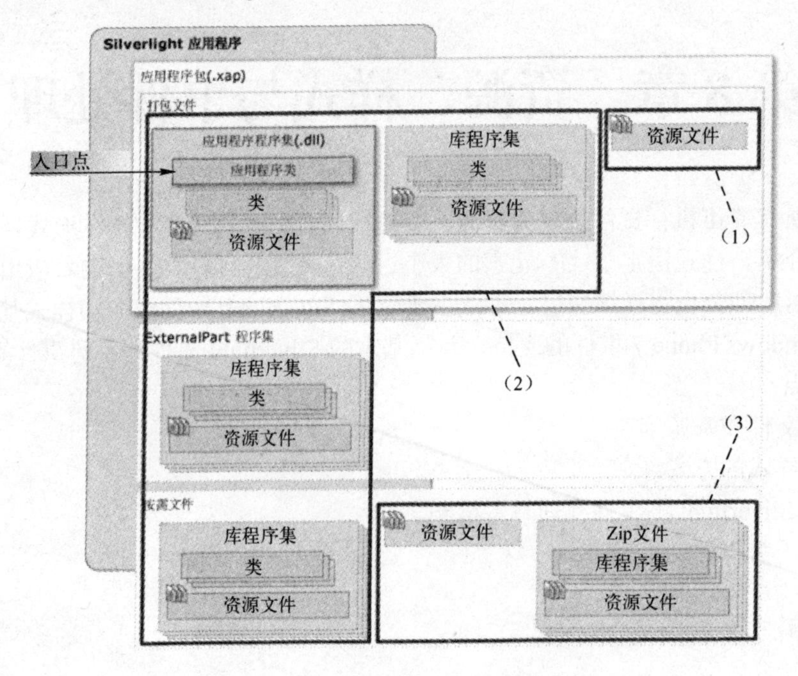

图 8-1　Silverlight 资源文件的部署方式

3）展开 Content.jpg 文件的属性面板（用右击该文件→Properties），将其 Build Action 属性设置为 Content，如图 8-2b 所示。

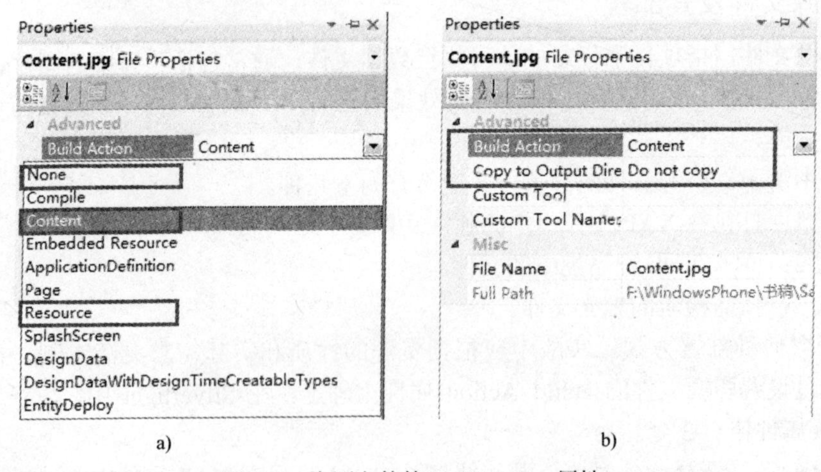

图 8-2　资源文件的 Build Action 属性

a) 可用 Build Action 属性值　b) 需要关注的两个属性

注意：

如图 8-2a 所示，在 Silverlight 中，受支持的 Build Action 属性值只有 Content、Resource、None 3 个，其他是不受支持的，若设置为其他值，可能导致异常。

4）重复同样操作，将 Resource.jpg 的 Build Action 值设置为 Resource，None.jpg 设置为 None。

5）打开资源管理器，定位到当前项目根目录下的 bin\Debug 文件夹，确认当前目录下没有任何文件（若有，请将其清除）。

6）按〈F6〉键生成项目，然后回到 bin\Debug 文件夹，会看到编译生成的一些文件。将其中的 Demos8.xap 文件扩展名改为.zip（如前文所述，XAP 文件实质上是一个 zip 压缩包），然后用压缩软件打开，将看到其中如图 8-3a 所示的文件及文件夹。打开其中的 Resources 文件夹，内容如图 8-3b 所示。

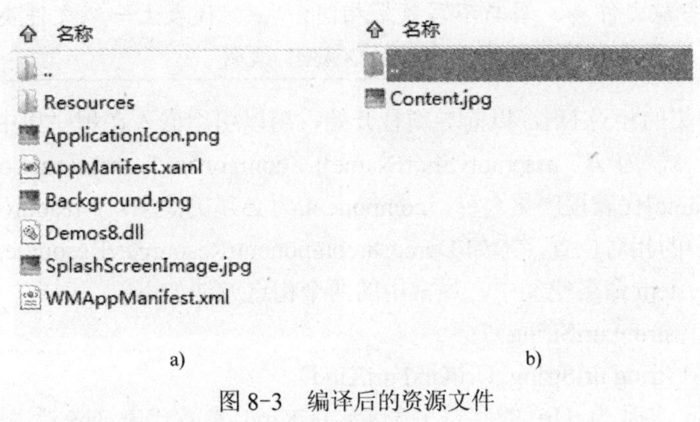

图 8-3　编译后的资源文件

a) Demos8.xap　b) Demos8.xap/Resources

各种部署形式的资源文件在项目编译后的存在形式如下：

- Build Action 设置为 Content 的文件 Content.jpg 被以文件形式打包到了 XAP 文件中。
- Build Action 设置为 Resource 的文件 Resource.jpg 没有以文件形式存在于 XAP 包中。事实上，该文件被嵌入到了 Demos8.dll 程序集中。
- Build Action 设置为 None 的文件 None.jpg 也没有存在于 XAP 包中。事实上，编译器没有对该文件进行任何操作。开发者必须以按需文件形式部署和使用此文件。

对于资源文件，另一个需要关注的属性是 Copy to Output Directory 属性。此属性决定编译时是否将文件复制到输出目录（如上例中的“Bin/Debug”目录）。一般情况下，对于 Build Action 值为 Content/Resource 的资源文件，此属性设置为 Don not copy，因为该文件已包含在 XAP 中；而 None 类型的资源文件，则通常将此属性设置为 Copy always 或 Copy if newer。这样在编译时文件将被复制到 XAP 文件所在的目录（如 None.jpg 将被复制到 Bin/Debug/Resources 目录），从而易于被程序使用。

8.1.2　资源文件的访问

对于采用不同部署方式的资源文件，其访问方式也是不同的。其主要差别体现在用于访问文件的 Uri 上。在 SL 中，常见的 Uri 形式有如下 4 种：

1）绝对 Uri，形如 http://www.windowsphone7.com/images/logo.jpg。

2）基于应用程序根的相对 Uri，以前导斜杠开始，形如/Resources/Content.jpg。

> ➡ 提示：
> 在 Windows Phone 7 中，应用程序根是指 XAP 包的根文件夹，一般对应项目的根目录。注意，是 XAP 包的根文件夹，不是 XAP 包所在的主机的根文件夹，也不是 XAP 包在主机上的位置。如上例中的 XAP 包的根文件夹可以理解是 Bin\Debug\Demos8.xap\而不是 Bin\Debug\。

3）基于当前 XAML 文件位置的相对 Uri，不以前导斜杠开始，形如 Register.xaml、./ Register.xaml、Resources/Content,jpg、../Background.png 等。

> ➡ 提示：
> "./" 代表当前文件夹，写与不写效果相同；"../" 代表上一级文件夹，用以回退。当前 XAML 文件是指当前引用资源文件的 XAML 文件。

4）基于程序集的相对 Uri，以前导斜杠开始，用以引用嵌入在程序集中的资源。

其组成形式为 /[assemblyShortName]; component/[resourceLocation]，其中 [assemblyShortName]代表程序集名称，component 为必须关键字，[resourceLocation]代表资源文件在程序集中的相对位置，形如/Demos8;component/Resources/Resource.jpg。

Uri 类位于 System 命名空间中，最常用的两个构造方法如下：

- public Uri（string uriString）。
- public Uri（string uriString, UriKind uriKind）。

其中 uriString 参数为 Uri 的字符串表示，uriKind 参数代表 Uri 类型是 Absolute（绝对）、Relative（相对）还是 RelativeOrAbsolute（不确定）。第一个构造方法中 uriKind 取默认值 Absolute。

以上 4 种形式的 Uri 在构造时，除第一种可以用一个参数的构造方法外，其他 3 种都必须用第二个构造方法，且指定 uriKind 为 Relative。

以上介绍了 SL 中 Uri 的基本常识。在 Windows Phone 7 中，各种部署方式的资源文件需要通过以上不同形式的 Uri 进行访问。

1. Content 类型的资源文件

Content 类型的资源文件可以用基于应用程序根的相对 Uri 或基于当前 XAML 文件位置的相对 Uri 进行访问。

如上例中的 Content.jpg 文件，在 MainPage.xaml.cs 文件中访问时，可以采用以下 Uri 中的任意一种：

- Resources/Content.jpg。
- /Resources/Content.jpg。
- ./Resources/Content.jpg。

2. Resource 类型的资源文件

在 Windows Phone 7 中，嵌入在其他程序集中的资源文件，只能通过基于程序集的 Uri 访问；嵌入在本程序集中的资源文件，则还可以通过基于当前 XAML 文件位置的相对 Uri 进行访问。

如上例中的 Content.jpg 文件，在当前项目中可用如下形式的 Uri 进行访问：

- /Demos8;component/Resources/Resource.jpg。
- Resources/Resource.jpg。

3．None 类型的资源文件

None 类型的资源文件为按需文件，可以部署在任意网络位置，一般直接通过绝对 Uri 访问；在某些情况下也会通过异步请求的方式进行访问，但仍然需要请求其绝对 Uri。

如上例中的 None.jpg 文件，若部署在域名为 www.Windows Phone 7.com 的 Web 站点的 /Demos8/Images/None.jpg 位置，则直接通过其绝对地址访问：http:// www.Windows Phone 7.comt/Demos8/Images/None.jpg。

8.1.3　资源字典

资源字典是一种提供资源共享的机制，可以在多个地方定义，可以在 XAML 中或 C#代码中使用，但大多情况用于在 XAML 中定义可能多处使用的对象。资源字典最常用的场景有：在 XAML 中定义样式或模板、在 XAML 中定义动画处理相关的演示图板、在 XAML 中定义数据绑定相关的对象。具体包括样式和模板、画笔和颜色、动画对象、转换器、一般对象等。

资源字典是一个键控对象字典，对应 System.Windows 命名空间下的 Resource Dictionary 类。SL 中的 FrameworkElement 类和 Application 类都有一个 ResourceDictionary 类型的属性 Resources，这也就意味着所有 FrameworkElement 类和 Application 类都可以承载资源字典。按照承载对象来分，资源字典相应地分为直接资源字典（FrameworkElement 承载）、应用程序资源字典（Application 承载）和独立文件资源字典（由单独的 XAML 文件承载）3 类。

1．直接资源字典

由 FrameworkElement.Resources 承载的资源字典称为直接资源字典。由于 Control 类是 FrameworkElement 类的子孙类，因而几乎页面中所有的控件下都可以定义资源字典。

如下为一个 Grid 控件下定义的资源字典片段。

```
XAML  Code
<Grid>
    <Grid.Resources>
        <!--资源 1-->
        <!--资源 2-->
        <!--.....-->
    </Grid.Resources>
</Grid>
```

由此可以知道，Grid.Resources 节点实际上就对应 Grid 的 Resources 属性。其中定义的资源项一般都会有一个 x:Name/ x:Key 作为标识，然后该 Grid 中的所有子孙控件都可以通过此标识引用该资源项，实现该 Grid 范围内的资源共享。

在每一个控件下都可以定义资源字典，但过于分散的资源字典定义会导致页面代码的混乱，也达不到理想的资源共享范围。因而在每个控件下定义资源字典并不是一个很值得推荐的方案。由于 Windows Phone 7 中的页面是一个 PhoneApplicationPage 控件，所以通常的做法是，将页面中所有的资源字典都交给当前页面控件 PhoneApplicationPage 来承载。即在 XAML 页面的 phone:PhoneApplicationPage.Resources 标记下直接进行如下定义：

```
XAML   Code
<phone:PhoneApplicationPage.Resources>
      <!--资源 1-->
      <!--资源 2-->
      <!--.....-->
</phone:PhoneApplicationPage.Resources></Grid>
```

这样将整个页面的资源定义在同一区域，方便管理。这种直接定义在页面控件下的资源字典也称为页资源字典。

2．应用程序资源字典

对于一些可在多个页面中重复使用的资源，可以直接定义在 Application 下。具体方法为直接打开 App.xaml 文件，然后在其中的 Application.Resources 节点下进行资源定义。

```
XAML   Code
<Application.Resources>
      <!--资源 1-->
      <!--资源 2-->
      <!--.....-->
</Application.Resources>
```

在此处定义的资源，将可以在整个应用程序范围内共享。

3．独立文件资源字典

在某些情况下，也可以将资源字典定义在单独的 XAML 文件中，然后在需要的地方通过 C#代码动态加载或通过 ResourceDictionary.MergedDictionaries 属性进行合并。如下代码为将两个 XAML 文件 Resources1.xaml 和 Resources2.xaml 中的资源字典合并到了当前页面的资源字典中。

```
XAML Code
<phone:PhoneApplicationPage.Resources>
<ResourceDictionary>
  <ResourceDictionary.MergedDictionaries>
      <ResourceDictionary Source="/Resources1.xaml">
      <ResourceDictionary Source="/ Resources2.xaml">
  </ResourceDictionary.MergedDictionaries>
</ResourceDictionary>
</phone:PhoneApplicationPage.Resources>
```

以上介绍了资源字典的基本定义方式。具体如样式、模板、动画等各种资源在资源字典中的定义方式以及各种资源的引用方式，也将在相应章节进行详细讲解。

8.2 样式

Windows Phone 7 提供了丰富的样式库来帮助开发者绘制出美观、简洁的程序界面。

8.2.1 属性样式

属性样式是指直接通过 UI 元素的属性设置的样式，类似于在 HTML 中直接通过 HTML 元素属性设置的样式。其使用方式很简单，如下所示通过属性样式为 TextBox 控件 texBox1 设置了宽、高、背景色、对齐方式等样式。

```
XAML Code
<TextBox Name="textBox1" Text="TextBox" Width="400" Height="100" Margin="39,45,41,0"
HorizontalAlignment="Center" VerticalAlignment="Top" Background="LightPink"/>
```

显然，属性样式适合于复用度不高的一些属性。

8.2.2 内联样式

内联样式通过在 UI 元素中嵌入 Style 节点来设置样式（实际上是设置元素的 Style 属性），类似于 HTML 中的内联样式（在元素的 Style 属性中直接添加 CSS 代码的方式）。如下所示通过内联样式为 textBox2 设置了边框粗细和颜色。

```
XAML Code
<TextBox Name="textBox2" Text="TextBox" Width="400" Height="100" Margin="39,151,41,0"
HorizontalAlignment="Center" VerticalAlignment="Top" >
    <TextBox.Style>
        <Style TargetType="TextBox">
            <Setter Property="BorderThickness" Value="3"/>
            <Setter Property="BorderBrush" Value="Red"/>
        </Style>
    </TextBox.Style>
</TextBox>
```

其中的 Style 节点，实际上对应一个 Style 类的对象，其 TargetType 属性指定该 Style 对象的目标类型。Style 对象中可以包含多个属性设置器 Setter，每个 Setter 通过 Property 指明要设置的属性名，通过 Value 设置该属性的值。

若内联样式与属性样式对同一属性进行了设置，以属性设置的样式为准。

8.2.3 引用样式

引用样式即定义在资源字典中的样式，可隐式引用或通过 UI 元素的 Style 属性显式引用。由于资源字典可在多处定义，因而该类样式也可定义在多处。根据上节所述，资源字典最常见的两类是页资源字典和应用程序资源字典，定义在这两个位置的样式分别可称为页面级样式和应用程序级样式。

1. 页面级样式

页面级样式定义在页面的资源字典中，其作用范围为整个页面，大致类似于 HTML 中的内部样式表（定义在 Head 区域的 CSS 样式表）。如下定义了两个针对 TextBox 的页面级样式并随后进行了引用。

```
XAML Code
```

```
    <phone:PhoneApplicationPage.Resources>
        <Style x:Key="pageStyle"   TargetType="TextBox">
            <Setter Property="FontSize" Value="40"/>
        </Style>
        <Style TargetType="TextBox">
            <Setter Property="Background" Value="LightBlue"/>
        </Style>
    </phone:PhoneApplicationPage.Resources>
    <Grid x:Name="LayoutRoot">
        <TextBox   Name="textBox3" Text="TextBox" Style="{StaticResource pageStyle}" Width="400"
Height="100" Margin="39,257,41,0" HorizontalAlignment="Center"   VerticalAlignment="Top" />
        <TextBox Name="textBox4" Text="TextBox" Width="400" Height="100" Margin="39,363,41,0"
HorizontalAlignment="Center"   VerticalAlignment="Top" />
    </Grid>
```

第一个样式指定了 x:Key，该样式将应用于页面中所有的 Style 属性设置为{StaticResource pageStyle}的 TextBox。此类样式在 Silverlight 4 中称为显式样式。

第二个样式没有指定 x:Key 仅指定 TargetType 为 TextBox，该样式将应用于页面中所有的 TextBox。此类样式在 Silverlight 4 中称为隐式样式。但是很遗憾，隐式样式在目前版本的 Windows Phone 7 中还不可用，此处仅作为演示，用以说明概念，实际该样式目前是无效的。

很显然本例中 textBox3 将引用第一个样式，呈现大字号；textBox4 不引用任何额外样式。

由于使用页面级样式，其作用范围为整个页面，因而可以方便地实现页面范围内的样式复用。

2．应用程序级样式

应用程序级样式和页面级样式的定义方式和应用方式相同。其差别有两个方面：

- 定义位置不同。应用程序级样式定义在应用程序资源字典中而非页资源字典中。
- 作用范围不同。应用程序级样式作用于整个应用程序而不是单个页面。

以下在 App.xaml 页面中定义了 3 个可用于整个应用程序范围的样式。

```
C#   Code
<Application.Resources>
    <Style TargetType="TextBox" x:Key="appStyleBase">
        <Setter Property="Background" Value="LightGreen"/>
    </Style>
    <Style TargetType="TextBox" x:Key="appStyle" BasedOn="{StaticResource appStyleBase}">
        <Setter Property="BorderThickness" Value="3"/>
        <Setter Property="BorderBrush" Value="Green"/>
    </Style>
</Application.Resources>
```

> **注意：**
>
> 此处第二个样式指定 BasedOn="{StaticResource appStyleBase}"，这表示该样式基于样式 appStyleBase 而创建。在内联样式及引用样式中均支持通过 BaseOn 属性指定基于另一个样式而创建新样式。但需要注意一点，BaseOn 所指向的样式必须先于当前样式创建。

显然，应用程序级样式较页面级样式可以实现更大范围的样式复用，可以在整个应用程序范围内共享样式。应用程序级样式的优先级低于页面级样式。

引用样式和内联样式是互斥的。即如果一个元素定义了内联样式，则其不会再应用任何引用样式。

> **提示：**
>
> 除了页面和应用程序，其他的 UI 元素（如 Grid、StackPanel、Canvas、ListBox、Button 等）下也可以定义资源字典，因而也可以定义样式。其作用范围为当前 UI 元素的子孙级元素。

8.2.4　样式优先级

根据前文所述，样式优先级可简单总结如下：

- 属性样式的优先级最高。如果通过属性样式指定了元素的某一外观，则内联样式和引用样式都不能改变它。
- 引用样式和内联样式是互斥的。即如果一个元素定义了内联样式，则其不会再应用任何引用样式。
- 对于引用样式，页级别引用样式优先级高于应用程序级别引用样式。

其优先关系可以通过图 8-4 表示。

创建一个新项目，将 8.2.3 节的所有示例代码放到相应位置，将得到如图 8-5 所示的效果。请读者对照代码和图 8-5，分析验证样式优先级是否与图 8-4 所示吻合。

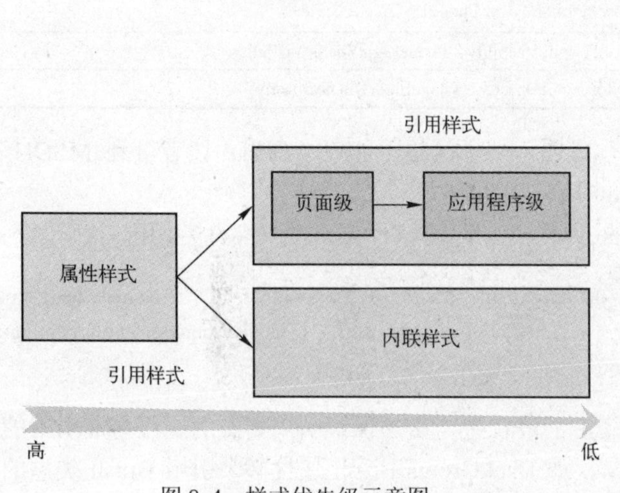

图 8-4　样式优先级示意图

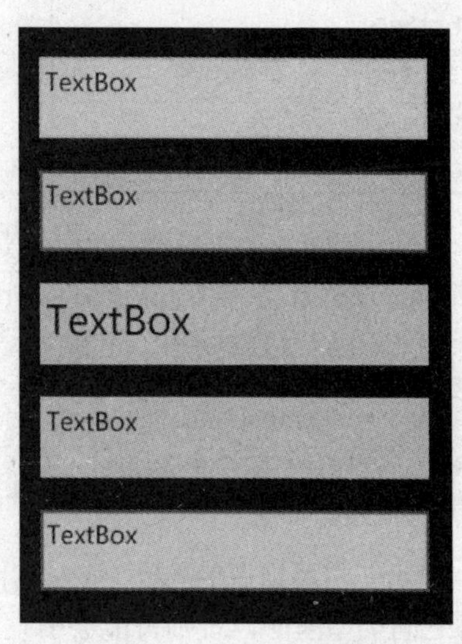

图 8-5　样式示例截图

8.3　系统主题资源

所谓系统主题资源，实际上是系统默认提供的一系列与 UI 元素样式相关的静态资源，包含一些常用的样式、颜色、画刷、字体、可见性等。

Windows Phone 7 中用户有 dark、light 两种系统主题（Theme）可选，同时在每种主题下，用户又可从 Magenta、Purple、Teal、Lime、Brown、Pink、Orange、Blue、Red、Green 这 10 个颜色中选择任意一种作为强调色（Accent Colors）。因此，在应用程序中不假思索地使用自定义颜色是一种很冒险的行为，因为你无法预测用户会从以上主题和强调色中选择何种组合，自己定制的颜色是否会和用户选择的主题组合存在色调上的冲突。

通过使用一些系统预设的主题资源可以在很大程度上避免或缓解此类问题，因为这些预设资源会根据用户当前选择的主题而自动适配。

目前 Windows Phone 7 中默认提供的主题资源如表 8-1 所示。

表 8-1　Windows Phone 7 默认提供的主题资源

类　别	个　数	举　例
Brush Resources	11	PhoneAccentBrush、PhoneForegroundBrush、PhoneBackgroundBrush、TransparentBrush 等
TextBox Brush	7	PhoneTextBoxBrush、PhoneTextCaretBrush 等
RadioButton and CheckBox Brushes	6	PhoneRadioCheckBoxBrush 等
Color Resources	10	PhoneBackgroundColor、PhoneForegroundColor、PhoneAccentColor、PhoneBorderColor 等
TextBox Colors	7	PhoneTextBoxColor、PhoneTextCaretColor 等
RadioButton and CheckBox Colors	6	PhoneRadioCheckBoxColor、PhoneRadioCheckBoxCheckColor 等
Font Names	4	PhoneFontFamilyNormal、PhoneFontFamilyLight 等
Thickness	7	PhoneHorizontalMargin、PhoneBorderThickness 等
Font Sizes	8	PhoneFontSizeSmall、PhoneFontSizeNormal 等
Text Styles	11	PhoneTextNormalStyle、PhoneTextAccentStyle 等
Visibility	2	PhoneDarkThemeVisibility、PhoneLightThemeVisibility
Opacity	2	PhoneDarkThemeOpacity、PhoneLightThemeOpacity

关于每类资源的完整列表及其具体说明，限于篇幅不能逐一列出，读者可到 MSDN 文档 Theme Resources for Windows Phone 一节查看详情。

对于以上资源的引用，和前文所讲的用户自定义资源一样，通过资源名直接引用。代码如下：

```
<TextBlock Height="45" HorizontalAlignment="Left" Margin="20,154,0,0" Name="textBlock1"
Text="TextBlock" VerticalAlignment="Top" Width="213" FontFamily="{StaticResource PhoneFontFamily
SemiLight}" FontSize="{StaticResource PhoneFontSizeLarge}"/>
```

此处需要强调的一点是，在引用资源的过程中，必须保证引用资源的属性与被引用的资源之间类型匹配，否则可能会引发异常，如 BackGroundBrush 属性必须引用 Brush 类型的资源，若引用了 Color 类型的资源，则可能引发异常。

8.4　事件处理

本节主要介绍 Windows Phone 7 的事件处理机制和手势触控事件，以及较为底层的控制触控操作的 Touch 类。

8.4.1 Silverlight 事件概述

在 Silverlight 中的事件其实与公共语言运行时 CLR 和.NET Framework 的事件概念在理论定义和本质结构上是相同的。由于 Silverlight 与 WPF 的紧密关系，因此，也可以将事件处理程序作为 XAML 中 UI 元素的一部分，比如以下这段代码：

```
<Button Content="Go" Grid.Row="1" Height="72" HorizontalAlignment="Left" Margin="378,544,0,0"
Name="button1" VerticalAlignment="Top" Width="90" Click="button1_Click" />
```

上述代码将 Button 的 Click 事件关联处理程序 button1_Click 在 XAML 代码中表述出来。

从本质上讲，事件是对象发送出来的消息，用来通知某种操作的发生。操作可能由用户激发，比如触摸了屏幕，或者由某个特定的逻辑触发。通常将引发事件的对象称为事件发送方，捕获事件并对其做出反应的对象叫做事件接收方。

事件是面向对象编程的一个重要核心内容，因此，几乎每个程序都在以处理各种事件为核心。对于在 Windows Phone 7 中开发程序而言，Silverlight 事件就是 CLR 事件，也就是说可以使用托管代码来处理事件。

8.4.2 手势触摸事件

用户最常使用 Windows Phone 7 的方式就是触摸手势，这些手势包括简单的单击，或者采用多点触控方式来放大或缩小图片和文字页面，横扫屏幕来翻页等。

由于 Windows Phone 7 由两大架构的应用程序组成：Silverlight 和 XNA，因此，下面将分别介绍各自架构下的手势事件。

1. Silverlight 手势事件（见表 8-2）

表 8-2 Silverlight 手势事件

事件	说明
ManipulationStarted	此事件当用户将手指放置在屏幕上时被触发
ManipulationDelta	此事件当用户在屏幕上移动手指时被触发
ManipulationCompleted	此事件当用户的手指离开屏幕时被触发

2. XNA 手势事件（见表 8-3）

表 8-3 XNA 手势事件

手势类型	说明
Tap	手指触摸屏幕（单击屏幕）
DoubleTap	手指双击屏幕
Hold	手指触摸屏幕并保持接触屏幕一段时间
FreeDrag	手指触摸屏幕后移动
VerticalDrag	手指触摸屏幕后向上或者向下移动
HorizontalDrag	手指触摸屏幕后向左或者向右移动
DragComplete	标志着一个 FreeDrag，VerticalDrag，或 HorizontalDrag 手势结束

（续）

手势类型	说明
Flick	手指快速单击屏幕后离开
Pinch	两只手指在屏幕上移动
PinchComplete	两只手指在屏幕上移动的手势结束

8.4.3 Touch 类

Touch 类用于提供应用程序级服务，处理多点触控输入操作并且直接引发 FrameReported 事件。多点触控事件并不与其他的 Silverlight 输入事件采用相同的事件模型，而是在应用程序级别处理的单一事件。

Touch.FrameReported 事件提供了应用程序级的服务，是 Silverlight for Windows Phone 中提供的底层触控编程接口。可以通过它来获取应用程序中每个触控点的信息。Touch 是一个静态类，它只包含一个静态成员——FrameReported事件。在程序中对此事件进行订阅时，可以通过事件处理程序中的TouchFrameEventArgs参数获得有关数据。

需要关注几个 TouchFrameEventArgs 的成员：

首先是GetTouchPoints方法，它会返回一个触控点的集合，当需要获取多点触控中每个触控点的具体位置时就需要用到它。第二个是GetPrimaryTouchPoint方法，它返回的是 Primary 触控点，就是用一个手指触摸屏幕时的那个点。同时，GetPrimaryTouchPoint 和 GetTouchPoints 都需要一个 UIElement 类型的参数，并且都返回 TouchPoint 类结构的信息。

TouchPoint 是手指在屏幕上触摸的一个抽象类型，包含 4 个属性：

1）Action。TouchAction 枚举，包含 3 个值，Down、Move 和 Up。

2）Position。Point 类型，它是相对于被引用元素的左上角坐标的相对值。

3）Size。Size 类型，它是屏幕中被触摸的一个矩形区域，不过这个属性好像并不能获取有效的值，在演示程序中它的 Width 和 Height 属性始终是 1（可能是因为在模拟器上运行的原因）。

4）TouchDevice。TouchDevice 类型，包含两个属性，一个用于分类不同手指 ID，另一个是 UIElement 类型的 DirectlyOver 属性，它是最靠近手指的顶层 UI 元素。

8.5 本章小结

本章首先介绍了 Windows Phone 7 中的 Silverlihgt 应用程序资源相关的基础知识，资源的基本部署方式及访问方式，探讨了资源字典的使用。

然后介绍了样式的相关知识，包括样式存在的不同形式、各种样式的定义和使用、样式的优先级等。

最后介绍了 Windows Phone 7 的事件处理机制和手势触控事件，同时还大致介绍了较为底层的控制触控操作的 Touch 类。

通过本章的学习，使读者熟悉了 Windows Phone 7 中的 Silverlight 应用程序资源与样式基本机制，以及各自的使用方法。

第 9 章　图形及动画

本章介绍在 Windows Phone 7 环境下如何使用 Silverlight 进行各种图形的绘制以及使用画刷实现图形的填充，图像的创建与处理以及动画实现等。对于手机软件来说，好的用户体验能吸引更多的用户，而体验离不开丰富的图形及动画，熟悉图形动画技术是开发一款好的应用的前提条件。

学习重点：

- 熟悉 Silverlight 下几种几何图形的绘制。
- 熟悉 Silverlight 下几种几何图形的填充以及画刷的使用。
- 熟悉 Silverlight 下进行图像处理以及变形。

9.1　图形的绘制

Silverlight 为开发人员提供两大绘图功能：形状及几何图形，它们提供了丰富的、简便的、随时可用的绘图对象，用于在屏幕上绘制各种形状元素。绘图功能是由一个 Shape 类来提供的，即 System.Windows.Shape 空间，由它派生出的几个子类是最常用到的绘图对象，它们分别为：

- Line，直线。
- Rectangle，矩形。
- Ellipse，椭圆。
- Polygon，多边形。
- Polyline，多线型
- Path，路径。

它们的派生关系如图 9-1 所示。

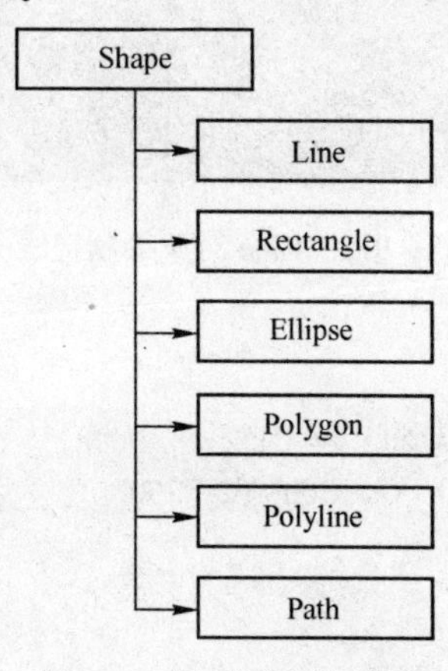

图 9-1　图形派生关系图

这些图形对象共享以下属性。

- Stroke：说明如何绘制图形的轮廓，即所使用的画刷。
- StrokeThickness：说明图形轮廓的粗细度。
- Fill：说明如何绘制图形的内部。
- 指定图形的坐标位置和顶点的数据属性，以与设备无关的像素来度量。

图形对象也可以在 Canvas 对象中使用，可以设置 Canvas 对象的 Canvas.Left 和 Canvas.Top 属性使其支持子对象，即图形对象的绝对定位。

9.1.1 直线

使用 Line 类可以绘制直线的起点与终点，两点确定一条直线，只要指定直线的起点坐标和终点坐标就可以确定一条直线。下面通过例子来熟悉 Line 对象的使用方法，主要介绍几种指定线条位置与设置线条属性。

（1）绘制直线

```
<Grid x:Name="ContentGrid" Grid.Row="1">
        <Line X1="200" Y1="200" X2="300" Y2="200">
        </Line>
</Grid>
```

运行以上代码可以在模拟器上看到一条直线，其中，X1：说明直线起点的 X 坐标；X2：说明直线终点的 X 坐标；Y1：说明直线起点的 Y 坐标；Y2：说明直线终点的 Y 坐标。最终效果如图 9-2 所示。

图 9-2　Line 对象绘制直线

（2）修改 Stroke 属性

```
<Grid x:Name="ContentGrid" Grid.Row="1">
    <Line X1="200" Y1="200" X2="300" Y2="200"
          Stroke="Red">
    </Line>
</Grid>
```

在以上代码中，添加了另一属性 Stroke，把该属性设置为红色，在模拟器上看到直线的颜色变为红色。除了设置为 Red 值外，也可以设置为十六进制的值，把 Red 改为#FF0000，直线也变为红色，该值每个字节分别代表 RGB 值，其范围是 00～FF。当然也可以用 SC 来设置 RGB 的值，把 RED 改为#sc 1 0 0，可以看到绘制出来的也是一条红色直线，其中 RGB 值的范围是 0～1。除此之外，还可以添加一个值为透明度，把#FF0000 改为#80FF0000，可以看到直线与直线底部的颜色叠加效果，该值的范围也为 00～FF。最终效果如图 9-3 所示。

图 9-3 Line 对象绘制颜色效果

（3）修改 StrokeThickness 属性

```
<Grid x:Name="ContentGrid" Grid.Row="1">
    <Line X1="200" Y1="200" X2="300" Y2="200"
            Stroke="Red"
            StrokeThickness="5">
    </Line>
</Grid>
```

在以上代码中，添加了另一属性 StrokeThickness，我们把该属性设置为 5，在模拟器上看到直线变粗。该数字的值必须大于 0。最终效果如图 9-4 所示。

图 9-4 Line 对象绘制粗度效果

（4）修改线条形状

同样，可以设置线条的两端形状，请看下面代码：

```
<Grid x:Name="ContentGrid" Grid.Row="1">
    <Line X1="200" Y1="200" X2="300" Y2="200"
          Stroke="Red"
          StrokeThickness="30"
          StrokeStartLineCap="Flat"
          StrokeEndLineCap="Triangle">
    </Line>
</Grid>
```

以上代码定义了线条两端的形状，Line 对象提供了 4 种形状：平坦（Flat）、圆角（Round）、正方形（Square）和三角形（Triangle），最终效果如图 9-5 所示。

图 9-5　Line 对象绘制两端效果

> **提示：**
> 虽然 Line 类亦提供 Fill 属性，但是设置该属性无效，因为直线是没有区域的。

9.1.2　矩形

Rectangle 类不能支持子对象。如果要绘制一个包含其他对象的矩形区域，可以使用 Canvas，也可以使用复合几何图形，但在这种情况下，可能需要使用 Rectangle Geometry，而不是 Rectangle。

Rectangle 类或其他任何具有填充区域的形状的填充颜色可以不为纯色，也可以是任何 Brush，包括 ImageBrush 或 VideoBrush。

（1）绘制矩形

```
<Grid x:Name="ContentGrid" Grid.Row="1">
    <Rectangle Width="100" Height="100" Fill="Blue" Stroke="Red" StrokeThickness="3">
    </Rectangle>
</Grid>
```

以上代码绘制了一个边框，该边框的边线颜色为红色，以蓝色填充，该边框的高度与宽度都为 100，所以显示出来的是正方形。由于没有指定坐标，所以在模拟器屏幕的中间绘

制，当然也可以指定该矩形的坐标位置。最终效果如图 9-6 所示。

图 9-6　Rectangle 对象绘制矩形

（2）设置矩形位置

```
<Grid x:Name="ContentGrid" Grid.Row="1">
    <Rectangle Width="100" Height="100" Fill="Blue" Stroke="Red" StrokeThickness="3" Margin=
"0,0,380,552">
    </Rectangle>
</Grid>
```

以上代码在模拟器的屏幕左上角绘制矩形，其中 Margin 中的 4 个值分别代表左顶点 X 坐标，左顶点 Y 坐标，右底点到右屏幕的距离，右底点到下屏幕的距离。最终效果如图 9-7 所示。

图 9-7　设置 Rectangle 的位置

（3）设置矩形大小

```
<Grid x:Name="ContentGrid" Grid.Row="1">
    <Rectangle Fill="Blue" Stroke="Red" StrokeThickness="3" Margin="0,0,240,300">
    </Rectangle>
</Grid>
```

以上代码将 Rectangle 类的 Height 与 Width 属性去掉，保留 Margin 属性，该矩形的大小依据 Margin 属性改变。最终效果如图 9-8 所示。

图 9-8 Rectangle 对象的属性修改

（4）绘制圆角矩形

设置 Rectangle 对象的 RadiusX 和 RadiusY 属性可以绘制圆角矩形。可以为 RadiusX 和 RadiusY 设置相同的值，也可以设置不同的值，具体根据需要的效果而配置，但是如果 RadiusX 和 RadiusY 中有一个值为 0 的时候，将不能显示圆角的效果。下面通过代码来演示：

```
<Grid x:Name="ContentGrid" Grid.Row="1">
    <Rectangle  Width="100"  Height="100"  Fill="Blue"  Stroke="Red"  StrokeThickness="3"
RadiusX="30" RadiusY="100">
    </Rectangle>
</Grid>
```

以上代码绘制的圆角矩形效果如图 9-9 所示。

图 9-9 绘制圆角矩形

9.1.3　椭圆

通过下面一些代码演示如何使用 Ellispe 类的通用属性以及如何设置。

```
<Grid x:Name="ContentGrid" Grid.Row="1">
    <Ellipse
    Fill="Yellow"
    Height="100"
    Width="200"
    StrokeThickness="2"
    Stroke="Red">
    </Ellipse>
</Grid>
```

以上代码绘制了一个高度为 100，宽度为 200，填充颜色为黄色，边线为红色的椭圆。如果想绘制一个圆形，只需把 Height 与 Width 属性设置相同就可以了。当然也可以加入 Margin 属性，用法与矩形的相同。最终效果如图 9-10 所示。

图 9-10　绘制椭圆

9.1.4　多边形

使用 Polygon 类绘制一个多边形，它是由一系列直线相互连接的，形成闭合形状的图形。下面通过一些代码来说明 Polygon 类的使用方法。

```
<Grid x:Name="ContentGrid" Grid.Row="1">
    <Polygon
        Points="300,200 400,125 400,275 300,200"
        Stroke="Purple"
        Fill="Red"
        StrokeThickness="2">
    </Polygon>
</Grid>
```

以上代码绘制了一个区域为红色，边界为粉色的三角形，Points 属性中分别设置了该 3 个点的坐标位置，最后一个点的坐标为起始点坐标。最终效果如图 9-11 所示。

图 9-11　绘制多边形

9.1.5　多线形

使用 Polyline 类绘制一个多线形，它与 Polygon 类功能很相似，但是 Polyline 绘制的是一个不封闭区域，它是由一系列直线组成的。通过下面代码来说明 Polyline 类的使用方法。

```
<Polyline Points="120,20 300,20 300,120 200,120"
          Stroke="Red"
          StrokeThickness="5"
          Fill="Orange">
</Polyline>
```

以上代码绘制出一个多线形，效果如图 9-12。

图 9-12　绘制多线形

9.1.6　路径

Path 类可以绘制曲线和复杂形状。请看下面的代码：

```
<Grid x:Name="ContentGrid" Grid.Row="1">
    <Path Stroke="Red" StrokeThickness="3"
Data="M 100,200 C 100,25 400,350 400,175 " />
</Grid>
```

以上代码绘制了一个红色的曲线，其中 Data 属性使用了 mini-language，即路径标记语法，最终效果如图 9-13 所示。

图 9-13 绘制路径

关于该语法介绍如下。

1．移动命令

语法：M startPoint 或者 m startPoint

指定新图形的起点 StartPoint，大写的 M 指示 StartPoint 是绝对值；小写的 m 指示 StartPoint 是相对于上一个点的偏移量，如果是（0,0），则表示不存在偏移。

2．绘制命令

draw 命令可以由若干个形状绘制命令组成。其中提供以下形状绘制命令：直线、水平线、垂直线、三次方贝塞尔曲线、二次贝塞尔曲线、平滑的三次方贝塞尔曲线、平滑的二次贝塞尔曲线和椭圆弧线。

通过使用一个大写或小写字母输入各命令：其中大写字母表示绝对值，小写字母表示相对值。线段的控制点坐标是相对于上一线段的终点坐标而言的。如果依次输入多个同一类型的命令时，可以省略重复的命令项；例如，L 50,100 200,300 等同于 L 50,100 L 200,300。

（1）直线命令

语法：L endPoint 或者 l endPoint

在当前点坐标与指定的终点坐标之间绘制一条直线。例如，l 10 20 和 L 10,20 都是有效的 line 命令。

（2）水平线命令

语法：H x 或者 h x

在当前点坐标与指定的 x 坐标之间绘制一条水平线。例如，H 70 是有效的水平线命令。

（3）垂直线命令

语法：V y 或者 v y

在当前点坐标与指定的 y 坐标之间绘制一条垂直线。例如，v 90 是有效的垂直线命令。

（4）三次方贝塞尔曲线命令

语法：C controlPoint1 controlPoint2 endPoint 或者 c controlPoint1 controlPoint2 endPoint

通过使用两个指定的控制点坐标（controlPoint1 和 controlPoint2）在当前点坐标与指定的终点坐标之间绘制一条三次方贝塞尔曲线。例如，C 100,200 200,400 300,200 是有效的曲线命令。

（5）二次贝塞尔曲线命令

语法：Q controlPoint endPoint 或者 q controlPoint endPoint

通过使用指定的控制点坐标（controlPoint）在当前点坐标与指定的终点坐标之间绘制一条二次贝塞尔曲线。例如，q 100,200 300,200 是有效的二次贝塞尔曲线命令。

（6）平滑的三次方贝塞尔曲线命令

语法：S controlPoint2 endPoint 或者 s controlPoint2 endPoint

在当前点坐标与指定的终点坐标之间绘制一条三次方贝塞尔曲线。第一个控制点假定为前一个命令的第二个控制点相对于当前点的反射。如果前一个命令不存在，或者前一个命令不是三次方贝塞尔曲线命令或平滑的三次方贝塞尔曲线命令，则假定第一个控制点就是当前点。第二个控制点，即曲线终端的控制点，由 controlPoint2 指定。例如，S 100,200 200,300 是一个有效的平滑三次方贝塞尔曲线命令。

（7）平滑的二次贝塞尔曲线命令

语法：T controlPoint endPoint 或者 t controlPoint endPoint

在当前点坐标与指定的终点坐标之间绘制一条二次贝塞尔曲线。控制点假定为前一个命令的控制点相对于当前点的反射。如果前一个命令不存在，或者前一个命令不是二次贝塞尔曲线命令或平滑的二次贝塞尔曲线命令，则此控制点就是当前点。

（8）椭圆弧线命令

语法：A size rotationAngle isLargeArcFlag sweepDirectionFlag endpoint 或者 a size rotationAngle isLargeArcFlag sweepDirectionFlag endpoint

在当前点坐标与指定的终点坐标之间创建一条椭圆弧线。其中 size 代表弧线的 x 轴半径和 y 轴半径。rotationAngle 代表椭圆的旋转度数。isLargeArcFlag 代表如果弧线的角度应大于或等于 180°，则设置为 1；否则设置为 0。 sweepDirectionFlag 代表如果弧线按照正角方向绘制，则设置为 1；否则设置为 0。endpoint 代表终点坐标。

3．关闭命令

语法：Z 或者 z

close 命令终止当前的图形并绘制一条连接当前点坐标和图形起点坐标的线。此命令在图形的最后一个线段与第一个线段之间创建一条连线（转角）。

9.2 图形的填充

本节介绍图形填充技术，包括了对各种画刷的介绍、使用方法和技巧的展示。

9.2.1 画刷简介

屏幕上所有的 UI 元素都可以通过画刷的设置而改变它们的风格，例如，可以使用画刷来改变按钮的背景、文本的前景或者图形的填充内容等。使用不同的画刷对目标区域进行“绘制”，会有不同的效果，本节主要介绍 Silverlight 提供的几种画刷，这几种画刷可以在

Windows Phone 7 平台上使用。它们分别为：

- SolidColorBrush。单色实心画刷，使用一种颜色在目标区域或者对象中进行实心填充。
- LinearGradientBrush。线性渐变画刷，指定多种颜色在目标区域或者对象中以线性渐变的方式填充。
- RadialGradientBrush。径向渐变画刷，指定多种颜色在目标区域或者对象中以径向渐变的方式填充。
- ImageBrush：图片画刷，使用图片对目标区域或者对象进行填充。

其中，这几种画刷的关系如图 9-14 所示。

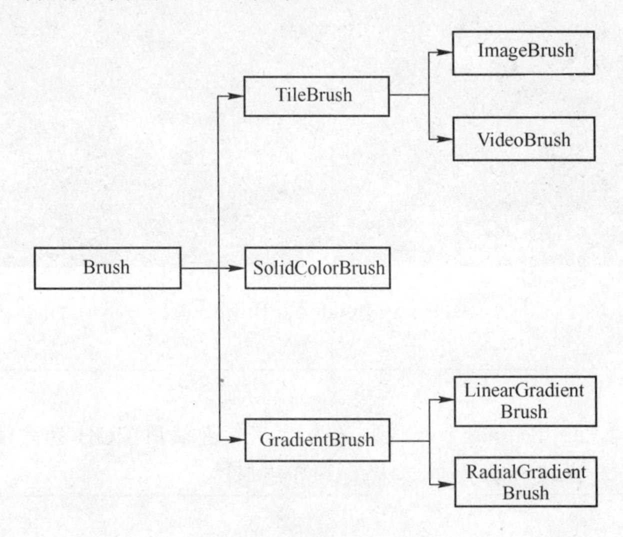

图 9-14　画刷派生关系

9.2.2　SolidColorBrush 画刷

在很多程序中，最常见、最常用的一种屏幕绘制操作就是使用纯色绘制目标区域。在 Silverlight 中，提供了 SolidColorBrush 类实现该功能。下面通过代码来熟悉该类的使用方法。

在上一节中，介绍了在 Silverlight 中实现图形的绘制，下面来绘制一个红色填充的矩形，代码如下：

```
<Grid x:Name="ContentGrid" Grid.Row="1">
    <Rectangle Width="100" Height="100" Fill="Red">
    </Rectangle>
</Grid>
```

在上面的代码中，可以看到填充矩形时设置 Rectangle 类 Fill 属性。

同样，我们也可以使用 SolidColorBrush 类来实现该功能，请看以下代码：

```
<Grid x:Name="ContentGrid" Grid.Row="1">
    <Rectangle Width="100" Height="100">
        <Rectangle.Fill>
```

```
                <SolidColorBrush Color="Red">
                </SolidColorBrush>
            </Rectangle.Fill>
        </Rectangle>
    </Grid>
```

最终效果如图 9-15 所示。

图 9-15　SolidColorBrush 画刷

> **提示：**
> 其中，Color 属性可以使用十六进制数表示，或者使用 RGB 的方法表示，同样也可以设置不透明度。具体操作方法可参考上一节矩形。

9.2.3　LinearGradientBrush 画刷

LinearGradientBrush 类按直线方向渐变绘制区域，即使用沿一条直线（即“渐变轴”）定义的渐变来绘制区域。可以修改渐变轴，这样能够创建水平和垂直渐变并反转渐变方向。同样，我们以一个矩形来实现线性渐变功能。请看如下代码：

```
<Grid x:Name="ContentGrid" Grid.Row="1">
    <Rectangle Width="300" Height="200">
        <Rectangle.Fill>
            <LinearGradientBrush StartPoint="0,0" EndPoint="1,1">
                <GradientStop Color="Yellow" Offset="0.0" />
                <GradientStop Color="Red" Offset="0.25" />
                <GradientStop Color="Blue" Offset="0.75" />
                <GradientStop Color="LimeGreen" Offset="1.0" />
            </LinearGradientBrush>
        </Rectangle.Fill>
    </Rectangle>
</Grid>
```

以上代码的效果如图 9-16 所示。

图 9-16　LinearGradientBrush 画刷

其中，LinearGradientBrush 类的 StartPoint 和 EndPoint 与绘制区域有关，（0,0）代表目标区域的左上角，（1,0）代表目标区域的右上角，（0,1）代表目标区域的左下角，（1,1）代表目标区域的右下角。在代码中我们设置的是一个在目标区域中从左上角开始延伸到右下角的对角线渐变。

GradientStop 是渐变画刷的基本构造元素。渐变停止点指定渐变轴上 Offset 处的 Color。

渐变停止点的 Color 属性为渐变停止点的颜色。可以使用预定义的颜色来设置颜色，也可以通过指定 scRGB 或十六进制 ARGB 值来设置颜色。

渐变停止点的 Offset 属性为渐变停止点的颜色在渐变轴上的偏移位置。偏移量范围为 0 ～ 1 的 Double 值。如果渐变停止点的偏移量值越接近 0，则颜色越接近渐变起点。如果渐变停止点的偏移量值越接近 1，颜色越接近渐变终点。

渐变停止点之间每个点的颜色按两个边界渐变停止点指定的颜色组合执行线性内插。

9.2.4　RadialGradientBrush 画刷

RadialGradientBrush 类与 LinearGradientBrush 类相似，也是填充渐变颜色的类，RadialGradientBrush 类使用放射性渐变来进行颜色的填充。下面让我们用代码来说明该类的使用方法。

```
        <Grid x:Name="ContentGrid" Grid.Row="1">
            <Rectangle Width="300" Height="200">
                <Rectangle.Fill>
                    <RadialGradientBrush    GradientOrigin="0.5,0.5"    Center="0.5,0.5"    RadiusX="0.5"
RadiusY="0.5">
                        <GradientStop Color="Yellow" Offset="0" />
                        <GradientStop Color="Red" Offset="0.25" />
                        <GradientStop Color="Blue" Offset="0.75" />
                        <GradientStop Color="LimeGreen" Offset="1" />
                    </RadialGradientBrush>
                </Rectangle.Fill>
```

```
    </Rectangle>
</Grid>
```

以上代码的效果如图 9-17 所示。

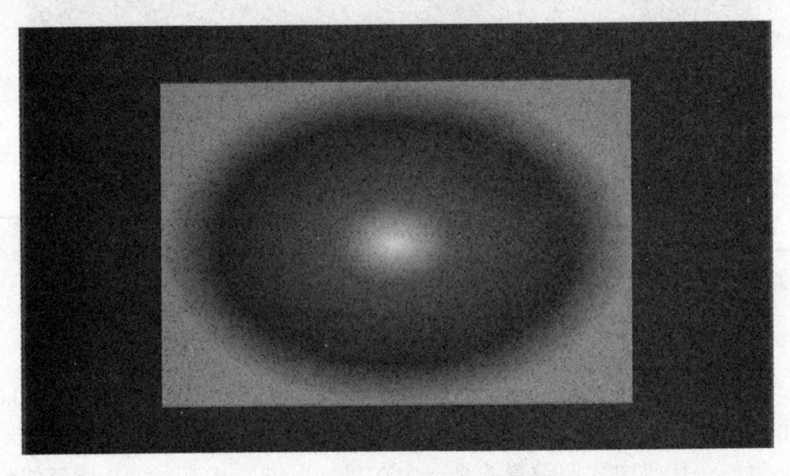

图 9-17 RadialGradientBrush 画刷

其中，GradientOrigin 表示 RadialGradientBrush 类渐变轴的起点，渐变轴从渐变原点辐射至渐变圆。渐变圆的属性由 Center（图形的中心位置坐标），RadiusX（X 轴上的放射半径），RadiusY（Y 轴上的放射半径）定义。与 LinearGradientBrush 类相同，GradientOrigin 同样使用 GradientStop 来指定不同的颜色值以及偏移量。

9.2.5 ImageBrush 画刷

ImageBrush 类使用图像用做图形的填充、背景和轮廓。使用方法比较简单，ImageBrush 使用由 ImageSource 属性指定的 JPEG 或 PNG 图像来绘制区域。使用要加载的图像的路径来设置 ImageSource 属性。

默认情况下，ImageBrush 会将填充图像拉伸以完全充满要填充的目标区域，如果填充的区域和该图像的长宽比不同，则可能会扭曲该图像。可以通过将 Stretch 属性从默认值 Fill 更改为 None、Uniform 或 UniformToFill 来更改此行为。下面让我们通过代码来学习该类的使用方法。

```
<Grid x:Name="ContentGrid" Grid.Row="1">
    <Rectangle Width="200" Height="100">
        <Rectangle.Fill>
            <ImageBrush ImageSource="Background.png" Stretch="None">
            </ImageBrush>
        </Rectangle.Fill>
    </Rectangle>
</Grid>
```

最终效果如图 9-18 所示。

图 9-18　ImageBrush 画刷

9.3　图像处理

在手机软件开发过程中，用户体验是其中一个重要部分，好的界面离不开丰富的图像资源，添加图像的界面可以使用户感觉更加友好，更加直观。在 Windows Phone 6.x 的系统中如果要实现图像的特殊效果比较麻烦，但是现在在 Windows Phone 7 下可以通过 Silverlight 中内置的强大的图像处理功能，包括图像拉伸、裁切图像及半透明遮罩效果等。本节主要介绍如何在 Windows Phone 7 平台中使用 Silverlight 创建图像和图像处理的方法。

对于本地图像，可以通过以下方法添加到工程里。首先，创建一个新的 Windows Phone 7 Silverlight 工程，命名为 ImageTest（也可以以其他名称命名），在右边解决方案窗口里，用鼠标右键单击工程名 ImageTest，选择添加，选择添加新文件夹，命名为 Image（该命名可以是其他名字，例如，Media，Picture 等），这时候在解决方案窗口中可以看到工程添加了一个新的文件夹 Image。用鼠标右键单击该文件夹，选择添加，选择添加现有项目，在弹出的窗口里面添加要处理的图像。在这里我们假设添加了一幅图像命名为 a.jpg。目前在 Windows Phone 7 Silverlight 开发中，只支持 JPG 或者 PNG 格式的图像。

9.3.1　创建图像

我们可以使用 Image 或者 ImageBrush 对象来创建一幅图像。下面通过代码来说明如何创建一幅图像。

```
<Grid x:Name="ContentGrid" Grid.Row="1">
<Image Source="Image/a.jpg" />
</Grid>
```

以上代码添加一个 Image 类，把 Image 的 Source 属性值设置为 Image/a.jpg，指向刚才添加的图像文件路径。可以在模拟器上显示该图像。

其中 Source 路径的设置有以下几种方法：

1）绝对 URL。例如，1. Source="http://www.google.com.hk/intl/zh-CN/images/logo_cn.png"。

2）相对于引用 XAML 文件。在这种情况下，指定不带前导斜杠的相对 URL。例如，Source="myPicture.png" 指定了在程序集中嵌入的与 XAML 文件位于相同文件夹位置的图像文件。还可以在目录结构中向上遍历，只要可以在 XAP 结构中解析路径。例如，

Source="../resources/myPicture.png" 指定了来自 Resources 文件夹的图像文件，该文件夹与 XAP 找到其 XAML 文件组件的文件夹位置同级。

3）相对于 XAP 文件应用程序根。在这种情况下，指定带有前导斜杠的相对 URL，该 URL 从 XAP 结构根处开始路径解析。例如，Source="/resources/myPicture.png" 指定了来自在 XAP 结构中定义的根级 resources 目录的源。推荐用此方法取代以前的相对 URL 方法，因为对 XAML 文件的 XAP 位置的更改（例如，将 XAML 从页定义移入资源字典）不会中断相对于 XAP 结构根的引用。此方法通常用于作为 Content 生成操作放入 XAP 的图像源。

4）指定一个程序集，然后通过引用 component; 标记在其概念根位置输入程序集结构。这是最为可靠的 URL 指定方式，因为即便在程序集之外完全重构 XAML（例如，如果将此部分 XAML 移入某个附属程序集以进行本地化），以这种方式仍可解析为图像目标。例如，Source="MySilverlightApp;component/myPicture.png" 引用了应该作为下载程序集提供的程序集 MySilverlightApp。指定的程序集可以是 XAP 中的主应用程序集，换言之，即 Silverlight 项目输出路径声明的同一程序集名称。不要在此 URI 方案中指定.dll 扩展名。

9.3.2 图像简单处理

1. 拉伸图像

通过上一例子，可以看到在模拟器上出现我们所需要的图像，但是整幅图像发生了变形，这是因为在绘制图像的过程中，程序自动拉伸图像以填满整个区域。下面通过代码来说明拉伸图像的几种方法。

```
<Grid x:Name="ContentGrid" Grid.Row="1">
    <Image Source= "Image/Lenna.jpg" Stretch="None"/>
</Grid>
```

在以上代码中，设置 Stretch 的属性为 None，图像不拉伸以适合尺寸显示出来。Stretch 属性可以设置为以下值。

- None：不拉伸图像以适合输出尺寸。请参照图 9-19。

图 9-19 None

- Uniform：缩放图像，以适合输出尺寸。但保留该内容的高宽比。如果程序没有设置 Stretch 属性，将以此作为默认值。请参照图 9-20。

图 9-20　Uniform

- UniformToFill：缩放图像，可以完全填充输出区域，保持原来的高宽比。请参照图 9-21。

图 9-21　UniformToFill

- Fill：对图像进行缩放，使其填充整个区域，即在目标区域显示整幅图像内容，不保持原来的高宽比，设置该属性会造成图像的失真。请参照图 9-22。

图 9-22　Fill

2．裁切图像

当然，我们也可以通过使用 Clip 属性裁切掉图像输出的某个区域来裁切图像。裁切形状可以参考本章第一节介绍的图形方法，下面让我们通过例子来学习该方法的使用。

```
<Grid x:Name="ContentGrid" Grid.Row="1">
    <Image Source="Image/Lenna.jpg" Stretch="Uniform">
        <Image.Clip>
            <EllipseGeometry RadiusX="200" RadiusY="150" Center="230 200" />
        </Image.Clip>
    </Image>
</Grid>
```

以上代码使用一个椭圆来裁切图像，椭圆的属性设置方法可以参考本章第一节。最终效果如图 9-23 所示。

图 9-23　椭圆裁切图像

3. 使用图像输入文字

我们可以使用 ImageBrush 来使用图像输入文字，下面通过代码来学习该方法。

```
<Grid x:Name="ContentGrid" Grid.Row="1">
    <TextBlock FontSize="150" FontStyle="Italic" FontWeight="Bold">
        Lenna
        <TextBlock.Foreground>
            <ImageBrush ImageSource="Image/Lenna.jpg" />
        </TextBlock.Foreground>
    </TextBlock>
</Grid>
```

以上代码效果如图 9-24 所示。

图 9-24　使用图像输入文字

9.3.3　图像遮罩

通过设置 OpacityMask 遮罩属性并使用 LinearGradientBrush 可以实现半透明效果，代码如下：

```
<Grid x:Name="ContentGrid" Grid.Row="1">
    <Image Source="Image/Lenna.jpg"
           Stretch="None"
           VerticalAlignment="Top" >
        <Image.OpacityMask>
            <LinearGradientBrush StartPoint="0 0" EndPoint="0 1">
                <GradientStop Offset="0" Color="#00000000" />
                <GradientStop Offset="1" Color="#FF000000" />
            </LinearGradientBrush>
        </Image.OpacityMask>
    </Image>
</Grid>
```

关于 LinearGradientBrush 的使用可参考本章第二节画刷的使用。最终效果图如图 9-25 所示。

图 9-25　图像遮罩

9.4　变形效果

变形效果是一种常用和炫酷的功能，通过使用变形效果可以开发出具有良好视觉感官的应用程序人机交互界面。

9.4.1　了解变形对象

在 Silverlight 中，图像变形包括：旋转变形、倾斜变形、刻度变形和翻转变形。除了图像可实现变形外，文字亦可以实现变形效果，本章主要介绍图像变形。

9.4.2　常见变形效果

1．旋转变形

旋转变形（RotateTransform）是指根据指定的角度进行旋转，旋转的方向为顺时针。下面通过代码来说明旋转变形。

```
<Grid x:Name="ContentGrid" Grid.Row="1">
    <Image Source="Image/Lenna.jpg"
            Stretch="None"
            VerticalAlignment="Top">
        <Image.RenderTransform>
            <RotateTransform Angle="20" />
        </Image.RenderTransform>
    </Image>
</Grid>
```

通过设置 RotateTransform 的 Angle 属性为 30°，图像将顺时针旋转 30°，效果如图 9-26 所示。

图 9-26　旋转变形

2．倾斜变形

倾斜变形（SkewTransform）是指图像根据指定的 x-y 刻度进行倾斜。下面通过代码来说明倾斜变形。

```
<Grid x:Name="ContentGrid" Grid.Row="1">
        <Image Source="Image/Lenna.jpg"
            Stretch="None"
           VerticalAlignment="Top">
        <Image.RenderTransform>
            <SkewTransform AngleX="10" AngleY="10" CenterX="0" CenterY="0"/>
        </Image.RenderTransform>
    </Image>
</Grid>
```

通过设置 SkewTransform 的 X，Y 倾斜角度 AngleX 和 AngleY 属性和中心点坐标 CenterX、CenterY 实现倾斜变形。最终效果图如图 9-27 所示。

图 9-27　倾斜变形

3．刻度变形

刻度变形（ScaleTransform）是指根据水平或者垂直方向对图像进行放大和缩小。下面通过代码来说明刻度变形的使用方法。

```
<Grid x:Name="ContentGrid" Grid.Row="1">
    <Image Source="Image/Lenna.jpg"
           Stretch="None"
          VerticalAlignment="Top">
        <Image.RenderTransform>
            <ScaleTransform ScaleX="1" ScaleY="2" CenterX="0" CenterY="0"/>
        </Image.RenderTransform>
    </Image>
</Grid>
```

ScaleX 属性指定使对象沿水平方向拉伸或收缩的量，ScaleY 属性指定使对象沿垂直方向拉伸或收缩的量。其中 CenterX 和 CenterY 属性指定的点为缩放中心。最终效果如图 9-28 所示。

图 9-28　刻度变形

4．翻转变形

翻转变形（TranslateTransform）是指沿水平方向或者垂直方向进行对齐平移图像。下面通过代码说明如何使用翻转变形。

```
<Grid x:Name="ContentGrid" Grid.Row="1">
        <Image Source="Image/Lenna.jpg"
            Stretch="None"
            VerticalAlignment="Top">
        <Image.RenderTransform>
```

```
            <TranslateTransform X="50" Y="50" />
        </Image.RenderTransform>
    </Image>
</Grid>
```

其中，X，Y 值为水平和垂直的偏移量，最终效果如图 9-29 所示。由于是平移图像，效果可能不会很明显。

图 9-29　翻转变形

9.4.3　动画转变

本小节简要介绍如何在 Windows Phone 7 平台上使用 Silverlight 创建和使用动画。

我们可以使用 Storyboard 对其属性设置实现动画处理。若要使用 Storyboard 对属性进行动画处理，首先要进行动画处理的每个属性创建一个动画，另外创建一个 Storyboard 以包含动画。

属性的类型决定了要使用的动画的类型。例如，若要对采用 Double 值的属性进行动画处理，请使用 DoubleAnimation。TargetName 和 TargetProperty 附加属性指定要对其应用动画的对象和属性。

若要启动可扩展应用程序标记语言（XAML）格式的演示图板，可使用 BeginStoryboard 操作和 EventTrigger。当 RoutedEvent 属性所指定的事件发生时，EventTrigger 将开始 BeginStoryboard 操作。BeginStoryboard 操作将启动 Storyboard。

下面通过例子来说明如何实现动画效果。新建一个 Silverlight 工程，在 MainPage.xaml 里添加以下代码：

```
<Grid x:Name="ContentGrid" Grid.Row="1">
    <StackPanel>
        <StackPanel.Resources>
            <Storyboard x:Name="myStoryboard">
                <DoubleAnimation
Storyboard.TargetName="MyAnimatedCircle"
Storyboard.TargetProperty="Opacity"
```

```
            From="1.0" To="0.0" Duration="0:0:5"
            AutoReverse="True" RepeatBehavior="Forever" />
                        </Storyboard>
                    </StackPanel.Resources>
                    <Ellipse Loaded="Begin_Animation" x:Name="MyAnimatedCircle" Width="150" Height=
"150" Fill="Blue" />
                </StackPanel>
            </Grid>
```

在 MainPage.xaml.cs 文件中添加以下代码：

```
public MainPage()
{
    InitializeComponent();
    SupportedOrientations = SupportedPageOrientation.Portrait | SupportedPageOrientation.Landscape;
}
private void Begin_Animation(object sender, EventArgs e)
{
    myStoryboard.Begin();
}
```

在以上代码中，我们通过 DoubleAnimation 类属性值创建了两个目标值之间的过渡，具体说明可参见表 9-1。

表 9-1 属性说明

属　性	说　明
From	动画从 From 属性指定的值继续到正在进行动画处理的属性的基值或前一动画的输出值，具体取决于前一动画的配置方式
From 和 To	动画从 From 属性指定的值继续到 To 属性指定的值
From 和 By	动画从 From 属性指定的值继续到 From 与 By 属性之和所指定的值
To	动画从进行动画处理的属性的基值或前一动画的输出值继续到 To 属性指定的值
By	动画从正在进行动画处理的属性的基值或前一动画的输出值继续到该值与 By 属性指定的值之和

如果同时设置了 To 和 By 属性，则 To 属性优先，而 By 属性会被忽略。

9.5 几何图形

Silverlight 在图形方面的支持除了第一节提到的图形对象外，还有另外一类 Geometry 几何图形对象。它们的区别在于：图形对象可以独立存在，可以独立绘制出具体需要的图形，而几何图形对象没有具体的形体，它需要依赖于某一对象元素而存在，不能直接呈现在画板上。几何图形对象可以用于绘制 2D 形状的几何图形，包括以下 5 种对象。

- LineGeometry：确定两点绘制一条直线。
- RectangleGeometry：绘制矩形的几何图形。
- EllipseGeometry：绘制椭圆形的几何图形。

● GeometryGroup：组合几何对象，将多个单一的几何对象组合成一个几何对象。
● PathGeometry：路径几何对象。

它们的派生关系如图 9-30 所示。

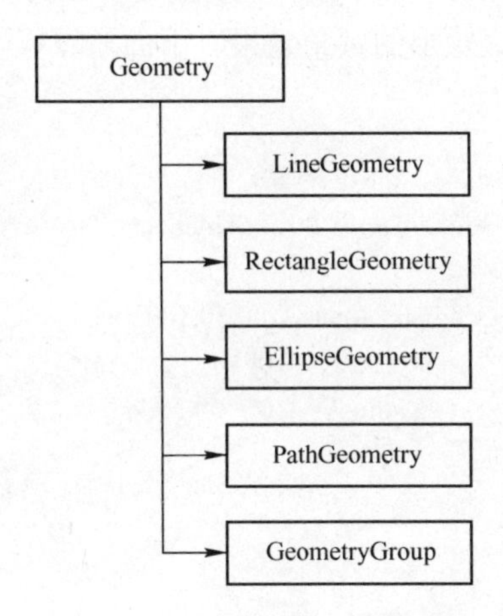

图 9-30　几何图形派生关系图

9.5.1　LineGeometry

可以通过设置 LineGeometry 对象的 StartPoint 和 EndPoint 属性确定直线的起点与终点，代码如下所示：

```
<Grid x:Name="ContentGrid" Grid.Row="1">
    <Path Fill="Orange" Stroke="Red" StrokeThickness="5" Canvas.Top="20" Canvas.Left="100">
        <Path.Data>
            <LineGeometry StartPoint="20,20"
                          EndPoint="100,100"/>
        </Path.Data>
    </Path>
</Grid>
```

以上代码运行的效果如图 9-31 所示。

图 9-31　LineGeometry 对象

9.5.2 RectangleGeometry

可以通过设置 RectangleGeometry 的 Rect 属性来定义矩形的大小，Rect 属性由 4 个值组成，前两个值表示矩形顶点坐标，后两个值表示矩形的宽度与高度，同时，还可以设置 RadiusX 和 RadiusY 属性来定义矩形的圆角效果。下面通过代码来说明 RectangleGeometry 对象的使用方法。

```
<Grid x:Name="ContentGrid" Grid.Row="1">
    <Path Fill="Orange" Stroke="Red" StrokeThickness="5">
        <Path.Data>
            <RectangleGeometry Rect="100,50,100,50"
                               RadiusX="10"
                               RadiusY="10"/>
        </Path.Data>
    </Path>
</Grid>
```

以上代码运行的效果如图 9-32 所示。

图 9-32 RectangleGeometry 对象

9.5.3 EllipseGeometry

通过设置 EllipseGeometry 的 Center 属性来确定椭圆的中心点，同时，可以设置 RadiusX 和 RadiusY 来定义 X 轴和 Y 轴的半径，下面通过代码来说明 EllipseGeometry 对象的使用方法。

```
<Grid x:Name="ContentGrid" Grid.Row="1">
    <Path Fill="Orange" Stroke="Red" StrokeThickness="5">
        <Path.Data>
            <EllipseGeometry Center="100,100"
                             RadiusX="50"
                             RadiusY="50"/>
        </Path.Data>
    </Path>
</Grid>
```

以上代码的运行效果如图 9-33 所示。

图 9-33 EllipseGeometry 对象

9.5.4 GeometryGroup

可以设置 GeometryGroup 的 FillRule 属性来定义图形填充规则，可选值有 EvenOdd 和 Nonzero，默认值是 EvenOdd。GeometryGroup 对象创建它所包含的 Geometry 对象的组合体，但不合并其面积。可以向 GeometryGroup 中添加任意数量的 Geometry 对象。下面通过例子演示 GeometryGroup 的使用方法。

```
<Grid x:Name="ContentGrid" Grid.Row="1">
    <Path Fill="Orange" Stroke="Red" StrokeThickness="5">
        <Path.Data>
            <GeometryGroup FillRule="EvenOdd">
                <LineGeometry StartPoint="20,10" EndPoint="100,80" />
                <EllipseGeometry Center="50,70" RadiusX="40" RadiusY="50" />
                <RectangleGeometry Rect="30,55 100 30" />
            </GeometryGroup>
        </Path.Data>
    </Path>
</Grid>
```

以上代码运行的效果如图 9-34 所示。

图 9-34 GeometryGroup 对象

9.5.5 PathGeometry

复杂的几何图形可以通过 PathGeometry 对象来绘制。它是由一系列的路径形状 PathFigure 组成的，而每个 PathFigure 对象都可由一个或多个 PathSegment 对象组成，例如，ArcSegment 和 LineSegment 实际上定义了自己的形状。下面通过示例来演示 PathGeometry 的使用方法。

```
<Grid x:Name="ContentGrid" Grid.Row="1">
    <Path Fill="Orange" Stroke="Red" StrokeThickness="5">
        <Path.Data>
```

```
                <PathGeometry>
                    <PathFigure StartPoint="30,50">
                        <LineSegment Point="300,70" />
                    </PathFigure>
                </PathGeometry>
            </Path.Data>
        </Path>
    </Grid>
```

以上代码的运行效果如图 9-35 所示。

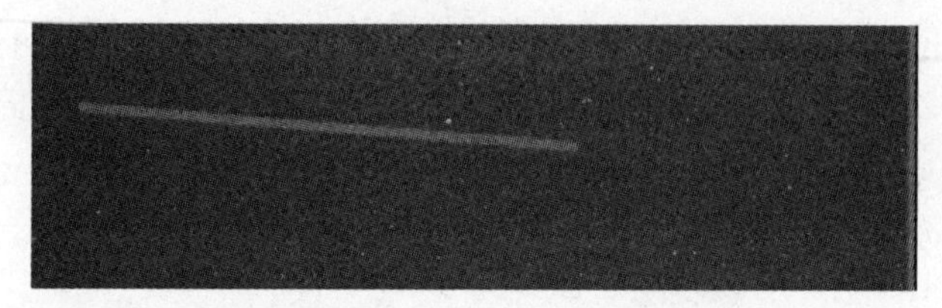

图 9-35　PathGeometry 对象

9.6　应用实例：绘制时钟

下面让我们通过一个实例来巩固本章所学习的内容。该实例是绘制一个圆形时钟，最终效果如图 9-36 所示。

图 9-36　时钟效果

1）打开 Microsoft Visual Studio 2010 Express for Windows Phone，新建一个 Silverlight for Phone 工程，命名为 ImageClock。

2）修改应用程序的标题，把小标题改为 My ImageApp，大标题改为 My Clock。代码如下：

```
<Grid x:Name="TitleGrid" Grid.Row="0">
    <TextBlock Text="My ImageApp" x:Name="textBlockPageTitle" Style="{StaticResource PhoneTextPageTitle1Style}"/>
    <TextBlock Text="My Clock" x:Name="textBlockListTitle" Style="{StaticResource PhoneTextPageTitle2Style}"/>
</Grid>
```

3）首先绘制时钟的外框，设置边线颜色为黑色，厚度为 5，同时加入渐变色，分别为灰色与白色，看起来有立体感。代码如下：

```
<Ellipse Width="450" Height="450" Stroke="Black" StrokeThickness="5">
    <Ellipse.Fill>
        <RadialGradientBrush GradientOrigin="0.5,0.5" Center="0.5,0.5" RadiusX="0.5" RadiusY="0.5">
            <GradientStop Color="White" Offset="0.75" />
            <GradientStop Color="Gray" Offset="1" />
        </RadialGradientBrush>
    </Ellipse.Fill>
</Ellipse>
```

4）绘制内框，同样把边线颜色设置为黑色，厚度为 5，为了产生内陷的效果，渐变色与外框相反。代码如下：

```
<Ellipse Width="350" Height="350" Stroke="Black" StrokeThickness="2">
    <Ellipse.Fill>
        <RadialGradientBrush GradientOrigin="0.5,0.5" Center="0.5,0.5" RadiusX="0.5" RadiusY="0.5">
            <GradientStop Color="Gray" Offset="0.75" />
            <GradientStop Color="White" Offset="1" />
        </RadialGradientBrush>
    </Ellipse.Fill>
</Ellipse>
```

5）绘制内盘，代码如下：

```
<Ellipse Width="320" Height="320" Stroke="Black" StrokeThickness="5">
    <Ellipse.Fill>
        <SolidColorBrush Color="White" />
    </Ellipse.Fill>
</Ellipse>
```

6）准备一幅图片作为内盘的背景，本实例使用的是 Rose.jpg 文件，用右击解决方案窗口的工程名，选择添加，然后选择新建目录，命名为 Image。用右击 Image 目录，选择添加现有文件，把路径指向 Rose.jpg。在代码中加入图片，并添加透明效果，代码如下：

```
<Image Source="Image\Rose.jpg" >
    <Image.OpacityMask>
        <RadialGradientBrush>
            <GradientStop Offset="0.2" Color="White" />
            <GradientStop Offset="1" Color="Transparent" />
        </RadialGradientBrush>
    </Image.OpacityMask>
</Image>
```

7）添加时钟的中心和指针，代码如下：

```
<Ellipse Width="20" Height="20">
    <Ellipse.Fill>
        <SolidColorBrush Color="Red" />
    </Ellipse.Fill>
</Ellipse>
<Line X1="240" Y1="320" X2="240" Y2="420" Stroke="Red" StrokeThickness="5" />
<Line X1="240" Y1="325" X2="320" Y2="330" Stroke="Red" StrokeThickness="5" />
<Line X1="240" Y1="325" X2="150" Y2="220" Stroke="Red" StrokeThickness="5" />
```

8）单击运行，可以在模拟器上看到本小节显示的效果图。

9.7 本章小结

下面让我们对本章所阐述的内容做一个总结，本章主要介绍如何在 Windows Phone 7 下使用 Silverlight 进行图形的绘制、填充、图像的创建与处理和变形效果动画。通过学习本章，使读者熟悉如何通过 Silverlight 绘制图形及图像处理，最后使用 Silverlight 绘制一个时钟实例来巩固本章学习内容。

第10章　数 据 处 理

对于所有以数据为中心得到应用程序，数据处理都是相当重要的内容。本章介绍使用 Silverlight 在 Windows Phone 7 中进行开发时数据处理方面的相关问题。主要包括数据的展示（数据绑定）、数据的本地存储（独立存储）和远程数据访问 3 部分内容。

学习重点：

- Silverlight 数据绑定基本机制。
- 数据绑定的基本方法。
- 独立存储空间的使用。
- 常见远程数据访问方法。
- 常见数据格式的基本处理。

10.1　数据绑定

所有的.NET 开发者对于.NET 平台的数据绑定机制一定不会陌生，它搭起了 UI 元素和数据源之间的一座桥梁，使数据的呈现和交互更为便捷。Silverlight 同样提供了类似的数据绑定机制。

10.1.1　Silverlight 数据绑定引擎

Silverlight 中数据绑定基于 Silverlight 数据绑定引擎，该绑定引擎可以实现 UI 元素到 CLR 源数据对象之间的关联，创建并维护二者之间的数据通道，从某些方面来讲其功能类似于.NET 平台上的 ObjectDataSource。通过该绑定引擎，将 CLR 源数据对象包含的数据反映到 UI 元素，并可以将 UI 中对数据的更改反馈回源数据对象。

一次数据绑定包含两个最基本的要素：绑定目标和绑定源，这也正是 Silverlight 绑定引擎进行数据绑定时必需的两个基本信息。如图 10-1 所示，展示了绑定引擎所需的一些基本信息。

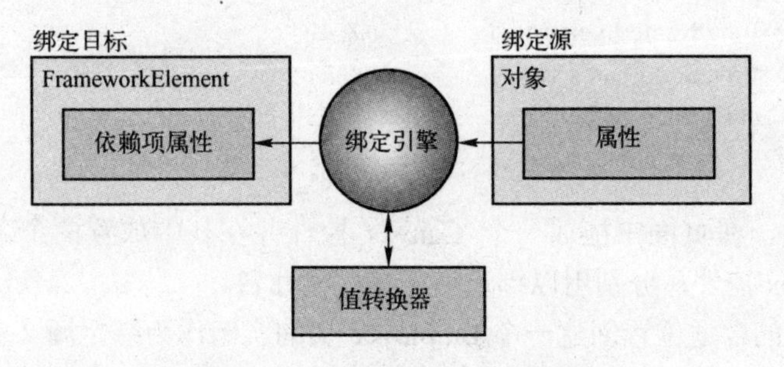

图 10-1　Siverlight 数据绑定引擎

● 绑定源：即数据的来源，可以是任意的 CLR 对象。通常实际需要的是该对象的某一个特定属性。

● 绑定目标：显示数据的 UI 元素，可以是任何 FrameworkElement 类型的对象。实际绑定的也是该对象的某一个特定属性。

● 绑定模式：主要决定数据流的方向，可以是单向或双向。

● 值转换器：需要时用以进行数据类型或格式的转换。

绑定引擎所需的这些信息，主要由 System.Windows.Data 命名空间中的 Binding 对象来提供。以上每条信息对应 Binding 对象的一个或几个属性。以下列出了 Binding 对象的几个重要属性。

● Source：表示绑定源对象。

● RelativeSource：通过指定绑定源相对于绑定目标的位置来标识绑定源。

● ElementName：当绑定源也是 UI 对象时，获取或设置其名称用以标识绑定源。

以上 3 个属性提供了 3 种表示绑定源的不同方式，根据情况，通常只设置其中一个即可。当然，事实上最常用的是另外一种上下文有关的表示方法，即通过设置 UI 元素的 DataContext 属性来指定绑定源，此时以上 3 个属性可能都无需指定，这将在下文中详细介绍。

● Path：指示绑定源对象中用以提供数据的属性，通过属性路径语法来表示。

● Mode：指示数据绑定模式，可以为 OneTime、OneWay 或 TowWay。

● Converter：值转换器对象，需要时设置，必须是一个 IValueConverter 接口类型的对象。

读者可能已经发现了另一个重要的信息——绑定目标还没有介绍到，这是因为绑定目标并不是必须通过 Binding 对象的属性提供，而是通过 UI 元素的 SetBinding 方法来进行设置的（当然也可以在 XAML 中直接指定）。下文看到示例后将很容易理解，在此不再赘述。

10.1.2 基本数据绑定

基本数据绑定是指直接将一个 CLR 对象绑定到一个 UI 元素的简单绑定。此处先创建一个表示员工信息的 Employee 类作为基本的数据结构以备用。

```
C# Code
public class Employee
{
    public int Number { get; set; }          //工号
    public string Name { get; set; }         //姓名
    public string Sex { get; set; }          //性别
    public int BirthYear { get; set; }       //出生年份
}
```

创建一个页面，在页面中拖放一个 Canvas 控件并在其中放置两个名为 txbNumber 和 txbName 的 TextBox 控件，分别用以绑定员工编号和姓名。

在代码文件中的合适位置创建一个 Employee 类的实例作为绑定源（置于 Demos11 命名空间下）。代码如下：

```
C# Code
public Employee employee = new Employee
{
    Number=2012,
    Name="MagicBoy",
    Sex="男",
    Birthday=2000
};
```

同时，不要忘记添加对 System.Windows.Data 命名空间的引用。

1. 通过 Binding 对象的 Source 属性指定数据源

根据上一节中的讲解，熟练的.NET 开发者应该已经可以轻松地写出如下的代码以实现最基本的数据绑定。

```
C# Code
Binding bdNumber = new Binding();
bdNumber.Source = employee;
bdNumber.Path = new PropertyPath("Number");
txbNumber.SetBinding(TextBox.TextProperty, bdNumber);

Binding bdName = new Binding();
bdName.Source = employee;
bdName.Path = new PropertyPath("Name");
txbName.SetBinding(TextBox.TextProperty, bdName);
```

运行效果如图 10-2 所示。

图 10-2　基础数据绑定示例

基本过程：新建绑定对象 bdNumber、设置绑定源、设置绑定路径、将 txbNumber 的 Text 属性与 bdNumber 对象绑定。

此处 Binding 对象的 Mode 属性没有设置，将自动取为 OneWay；Converter 属性也没有设置，因为此处不需要数据转换。

2. 通过 UI 元素的 DataContext 属性指定数据源

通过设置 Binding 对象的 Source 属性可以实现基本的数据绑定，但是观察上面的代码不难发现，对于每一个绑定对象都要设置一次绑定源显然是冗余的，在绑定对象比较多的情况下尤其繁琐。

鉴于以上情况，Silverlight 中提供了另外一种设置数据源的方式，即通过 UI 元素的数据上下文 DataContext 属性来指定数据源。这是一种上下文有关的确定绑定源的方案。一旦为一个 UI 元素指定了 DataContext 属性，则其所有子元素都将继承该属性，与其子元素关联的所有数据绑定在没有另行指定 Souce 和 DataContext 的情况下，都将默认使用该属性指定的对象作为绑定源。

这样，在进行数据绑定时，对于某 UI 元素指定 DataContext 后就可以在其所有下级 UI 元素中使用以该 DataContext 为绑定源的绑定。实际上在通常情况下的用法是，先用 DataContext 属性指定高层 UI 元素的数据上下文，然后对于特殊的子元素再另行指定绑定源。

如上例所示，可以简单地通过指定两个 TextBox 控件的父元素 Canvas 控件的 Context 属性来指定数据源。代码如下：

```
XAML   Code
canvas2.DataContext = employee;

Binding bdNumber = new Binding();
bdNumber.Path = new PropertyPath("Number");
txbNumber2.SetBinding(TextBox.TextProperty, bdNumber);

Binding bdName = new Binding();
bdName.Path = new PropertyPath("Name");
txbName2.SetBinding(TextBox.TextProperty, bdName);
```

3. 在 XAML 代码中实现绑定

以上都是直接在 C#代码页面中实现建立数据绑定。在实际使用时，通过等价的 XAML 代码实现绑定可能是更为常用的方式。只需为作为绑定目标的 UI 元素的特定属性指定声明式的 Binding 对象即可。其基本语法为：

```
<UI 标记 绑定属性="{ Binding   Path=*,Mode=*,Converter=*,Source=*}" ... />
```

如上例所示，要通过 XAML 声明方式实现绑定，只需按照上述语法在 XAML 文件中修改 txbNumber 和 txbName 控件的 Text 属性即可。代码如下：

```
XAML Code
<Canvas Name="canvas3" Height="173" Width="432" Margin="36,434,12,10">
    <TextBox Name="txbNumber3" Text="{Binding Path=Number,Mode=OneWay}"  Canvas.Left="118"
Canvas.Top="4" Height="71" Width="308" />
    <TextBox  Name="txbName3"  Text="{Binding  Path=Name,Mode=OneWay}"  Canvas.Left="118"
Canvas.Top="68" Height="71" Width="308" />
</Canvas>
```

当然，数据源仍然通过 Canvas 的 DataContext 属性在 C#代码中指定。代码如下：

```
C#  Code
canvas3.DataContext = employee;
```

4. 数值转换器的使用

从图 10-1 中可以看到，数值转换也是数据绑定的一个要素，体现为 Binding 对象的

Converter 属性。当绑定源提供的数据格式或类型与绑定目标所需不一致时，就需要通过一个数值转换器来进行转换。

Converter 的类型为一个实现 IValueConverter 接口的类。IValueConverter 接口中定义了两个方法 Convert 和 ConvertBack 用来对数据进行双向转换。如下代码定义了一个出生年份和年龄之间进行转换的转换器。

```
XAML Code
    public class BirthYearToAgeConverter:IValueConverter
    {
        public object Convert(object value, Type targetType, object parameter, System. Globalization.
CultureInfo culture)
        {
            int birthYear = (int)value;
            int age = DateTime.Today.Year - birthYear;
            return age;
        }

        public object ConvertBack(object value, Type targetType, object parameter, System. Globalization.
CultureInfo culture)
        {
            int age = (int)value;
            int birthYear = DateTime.Today.Year - age;
            return birthYear;
        }
    }
```

将此类的定义添加到先前项目中，下面借助这个转换器来实现员工年龄的数据绑定。首先需要在 XAML 页面中的根元素下添加如下的代码，通过声明方式定义一个 BirthYearToAgeConverter 类型的对象 BirthYearToAgeConverter1。代码如下：

```
XAML Code
<phone:PhoneApplicationPage.Resources>
    <my:BirthYearToAgeConverter x:Key="BirthYearToAgeConverter1" />
</phone:PhoneApplicationPage.Resources>
```

然后基于上面步骤 3 中的示例，在 Canvas 中的合适位置添加一个 TextBox 控件 txbAge 并建立一个带数值转换器的绑定，代码如下所示：

```
XAML  Code
<TextBox Name="txbAge" Text="{Binding Path=BirthYear, Mode=OneWay,Converter= {StaticResource
BirthYearToAgeConverter1}}" Canvas.Left="118" Canvas.Top="129" Height="71" Width="308" />
```

> **提示：**
>
> 通过数值转换器，不仅可以实现这些简单的类型转换、格式转换，甚至一些很复杂的逻辑转换也可以通过数值转换器来进行（当然这并不推荐）。

5. 数据绑定模式

如图 10-1 所示，Silverlight 中的数据绑定模式主要用以标识数据流动方向，由 Binding 对象的 Mode 属性提供。可选值有 OneTime、OneWay、TwoWay 3 种，可分为两类：

- 单向。数据只能从绑定源流向绑定目标。OneTime 模式和 OneWay 模式都属于单向绑定，所不同的是：OneTime 模式下只在绑定创建时更新一次数据源，之后绑定目标的显示将与绑定源的变化无关；而 OneWay 模式下绑定创建时及之后绑定源的每一次变化都会更新绑定目标。
- 双向。数据在绑定源与绑定目标之间可相互流动。TwoWay 模式属于双向绑定，源与目标任一方的变化都会立即通知到对方并引发对方的更新，双方是实时同步的。

需要注意的是，当选择 OneWay 或 TwoWay 模式时，为了使绑定源的变化能实时通知到绑定目标，源对象中必须实现 INotifyPropertyChanged 接口。也就是说欲使绑定目标的显示与绑定源同步，必须满足两个条件：

- 绑定模式为 OneWay 或 TwoWay。
- 绑定源实现了 INotifyPropertyChanged 接口。

如下代码为 Employee 类实现了 INotifyPropertyChanged 接口。

C# Code

```
public class Emplyee:INotifyPropertyChanged
{
    public event PropertyChangedEventHandler PropertyChanged;

    private int number;
    public int Number
    {
        get { return this.number; }
        set
        {
            this.number = value;
            NotifyPropertyChanged("Number");
        }
    }

    private string name;
    public string Name
    {
        get { return this.name; }
        set
        {
            this.name = value;
            NotifyPropertyChanged("Name");
        }
    }

    //Sex、Birthday 属性的定义类同，此处代码略去
```

```
            //完整代码请参考随书光盘

            public void NotifyPropertyChanged(string propertyName)
            {
                if (PropertyChanged != null)
                {
                    PropertyChanged(this, new PropertyChangedEventArgs(propertyName));
                }
            }
        }
```

此外需要说明的是，如果绑定源为集合，则除了要实现 INotifyPropertyChanged 接口之外，还必须实现 INotifyCollectionChanged 接口，以便于将集合元素的更改（如增删）通知到目标对象。这似乎有点繁琐，但 Silverlight 已经内置了一个实现这两个接口的 ObservableCollection(T) 类，位于 System.Collections.ObjectModel 命名空间下。一般情况下，只需要用这个类来代替 Collection(T)类即可实现更新通知。

如下代码定义了一个带更新通知功能的 Employee 集合。

```
C#  Code
public  System.Collections.ObjectModel.ObservableCollection<Employee>   employees;
```

至于不同绑定模式的设置，通过 C#代码或 XAML 声明直接设置 Binding 对象的 Mode 属性即可，此处不再演示。

10.1.3　数据绑定设计器的使用

在上一节的学习中，主要是通过直接编写 C#代码或 XAML 代码的方式来实现绑定。实际上，借助 Visual Studio 提供的数据绑定设计器，上述很多代码都可以自动生成而无需手工编写。

几乎所有 UI 元素的所有属性都可以用做数据绑定的目标。呼出数据绑定设计器的方法就是在属性面板中单击属性名右侧的小图标，在弹出菜单中选择 Apply Data Binding。如下图 10-3 所示。

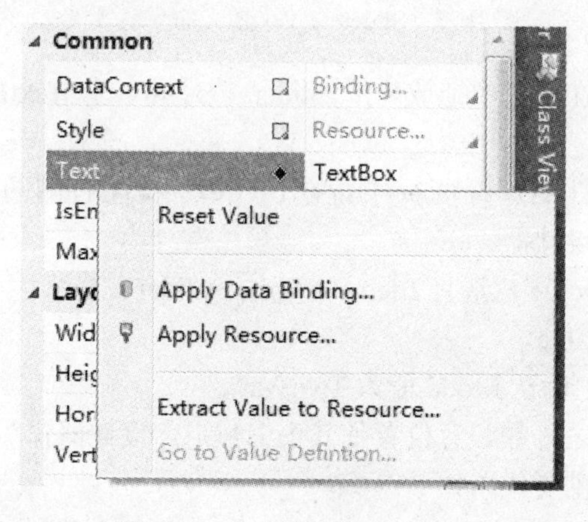

图 10-3　呼出数据绑定设计器

此时，就会打开如图 10-4 所示的数据绑定设计器。

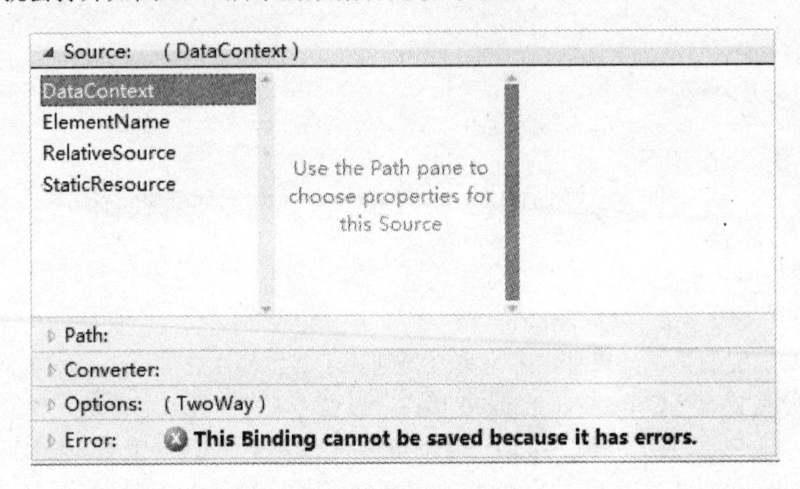

图 10-4 数据绑定设计器

实际上从图 10-4 中已不难看出，所谓数据绑定设计器实际上就是提供一个在设计视图下创建 Binding 对象并定制属性的界面。下面通过两个简单的示例来演示数据绑定设计器的使用。

1. 绑定到 UI 元素

数据绑定的绑定源可以是任意 CLR 对象，当然也包括界面中的 UI 元素。此例通过数据绑定设计器将一个 TextBox 控件的 Text 属性与一个 Slider 控件的 Value 属性进行绑定，实现下图 10-5 所示的 Slider 与 TextBox 的互动效果。

图 10-5 Slider 与 TextBox 的互动效果

1）创建一个页面，在页面中拖放一个 Slider 控件和一个 TextBox 控件，并调整相关属性。

2）在 textBox1 控件的属性面板中，单击 Text 属性右侧的图标并选择 Apply Data Binding 以打开数据绑定设计器。

3）在绑定设计器 Source 栏选择 ElementName→slider1。

4）在 Path 栏选择 Value。

5）在 Options 栏中，确认 Mode 值为 TwoWay。

6）单击绑定设计器之外的任意位置使其失去焦点，设计器窗口将自动关闭。

此时 XAML 页面中主要代码如下：

XAML Code

```
        <Grid x:Name="ContentGrid" Grid.Row="1">
            <Slider Height="84" HorizontalAlignment="Left" Name="slider1" VerticalAlignment="Top"
Width="460" Margin="11,7,0,0" />
            <TextBox Text="{Binding Path=Value, Mode=TwoWay, ElementName=slider1}" Height="72"
HorizontalAlignment="Left" Margin="14,97,0,0" Name="textBox1" VerticalAlignment="Top" Width="460" />
        </Grid>
```

观察 XAML 文件会发现，通过上述 2）～6）5 个步骤，textBox1 控件的 Text 属性被设置成了{Binding Path=Value, Mode=TwoWay, ElementName=slider1}，实际上就是生成了一个声明方式的 Binding 对象。

此时，运行程序，拖动 Slider 位置 textBox1 中数值将同步变化。因为使用的是 TowWay 绑定模式，所以改变 textBox1 数值 Slider 位置也将同步变化。

2. 绑定到静态资源对象

所谓静态资源对象就是在 XAML 中以声明方式定义的对象。大多数情况下将对象定义为静态资源形式与定义在 C#代码中是等价的，但是定义为静态资源对象可能在数据绑定时更为便捷。

以下示例仍使用上一节中建立的 Employee 类作为基础数据结构，示范通过数据绑定设计器创建一个到静态资源的绑定。

1）在新建页面的 phone:PhoneApplicationPage 标记中添加一个命名空间映射，将当前项目命名空间 Demos11 映射为 local。

```
        xmlns:local="clr-namespace:Demos11"
```

2）在 phone:PhoneApplicationPage 标记下添加一个页面级的资源定义，并定义一个标识名为 employee2 的 Employee 对象。

```
        XAML Code
        <phone:PhoneApplicationPage.Resources>
                <local:Employee x:Key="emplpyee2" Number="1001" Name="Newpeilan" Sex=" 男 "
BirthYear="2000"/>
        </phone:PhoneApplicationPage.Resources>
```

3）为 ContentGrid 设置 DataContext。选中 ContentGrid，在属性面板中单击 DataContext 属性右侧的小图标，选择 Apply Resource，在弹出窗口中选择 employee2 对象。

4）在页面中放置两个 TextBox 控件 txbNumber 和 txbName 分别用以显示工号和姓名。

5）按照上例中 2）～6）类似的步骤，为两个 TextBox 控件分别设置绑定。需要注意的是这里无须设置 Souce，因为步骤 3）中已经设置了 DataContext。

至此，借助绑定设计器，很方便地实现了以静态资源对象为绑定源的数据绑定，显示效果如图 10-3 所示。

实际在 Silverlight 中，还提供了一种类似于在 XAML 中创建对象并用于绑定的机制，可以将对象保存在一个单独的设计时数据文件中。限于篇幅，此处不再赘述，留给读者自行研究。

上面两个简单示例，演示了数据绑定设计器的基本用法。不难发现，其实质就是自动生成一些 XAML 代码从而减小编码量，不过这确实是一种较为方便创建绑定的方式。

10.1.4 集合对象的数据绑定

在 Silverlight 中的数据绑定引擎可以绑定任意的 CLR 对象，然而数据绑定最大的魅力仍在于批量数据绑定，即绑定到集合数据对象。在集合对象的数据绑定中，绑定源可以是任意实现了枚举接口的集合类对象，而绑定目标一般是 ItemControl 类型的 UI 元素。

在目前版本的 Windows Phone 7 中，受支持的 ItemControl 控件只有一个 ListBox。因此，在一般情况下，都使用 ListBox 进行集合数据的绑定。当然在某些场景下，直接使用 ItemControl 控件也是可以的。

1. 显示单列数据

通过设置 ItemControl 控件的 DisplayMemberPath 属性，可以指定控件中显示的数据列。在具体使用时，主要用到 ItemControl 的两个属性。

- ItemsSource：指示绑定源，提供要显示的集合数据，为一个可枚举对象。需要注意的是，其绑定结果会受当前数据上下文（即其自身及上级元素的 DataContext 设置）有关。
- DisplayMemberPath：指示要绑定的属性名称或路径。默认为空字符串，对应绑定源中元素的 ToString()值。

以下示例将建立并显示一个公司的部门列表。

1）首先定义一个部门类作为基础数据结构（置于 Demos11 命名空间下）。注意其中引用了前面创建的 Employee 员工类。代码如下：

```
C#    Code
using System.Collections.ObjectModel;
public class Department
{
    public string DepName { get; set; }                                        //部门名称
    public ObservableCollection<Employee> Employees { get; set; }              //员工列表
}
```

2）在新建页面的 ContentGrid 中创建一个 ItemCtrol 控件并建立绑定，代码如下：

```
XAML   Code
<ItemsControl Name="lbDepartments"    DisplayMemberPath="DepName" Height="100"
HorizontalAlignment="Center" VerticalAlignment="Top" Width="300"   />
```

3）在 C#代码页面中的合适位置创建部门列表并绑定到控件。代码如下：

```
C#   Code
ObservableCollection<Department> departments = new ObservableCollection<Department>
{
    new Department{DepName="技术部"},
    new Department{DepName="商务部"}
};
lbDepartments.ItemsSource = departments;
```

运行程序将显示部门列表。但是因为使用的是 ItemControl 控件的简单绑定，因此，没有选择之类的功能及对应事件。直接将 ItemControl 替换为 ListBox 即可增加此功能。

2. 使用自定义数据模板定制样式

简单的单列数据绑定显然无法满足正常的开发需求，但是在目前版本的 Windows Phone 7 中并没有提供其他类似数据网格之类的控件来绑定显示多列数据。此时需要用自定义数据模板来定制样式了。

以下示例创建并显示一个员工列表，预期效果如图 10-6 所示。

工号	姓名	性别	出生年份
2012	MagicBoy	男	2000
1001	Newpeilan	男	2000
1002	Bear	男	2000

图 10-6　显示员工列表

1）按照预期效果图在设计视图下设置控件。

2）XAML 页面中 ListBox 对应代码如下：

```
XAML Code
<ListBox Name="listEmployees" ItemsSource="{Binding}" Grid.Row="1" VerticalAlignment="Top" Height="400" >
    <ListBox. ItemTemplate>
        <DataTemplate >
            <StackPanel Height="50" HorizontalAlignment="Center" Width="480" VerticalAlignment="Top" Orientation="Horizontal">
                <TextBlock Height="50" HorizontalAlignment="Left" Text="{Binding Number}" VerticalAlignment="Top" Width="120" />
                <TextBlock Height="50" HorizontalAlignment="Left" Text="{Binding Name}" VerticalAlignment="Top" Width="120" />
                <TextBlock Height="50" HorizontalAlignment="Left" Text="{Binding Sex}" VerticalAlignment="Top" Width="120" />
                <TextBlock Height="50" HorizontalAlignment="Center" Text="{Binding BirthYear}" VerticalAlignment="Top" Width="120" />
            </StackPanel>
        </DataTemplate>
    </ListBox. ItemTemplate>
</ListBox>
```

3）C#页面中合适位置创建员工列表并绑定提供给控件。代码如下：

```
C#  Code
ObservableCollection<Employee> employees = new ObservableCollection<Employee>
{
```

```
        new Employee{Number=2012,Name="MagicBoy",Sex="男",BirthYear=2000},
        new Employee{Number=1001,Name="Newpeilan",Sex="男",BirthYear=2000},
        new Employee{Number=1002,Name="Bear",Sex="男",BirthYear=2000}
    };
    listEmployees.DataContext = employees;
```

此处使用模板的方式是直接嵌套在 ListBox 中，但在多数情况下为了方便复用通常会将数据模板保存在资源字典中，然后通过 ListBox 的 ItemTemplate 属性引用，这将在下一个示例中演示。

3. 建立主从视图

在实际开发中遇到分层数据，通常需要以主从视图形式显示。对于两个主从关系的 ListBox，容易想到的一种方法是将第二个 ListBox（主视图）的数据源绑定为第一个 ListBox（从视图）的 SelectedItem，或者通过第一个 ListBox 的 SelectionChanged 事件来设置绑定。但是在通常情况下借助于 CollectionViewSource 类可能会更方便。

CollectionViewSource 是一个集合视图类，可以根据不同的筛选、排序条件建立同一个集合对象的多个视图，如同关系数据库中可以根据不同的筛选排序条件建议同一个数据表的多个视图一样。CollectionViewSource 类具有 Source 属性和 View 属性，分别指示其源集合对象和当前视图。

前面示例中“部门-员工”数据，就是一个典型的分层数据。如下示例借助 CollectionViewSource 建立一个显示“部门-员工”数据的主从视图。最终显示效果如图 10-7 所示，在部门列表中选择部门后会列出相应部门下的员工列表。

图 10-7 “部门-员工”数据的主从视图

1）建立一个 DepartmentList 类作为数据提供类。该类构造函数中会创建一个包含两个部门的部门列表，且各个部门下有若干员工。注意此类中包含对前面的建立的 Employee 类及 Department 类的引用。代码如下：

```
C#  Code
using System.Collections.ObjectModel;
namespace Demos11
{
    public class DepartmentList : ObservableCollection<Department>
    {
        public DepartmentList()
        {
            ObservableCollection<Employee> employees = new ObservableCollection<Employee>
            {
                new Employee{Number=2012,Name="MagicBoy",Sex="男",BirthYear=2000},
                new Employee{Number=1001,Name="Newpeilan",Sex="男",BirthYear=2000},
                new Employee{Number=1002,Name="Bear",Sex="男",BirthYear=2000}
            };

            ObservableCollection<Employee> employees2 = new ObservableCollection<Employee>
            {
                new Employee{Number=1003,Name="Bill",Sex="男",BirthYear=2000}
            };

            this.Add(new Department { DepName = "技术部", Employees = employees });
            this.Add(new Department { DepName = "商务部", Employees = employees2 });
        }
    }
}
```

2）在新建页面的 phone:PhoneApplicationPage 标记中添加一个命名空间映射，将当前项目命名空间 Demos11 映射为 local。代码如下：

```
xmlns:local="clr-namespace:Demos11"
```

3）在 phone:PhoneApplicationPage 标记下添加一个页面级资源定义。其中包含一个 DepartmentList 对象的声明式定义，一个 CollectionViewSource 对象和员工列表数据模板的定义。代码如下：

```
XAML  Code
<phone:PhoneApplicationPage.Resources>
    <local:DepartmentList x:Key="depList" />
    <CollectionViewSource x:Key="departmentsView" Source="{StaticResource depList}"/>
    <DataTemplate x:Key="dtEmployees">
        <StackPanel Height="50" HorizontalAlignment="Center" Width="480" VerticalAlignment=
"Top" Orientation="Horizontal">
            <TextBlock Height="50" HorizontalAlignment="Left" Text="{Binding Number}"
VerticalAlignment="Top" Width="120" />
            <TextBlock Height="50" HorizontalAlignment="Left" Text="{Binding Name}"
VerticalAlignment="Top" Width="120" />
            <TextBlock Height="50" HorizontalAlignment="Left" Text="{Binding Sex}"
```

```
VerticalAlignment="Top" Width="120" />
                    <TextBlock Height="50" HorizontalAlignment="Center" Text="{Binding BirthYear}"
VerticalAlignment="Top" Width="120" />
                </StackPanel>
            </DataTemplate>
        </phone:PhoneApplicationPage.Resources>
```

4）在设计视图下创建 UI 元素如图 10-7 所示。最终 ContentGrid 代码如下：

```
        XAML  Code
        <Grid x:Name="ContentGrid" Grid.Row="1">
            <TextBlock Height="44" HorizontalAlignment="Left" Margin="6,6,0,0" Name="textBlock0"
Text="请选择部门：" VerticalAlignment="Top" Width="137" />
            <ListBox Name="lbDepartments" DisplayMemberPath="DepName" Height="100"
HorizontalAlignment="Center" ItemsSource="{Binding Source={StaticResource departmentsView}}"
Margin="6,56,174,0" VerticalAlignment="Top" Width="300" />
            <TextBlock Height="30" HorizontalAlignment="Left" Margin="-1,178,0,0" Name=
"textBlock5" Text="{Binding Path=CurrentItem.DepName,Source={StaticResource departmentsView}}"
VerticalAlignment="Top" Width="69" Foreground="Red" />
            <TextBlock Height="30" HorizontalAlignment="Right" Margin="0,178,316,0" Name=
"textBlock6" Text="员工列表：" VerticalAlignment="Top" />
            <StackPanel Height="50" HorizontalAlignment="Center" Name="stackPanel1" Width="480"
VerticalAlignment="Top" Orientation="Horizontal" Margin="2,228,-2,0">
                <TextBlock Height="50" HorizontalAlignment="Left" Name="textBlock1" Text="工号"
VerticalAlignment="Top" Width="120" />
                <TextBlock Height="50" HorizontalAlignment="Left" Name="textBlock2" Text="姓名"
VerticalAlignment="Top" Width="120" />
                <TextBlock Height="50" HorizontalAlignment="Left" Name="textBlock3" Text="性别"
VerticalAlignment="Top" Width="120" />
                <TextBlock Height="50" HorizontalAlignment="Center" Name="textBlock4" Text="出生年
份" VerticalAlignment="Top" Width="120" />
            </StackPanel>
            <ListBox Name="lbEmployees" ItemsSource="{Binding Path=CurrentItem.Employees,Source=
{StaticResource departmentsView}}" ItemTemplate="{StaticResource dtEmployees}" Height="300"
VerticalAlignment= "Top" Margin="-1,285,1,0" />
        </Grid>
```

注意其中的两处 CurrentItem，代表当前绑定源 departmentsView 的当前选定项。由于 CollectionViewSource 会自动识别，因此，在实际使用过程中均可省略，即直接写做 Employees。

10.2 独立存储

独立存储是.NET Framework 2.0 引入的一个新特性，为托管代码提供了一种对每个计算机、每个用户、每个应用程序域在本地文件系统中分配一个独有的存储空间的机制。数据本

身还是存储在本地文件系统中的，但是其实际位置对于应用程序是透明的，应用程序只能够访问当前用户在当前应用程序域的文件及文件夹。

10.2.1　了解独立存储

直到 Silverlight 推出，独立存储才被广泛使用。Silverlight 独立存储基于、NET FrameWork 独立存储机制建立，引入 Windows Phone 7 后又做了少许改进，作为 Windows Phone 7 中本地数据的基本存储方式。

如图 10-8 所示，每个应用程序将在独立存储中被分配一个独立的存储空间，称为应用程序数据存储文件夹，即该应用的独立存储根目录。应用程序可以调用独立存储 API 在该目录下存储数据。根据使用方式及功能的不同，独立存储空间又包含两部分。

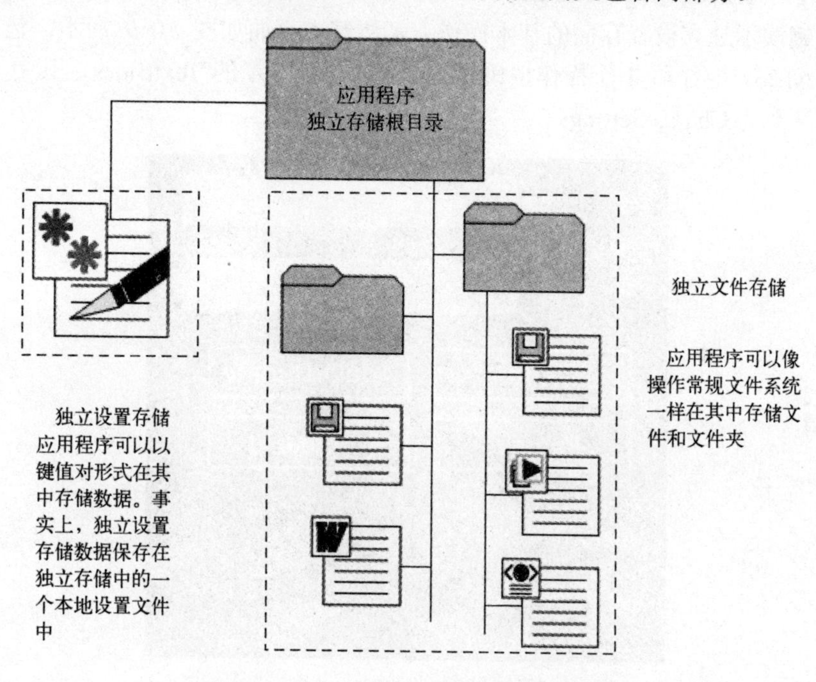

图 10-8　应用程序独立存储空间逻辑结构

- 独立文件存储：独立文件存储提供类似于文件系统一样的访问方式，应用程序可以以文件形式在其中存储任意数据，如同操作常规文件系统一样创建、删除、访问文件及文件夹。
- 独立设置存储：独立设置存储以键值对方式提供一种快速数据访问方式，主要用于存储一些应用设置信息。在内部，独立设置存储的数据其实也是保存在独立存储空间中的一个本地设置文件中。

关于独立存储，还有以下几点需要注意：

- 当一个应用程序安装后，第一次访问独立存储时，其独立存储根目录将会创建；在应用程序卸载时，将会删除。
- 通过 Marketplace 更新应用程序不会影响到独立存储，更新后的应用仍能够正常使用先前创建的独立存储数据。

- 在先前版本的 Windows Phone 7 中对于单个应用的独立存储有 2G 的配额限制，但是 Beta 版之后的文档显示，微软公司已经取消了该限制，也就是说应用程序的独立存储没有配额限制。
- 考虑到移动设备存储资源有限，应尽量避免不必要的存储空间消耗。当剩余空间少于 10%时，用户会得到一个空间不足的状态提醒。

10.2.2 独立设置存储

独立设置存储对外表现为一个键值对集合，可以使用键值对集合的语法来进行操作。其操作较为便捷，常用于存储应用程序设置之类的信息。其中主要涉及 System.IO.IsolatedStorage.IsolatedStorageSettings 类。

如下示例演示独立设置存储的基本操作。示例基本界面如图 10-9 所示，包含两个输入键、值的 TextBox 控件和 4 个操作按钮，以及一个用于显示的 TextBlock，其中 4 个按钮的单击事件均注册为 ChangeSettings。

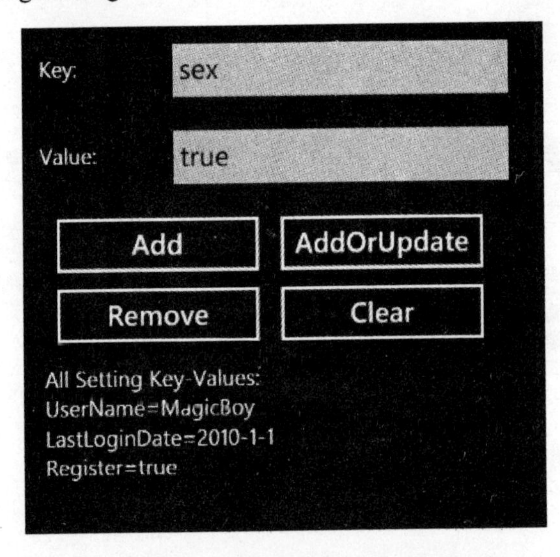

图 10-9 独立设置存储操作示例

1）创建如图 10-9 所示的界面。

2）添加对独立存储 API 所在的命名空间的引用。

```
using System.IO.IsolatedStorage;
```

3）在合适位置创建操作独立设置存储必需的 IsolatedStorageSettings 类的对象。

```
IsolatedStorageSettings setting = IsolatedStorageSettings.ApplicationSettings;
```

4）为 4 个按钮添加 ChangeSettings 事件处理程序。代码如下：

```
C#   Code
private void ChangeSettings(object sender, RoutedEventArgs e)
{
```

```
            string key = txbKey.Text.Trim();
            string    value = txbValue.Text;

            Button clickedButton = sender as Button;
            switch (clickedButton.Name)
            {
                case "btnAdd":
                    setting.Add(key,value);             //添加
                    break;
                case "btnAddOrUpdate":
                    setting[key] = value;               //添加或修改
                    break;
                case "btnRemove":
                    setting.Remove(key);                //移除指定键值对
                    break;
                case "btnClear":
                    setting.Clear();                    //清除独立设置存储
                    break;
            }

            setting.Save();
            ReadAllSettings();
        }

        //显示所有键值对
        protected void ReadAllSettings()
        {
            string message = "All Setting Key-Values:\n";
            foreach( string key in setting.Keys)
            {
                message +=string.Format("{0}={1}\n",key,setting[key].ToString()) ;
            }
            txblAllSettings.Text = message;
        }
```

为求简明，代码中没有加入异常处理，在实际使用中最好对所有独立存储操作应用 try-catch 以捕获可能发生的异常。另外需要说明的是：

- 在所有独立设置存储操作中，若 key 为空串，会抛出 ArgumentNullException 异常。
- 在 Add 方法中，若 key 已存在，则添加失败，会抛出 ArgumentException 异常。
- 在 setting[key]操作中，若 key 不存在，则相当于 Add 操作；若已存在，则覆盖。
- 在 Remove 方法中，若正常删除返回 true；若 key 不存在删除失败，则返回 false。
- Clear 会清除当前应用程序设置的所有独立存储设置。

> 提示：
>
> 此例中所存储的数据为字符串，实际上键值对也可以存储其他的数据类型，包括所有可序列化的对象。这就大大扩宽了独立设置存储的使用范围，一种容易想到的用途就是将一些数据封装为对象保存在独立设置存储中。

10.2.3 独立文件存储

独立文件存储的操作与文件系统类似，可通过相应API进行文件、文件夹操作。其中主要涉及System.IO.IsolatedStorage. IsolatedStorageFile类。一般操作过程如下：

1）获得IsolatedStorageFile对象。

2）直接调用其相应方法进行文件夹或文件的基本操作，或进行文件读写操作。

文件夹及文件基本操作涉及的方法主要有：目录操作（CreateDirectory、DeleteDirectory、MoveDirectory、DirectoryExists、GetDirectoryNames、Remove）和文件操作（CreateFile、DeleteFile、MoveFile、CopyFile、FileExists、GetFileNames、OpenFile、Remove）。

文件读写操作的基本过程如下：

1）用获得的IsolatedStorageFile对象的OpenFile方法创建一个IsolatedStorageFileStream对象（或用IsolatedStorageFileStream的构造方法构造）。

2）针对IsolatedStorageFileStream对象构造StreamReader或StreamWriter对象进行文件读写。

3）不要忘记关闭流读写对象以释放资源。

如下示例演示独立存储中基本的文件读写操作，界面设置如图10-10所示。

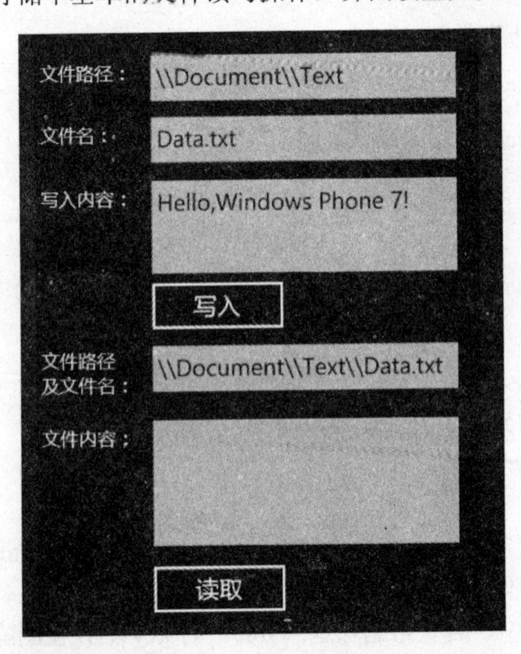

图10-10　独立存储中基本的文件读写操作示例

1）创建如图 10-10 所示的界面，界面中 TextBox 依次命名为 txbFilePath、txbFileName、txbContent、txbFullFilePath、txtReadContent，按钮命名为 btnWrite、btnRead。

2）在 C#代码页面中添加命名空间引用。代码如下：

```
using System.IO.IsolatedStorage;
using System.IO;
```

3）在代码合适位置定义 IsolatedStorageFile 对象。代码如下：

```
IsolatedStorageFile storageFile = IsolatedStorageFile.GetUserStoreForApplication();
```

4）为两个按钮注册单击事件并添加文件操作代码。代码如下：

```
C#  Code
private void btnWrite_Click(object sender, RoutedEventArgs e)
{
    string filePath = txbFilePath.Text.Trim();
    string fileName = txbFileName.Text.Trim();
    string fullFileName = System.IO.Path.Combine(filePath,fileName);
    string content = txbContent.Text;

    if (!storageFile.DirectoryExists(filePath))
    {
        storageFile.CreateDirectory(filePath);
    }

    using (StreamWriter writer = new StreamWriter(storageFile.OpenFile(fullFileName, FileMode.
Append)))
    {
        writer.WriteLine(content);
    }
}

private void btnRead_Click(object sender, RoutedEventArgs e)
{
    string fullFilePath = txbFullFileName.Text.Trim();

    if (!storageFile.FileExists(fullFilePath))
    {
        txbReadContent.Text = "指定文件不存在";
        return;
    }

    using (StreamReader reader = new StreamReader(storageFile.OpenFile(fullFilePath, FileMode.
Open)))
    {
        txbReadContent.Text = reader.ReadToEnd();
```

```
        }
    }
```

从代码中不难看出，在构造了 IsolatedStorageFileStream 对象之后，文件操作的过程就和常规文件系统操作完全相同了。实际上，IsolatedStorageFileStream 类是 FileStream 类的一个子类。

> **提示：**
> 独立文件存储可以以文件形式存储任何数据，包括文本、图像、音视频，甚至代码文件等。那么对于对象，可以采用序列化为 XML 或 JSON 后保存为文本文件的形式进行存储。至于对象的序列化，在 Silverlight 中提供了多种途径，具体操作请参考相关章节的示例代码。

10.3 远程数据访问

独立存储为应用程序提供了一种本地存储方案，而在很多情况下，应用程序还需要通过网络访问远程数据，以实现网络端的数据存取或服务访问。

10.3.1 远程数据访问简介

在 Windows Phone 7 中，Winsock 套接字接口不可用，也就意味着网络访问只能基于 HTTP 协议实现了。

常见的远程数据访问方式包括以下类型。

- SOAP 服务：SOAP 服务指基于 SOAP 协议的 Web 服务，是最常见的一种 Web Service 形式。如.NET 平台的 ASMX Web Service、WCF 服务等，当然，也可以用其他任何服务器端语言创建 SOAP 服务。在底层，SOAP 协议其实也是基于 HTTP 的。
- REST 服务：REST（Representational State Transfer）服务是一种轻量级的 Web 服务构建风格，完全通过 HTTP 协议实现，将网络中的所有事物都视为资源，将资源的增、删、改、查操作映射为 HTTP 的 PUT/DELETE/POST/GET 请求。随着开放 API 的兴起，REST 风格的 Web 服务越来越受到欢迎。目前网络上大量的公开 API 都属于 REST 服务或类 REST 服务，如人人 API、淘宝 API、豆瓣 API 等。
- 常规 Web 页面：静态 HTML 页面或动态 ASPX/ASP/PHP/JSP 等页面。
- 静态文件：在 Web 服务器上提供的文本、文档、图片、音视频文件等。

在 Silverlight 应用程序中，访问这些远程数据的基本方式主要有 3 种：通过客户端代理访问、通过 HttpWebRequest 类访问和通过 WebClient 类访问。需要注意的是，以上 3 种访问方式，在 Silverlight 中都不支持同步调用，只能够异步调用，通过设置回调方法处理返回结果。

远程访问中使用的数据格式，主要包含：普通文本、XML 格式和 JSON（JavaScript 对象表示法）格式。对于需要传输的数据对象，通常要序列化为 XML 或 JSON 进行传输，然

后在另一端还原为对象使用。Silverlight 中提供的数据格式处理方法主要包括以下类型。

- XML 数据处理方法：使用 XmlReader、LINQ to XML、XmlSerializer 进行处理。
- SON 处理方法：使用 DataContractJsonSerializer、LINQ to JSON 进行处理。
- RSS2.0 和 Atom1.0：使用 SyndicationFeed 类，所有的 XML 解析方法均可用。

> **提示：**
>
> 由于 IE 浏览器对 XML 文档的显示更为友好，因此，下文中要查看 XML 文档、显示远程返回的 XML 片段时建议使用 IE 浏览器。

10.3.2 通过客户端代理访问 Web Service

通过 Visual Studio 中的“添加服务引用”工具可以自动生成 SOAP 服务的客户端代理类，应用程序通过客户端代理类可以像操作本地对象一样很方便地访问远程数据。

从 ASP.NET 2.0 开始，通过 Visual Studio 可以在任何 ASP.NET 站点中创建扩展名为.asmx 的 Web 服务；WCF 推出后，可以在 WCF 项目中创建扩展名为.svg 的 Web 服务，其中 ASP.NET Ajax 服务、启用 Silverlight 的服务及普通 SOAP 服务均可用于 Silverlight；用其他服务器语言（如 Java、PHP、Python 等）也可以编写符合 SOAP 协议的 Web 服务。

以上这些形式的 Web 服务均属于 SOAP 服务，也就意味着都可以借助 Visual Studio 自动生成客户端代理。

以下示例将创建一个托管于普通 ASP.NET 站点中的 ASMX Web Service，功能是接收两个浮点数并返回二者的和，然后在 Windows Phone 7 应用中通过生成代理类的方式进行访问。

（1）创建 ASMX 服务

在 Visual Studio（2005 以上版本的 Visual Studio 或 Visual Web Developer Express，注意不是 Visual Studio 2010 Express for Windows Phone）中新建一个名为 ComputerService 的 ASP.NET 站点。在站点下新建一个 Web 服务，取名为 Computer.asmx，修改 App_Code/Computer.cs 代码为如下形式：

```
C#  Code
[WebService(Namespace = "http://tempuri.org/")]
[WebServiceBinding(ConformsTo = WsiProfiles.BasicProfile1_1)]
public class Computer : System.Web.Services.WebService
{
    [WebMethod]
    public double GetSum(double number1,double number2) {
        return number1 + number2;
    }
}
```

此段代码在 Computer 服务中定义了一个求两个浮点数和的 GetSum 方法。

（2）测试服务

在解决方案管理器中右击 Computer.asmx 文件，选择在浏览器中查看，将在浏览器中显示服务说明。单击 GetSum 进入 GetSum 调用页面，如图 10-11a 所示。输入两个浮点数，单击“调用”按钮，返回的 XML 数据如图 10-11b 所示（IE 浏览器效果）。

Computer Web 服务 - Windows Internet Explorer

http://localh...　Bing

Computer Web 服务

Computer

单击此处，获取完整的操作列表。

GetSum

测试

若要使用 HTTP POST 协议对操作进行测试，请单击“调用”按钮。

参数	值
number1:	3.1415926
number2:	1.732

调用

SOAP 1.1

以下是 SOAP 1.2 请求和响应示例。所显示的占位符需替换为实际值。

```
POST /ComputerService/Computer.asmx HTTP/1.1
Host: localhost
Content-Type: text/xml; charset=utf-8
Content-Length: length
```

完成　Internet | 保护模式: 禁用　100%

a)

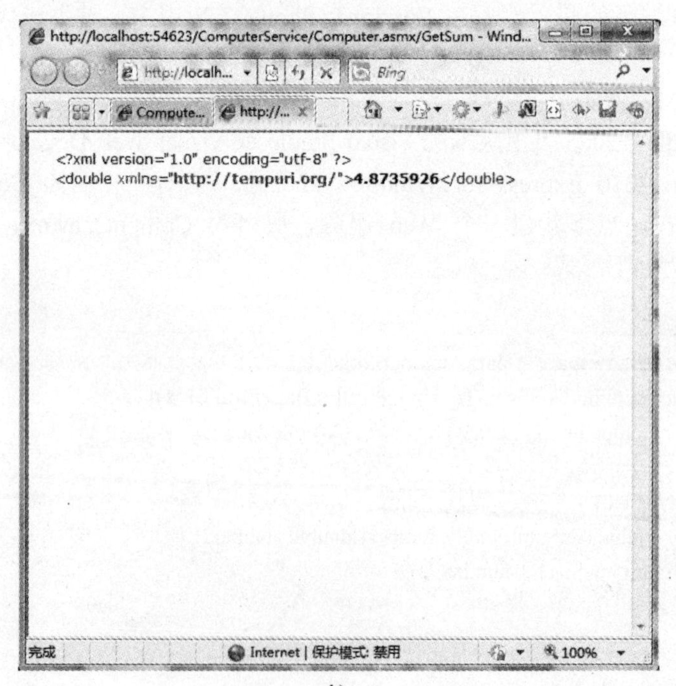

b)

图 10-11　Computer.asmx 服务测试

a) 调用　b) 返回结果

> **注意：**
>
> 此 Web 服务运行在 ASP.NET Developement Server 下，以下进行调用时请保证此服务器正常运行。

（3）生成客户端代理类

在 Visual Studio 2010 Express for Windows Phone 中新建项目，右击项目名称，选择 Add Service Reference，将弹出添加服务引用窗口。如图 10-12 所示，在 Address 栏输入 Computer.asmx 地址，在 NameSpace 文本框中将代理类命名空间指定为 ComputerServiceClient（实际命名空间会加上项目名称）。

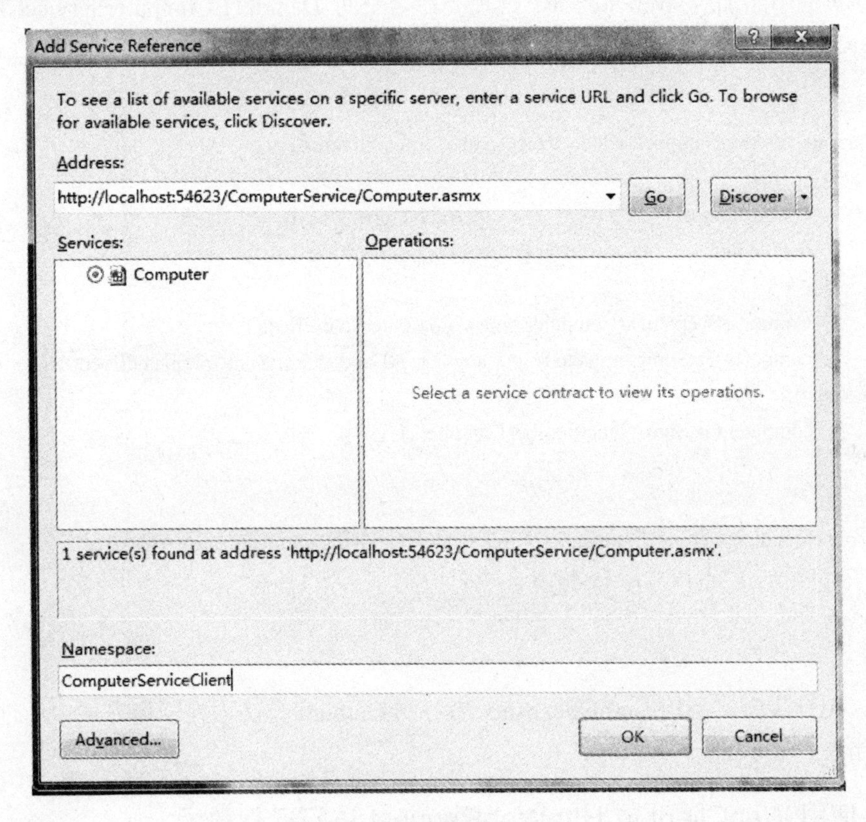

图 10-12　添加服务引用

通过此步骤，"添加服务引用工具"已经自动生成了服务的客户端代理类，其类名为 ComputerSoapClient，所在命名空间为 Demos11.ComputerServiceClient。对应解决方案管理器中多出两个文件 ServiceReferences.ClientConfig 和 Service References/Computer ServiceClient。以后如需修改服务配置，右击 ComputerServiceClient 选择重新配置服务即可。

（4）通过代理调用服务

创建如图 10-13 所示的界面，其中 TextBox 依次命名为 txbNumber1、txbNumber2、txbResult，Button 命名为 btnCompute。

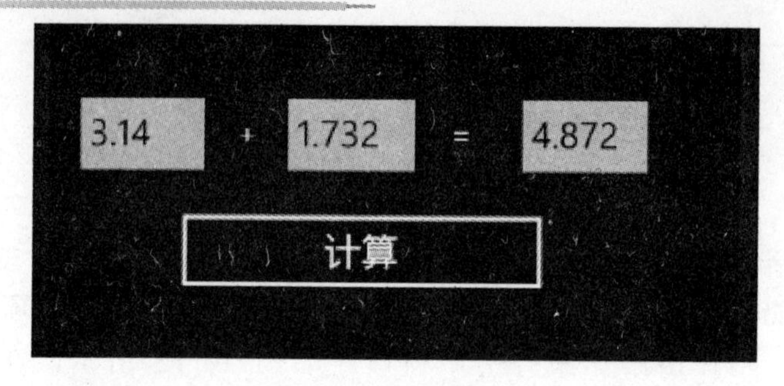

图 10-13　使用 Computer.asmx 服务

在 C#页面中添加对 Web Service 代理类命名空间 Demos11.ComputerServiceClient 的引用，为 btnCompute 注册单击事件并添加如下代码：

```
C#  Code
private void btnCompute_Click(object sender, RoutedEventArgs e)
{
    double number1 = Convert.ToDouble(txbNumber1.Text);
    double number2 = Convert.ToDouble(txbNumber2.Text);

    ComputerSoapClient computer = new ComputerSoapClient();
    computer.GetSumCompleted += new EventHandler<GetSumCompletedEventArgs> (computer_
GetSumCompleted);
    computer.GetSumAsync(number1,number2);
}

void computer_GetSumCompleted(object sender, GetSumCompletedEventArgs e)
{
    txbResult.Text = e.Result.ToString();
}
```

此处，用异步方式调用 Computer.asmx 服务的 GetSum 方法，在回调方法中通过 e.Result 获取返回结果并显示。

10.3.3 使用 WebClient 或 HttpWebRequest 访问远程数据

对于非 SOAP 形式的 Web 服务或其他远程数据，只能通过常规 HTTP 协议访问。在 Silverlight 中可选的方法有通过 WebClient 类或通过 HttpWebRequest 类。

HttpWebRequest 类是 WebRequest 类的一个子类，用于发送 HTTP 请求，请求返回结果用 HttpResponse 类表示；WebClient 是 Silverlight 中另一个可用于发送 HTTP 请求的类，实际上是基于 WebRequest 类实现的，可以将它看做是 HttpWebRequest 的一个高级封装。

大部分的 HTTP 访问二者都可以实现，所不同的是：

- HttpWebRequest 使用基于代理的异步编程模型，WebClient 使用基于事件的异步编程模型。基于事件的编程模型使用起来通常更为便捷。

- HTTP 响应返回时引发的 WebClient 回调是在 UI 线程中调用的，而 HttpWebRequest 回调是在其他线程中调用的。UI 线程中的回调可以直接操作 UI 元素、更新 UI，而其他线程中的回调则必须通过线程调用才能操作 UI。因而 WebClient 更适合需要更新 UI 的场景。
- WebClient 类内置了一系列的事件，可以用来监视数据的上传/下载进度并反馈给应用程序；HttpWebRequest 不具备此功能。
- 相对而言，HttpWebRequest 更为底层，可以实现对 HTTP 请求信息更为灵活的控制；而 HttpWebRequest 对一些高级 HTTP 请求可能无能为力。

对于 SOAP 服务可以通过代理类访问，而其他形式的远程数据如 REST 服务、常规 Web 页面、静态文件，则需要通过本节介绍的两个类来访问。由于其本质都是 HTTP 访问，因此，访问方式基本相同。对于这两个类的常用方法，进行如下简单介绍。

WebClient 类常用方法：

- DownloadStringAsync/UploadStringAsync，以字符串形式下载/上传数据。
- OpenReadAsync/OpenWriteAsync，以流形式下载/上传数据。

其中 DownloadStringAsync 与 OpenReadAsync 方法发起的是 GET 请求；UploadStringAsync 与 OpenWriteAsync 可通过 method 参数指定 HTTP 谓词，默认为 POST。

以上 4 个方法分别对应相应的异步操作完成事件 DownloadStringCompleted、UploadStringCompleted、OpenReadCompleted 和 OpenWriteCompleted。

对于下载/上传操作还可以通过 UploadProgressChanged/DownloadProgressChanged 事件监视进度并反馈给用户。最常见的应用是向用户显示上传、下载进度条。

HttpWebReauest 类常用方法：

- BeginGetRequestStream/EndGetRequestStream，开始/结束对提供请求数据（即要发送到远程的数据）流的异步请求。
- BeginGetResponse/EndGetResponse，开始/结束对远程数据的异步请求。HTTP 谓词由 HttpWebReauest 对象的 method 方法指定，默认为 GET。

> **提示：**
> 由于 SOAP 协议也是基于 HTTP 协议的。因此，所有的 SOAP 服务也可以通过这两个类访问，但是一般不使用此方法。

鉴于目前 REST API 的盛行，下面以豆瓣 API 中“获取用户信息”API 为例演示一下使用 WebClient 和 HttpWebRequest 访问 REST 服务的过程。豆瓣“获取用户信息”API 基本调用形式为：

```
GET http://api.douban.com/people/{userID}。
```

其中 UserID 在调用时替换为实际要获取的用户的豆瓣 ID。关于此 API 的详细信息可参考豆瓣 API 文档，地址为：http://www.douban.com/service/apidoc/reference/user。

1）创建如图 10-14 所示的界面。其中 TextBox 控件 txbUserID 用于输入用户 ID，

txbResult 用于显示返回的用户信息，两个按钮 btnGetByWebClient 和 btnGetByHttpWebRequest 分别使用 WebClient 类和 HttpWebReauest 类发起 HTTP 调用。

图 10-14　调用豆瓣“获取用户信息”API

2）添加命名空间引用。这两个类所在的 System.Net 命名空间已默认引用，此处只需为用到的 StreamReader 额外添加一个 System.IO 命名空间即可。

3）为 btnGetByWebClient 注册单击事件，并在其中添加通过 WebClient 类调用的代码。

```
C#  Code
private void btnGetByWebClient_Click(object sender, RoutedEventArgs e)
{
    Uri restUri = new Uri("http://api.douban.com/people/" + txbUserID.Text.Trim());
    WebClient client = new WebClient();
    client.DownloadStringCompleted += new DownloadStringCompletedEventHandler(client_
DownloadStringCompleted);
    client.DownloadStringAsync(restUri);
}

private void client_DownloadStringCompleted(object sender, DownloadStringCompletedEventArgs e)
{
    txbResult.Text = e.Result;
}
```

基本操作过程为：创建 WebClient 对象→注册回调方→发起异步调用→在回调方法中处理返回结果。可以看到，在回调方法中可以直接操作 txbResult 控件以更新 UI。

4）为 btnGetByHttpWebRequest 注册单击事件，并在其中添加通过 HttpWebReauest 调用

的代码。

```
C#  Code
private void btnGetByHttpWebRequest_Click(object sender, RoutedEventArgs e)
{
    Uri restUri = new Uri("http://api.douban.com/people/" + txbUserID.Text.Trim());
    HttpWebRequest request = (HttpWebRequest)HttpWebRequest.Create(restUri);
    request.BeginGetResponse(new AsyncCallback(ResponseEnd), request);
}

delegate void RespponseInvoke(string text);
private void ResponseEnd(IAsyncResult result)
{
    HttpWebRequest request = result.AsyncState as HttpWebRequest;
    using (HttpWebResponse response = request.EndGetResponse(result) as HttpWebResponse)
    {
        StreamReader reader = new StreamReader(response.GetResponseStream());
        string replay = reader.ReadToEnd();
        Dispatcher.BeginInvoke((RespponseInvoke)DisplayReplay, replay);
    }
}
private void DisplayReplay(string text)
{
    txbResult.Text = text;
}
```

显然，此处代码量要比 WebClient 调用多，同时也繁琐很多。此处需要说明的有两点：

- HttpWebReauest 类的构造函数是隐藏的（被声明为 Protected 权限），因此，无法通过构造函数创建对象，而必须通过从 WebRequest 类继承来的 Create 方法创建。当 URI 的协议为 Http 或 Https 时，Create 方法会创建 HttpWebRequest 类型的对象，但返回值仍表现为 WebRequest 类型，因此，需要进行强制转换后才能使用。
- 由于 HttpWebRequest 回调不在 UI 线程中，因此，要通过 Dispatcher.BeginInvoke()方法发起线程调用以更新 UI。

5）运行程序，输入一个豆瓣用户 ID，单击任一按钮，都可发起 HTTP 调用以获取用户信息并显示在 txbResult 中。此处返回的结果为 XML 格式，如需操作可通过 LINQ to XML 或 XmlReader 进行。

在此例中，由于 API 要求的是 GET 请求，因此，WebClient 及 HttpWebReauest 类发起的都是 GET 请求，请求获取字符串。二者的其他方法可以提供更多的操作以实现更多的功能，如文件上传下载等，但基本操作过程类似，限于篇幅，此处不再赘述。

10.4　应用实例：豆瓣书评

随着 Web2.0 和 SNS 的盛行，国内各大网站也都陆续公开了一些开放 API 给大众。借助这些开放 API，开发者可以从不同的站点获取数据，创建一些整合型的互联网应用。豆瓣网是较早开放API的SNS站点之一，本节借助豆瓣网的RSS Feed开发一个简单的互联网小应用“豆瓣书评”，以示范Windows Phone 7中数据的远程获取、本地存取及数据绑定。

10.4.1 需求分析

1. 功能要求

“豆瓣书评”功能很简单，就是从豆瓣网获取最新书评信息并显示在手机上。但是有以下几点要求：

- 避免每次都从网络获取数据，要进行合理的本地缓存，以减少网络访问次数及网络流量消耗。
- 可以设置是否自动从网络更新数据及本地缓存数据的有效期。
- 用户可以手动更新数据。
- 可以设置显示到界面上的书评条数。

2. 相关知识

豆瓣网开放API主要以REST服务形式提供，本应用中使用的是豆瓣的RSS Feed，广义上讲，也属于一种开放API。

关于豆瓣API服务的详情请参考：http://www.douban.com/service/。

本应用中使用到的是“豆瓣最新书评”RSS Feed，其地址为：http://www.douban.com/feed/review/book。

其返回数据格式为RSS2.0，XML基本格式如下，每个item对应一条书评信息。

```
XML  Code
<?xml version="1.0" encoding="UTF-8"?>
<rss version="2.0" xmlns:content="http://purl.org/rss/1.0/modules/content/" xmlns:dc="http://purl.org/dc/elements/1.1/">
<channel>
    ......
    ......
    <item>
        <title>......</title>
        <link>......</link>
        <description><![CDATA[......]]></description>
        <content:encoded><![CDATA[......]]></content:encoded>
        <dc:creator>......</dc:creator>
        <pubDate>......</pubDate>
        <guid isPermaLink="true">......</guid>
    </item>
    <item>
        <title>......</title>
        <link>......</link>
        <description><![CDATA[......]]></description>
        <content:encoded><![CDATA[......]]></content:encoded>
        <dc:creator>......</dc:creator>
```

```
        <pubDate>......</pubDate>
        <guid isPermaLink="true">......</guid>
    </item>
    ......
    </channel>
</rss>
```

3. 用户界面

用户界面包含两个页面，一个为书评显示页面，另一个为应用程序设置页面，如图 10-15 所示。

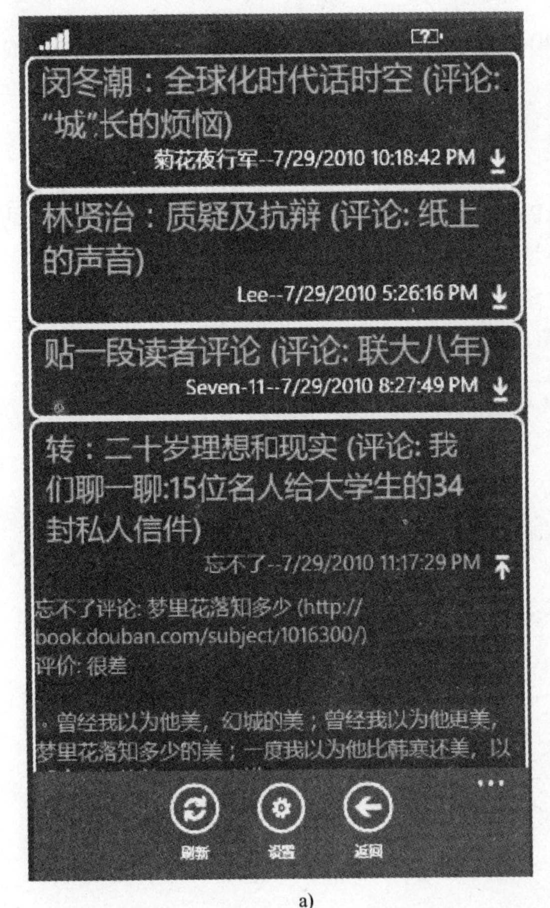

a)

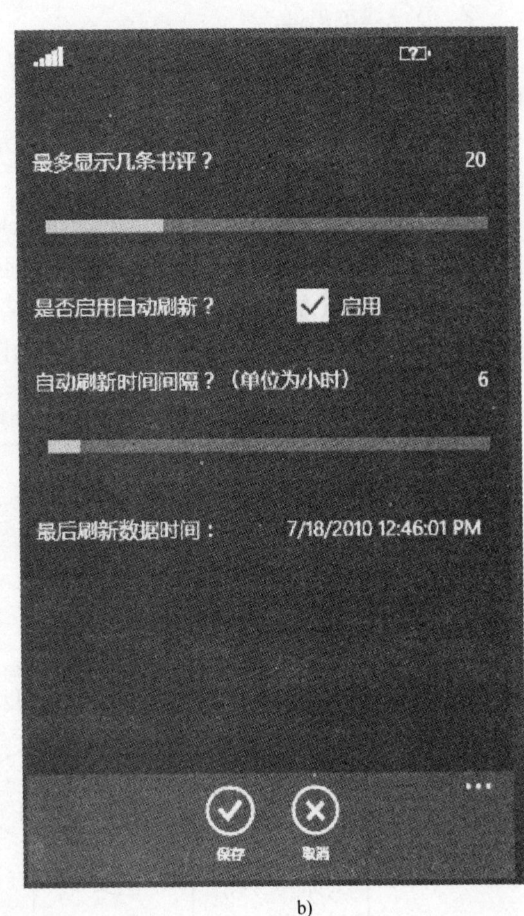

b)

图 10-15 “豆瓣书评”用户界面

a) 书评显示页面　b) 应用程序设置页面

- 书评列表页以列表形式列出最新书评信息标题及发表者、发表时间，单击条目右下角小图标可展开或收起书评详情。
- 设置页包含最多显示书评条数、是否自动从网络更新数据及数据有效期的设置，另外显示最后一次的数据更新时间。
- 通过 ApplicationBar 显示操作菜单。

10.4.2 设计思路

1. 存储设计

要进行本地缓存，容易想到的方案就是将数据保存在独立存储空间中，大部分情况下从独立存储中载入数据，只在必要时从网络获取数据，同时更新本地缓存。

本例中将书评数据以 XML 文件形式保存在独立文件存储空间中，路径为：\DataCache\BookReviews.xml。

至于设置选项，很显然应该保存在独立设置存储中。本例中将所有设置项封装为一个 Settings 对象保存在独立设置存储中。

2. 书评显示页面

书评列表页面直接以一个 ListBox 作为根元素显示书评列表，通过数据绑定提供数据源，通过编辑模板定义显示样式及布局。

列表项目以一个纵向 StackPanel 作为根元素，自上而下依次显示书评标题、发布者和发布时间、书评详情、链接地址。

其中书评详情和链接地址用另一个 StackPanel 封装起来，通过单击小图标控制其可见性，从而决定当前列表项视图（是显示概览还是显示详情）。

在书评显示页面的载入事件中，调用检查逻辑确定该从本地还是网络载入数据，并从相应途径载入数据绑定到 ListBox。基本过程如图 10-16 所示。

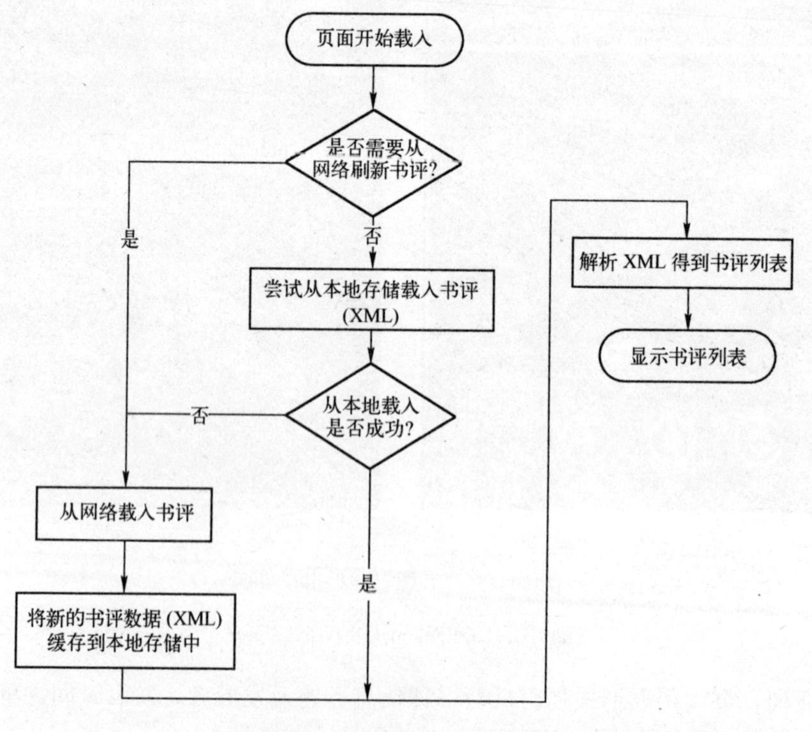

图 10-16 书评列表页面载入流程

3. 设置页面

设置页面借助两个 Slider 控件很方便地提供书评显示条数和数据有效期的设置，通过一

个 CheckBox 提供是否启用自动刷新的设置。

设置选项封装在一个 Settings 类中，此处通过一个双向数据绑定，很方便地实现设置信息的存取。

4. 类结构设计

应用程序的核心类结构如图 10-17 所示。主要包含 BookReview、BookReviews、Settings 3 个类。其中 BookReview 定义书评信息的基础数据结构；Settings 类定义应用程序设置的基础数据结构并封装了其基本操作；BookReviews 代表当前运行的“豆瓣书评”应用程序，封装了一个书评信息列表、一个应用程序设置对象，并封装了大部分的书评数据操作方法，是该应用的核心类。

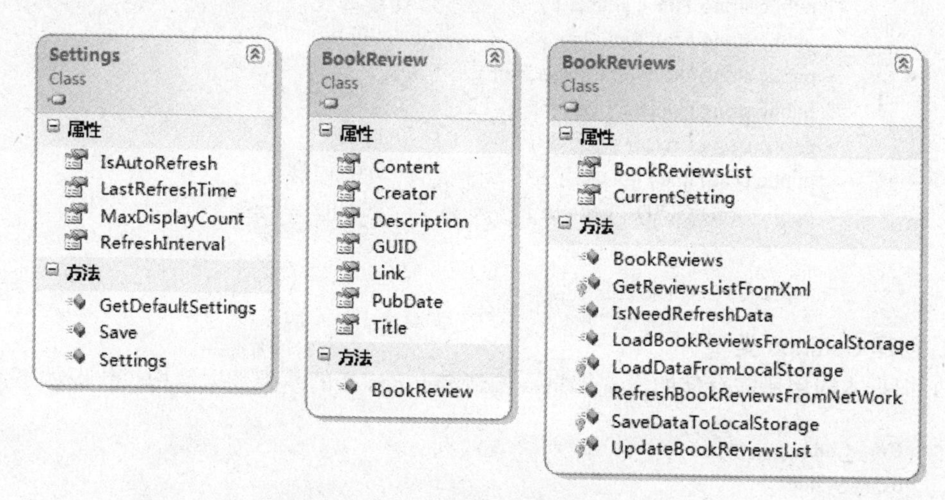

图 10-17 “豆瓣书评”核心类结构

10.4.3 开发过程

1. 准备工作

1）创建项目 DouBanBookReview。

2）在项目中创建图片文件夹 Images，并添加所需的图片。

3）选中所有图片并修改其属性如图 10-18 所示。

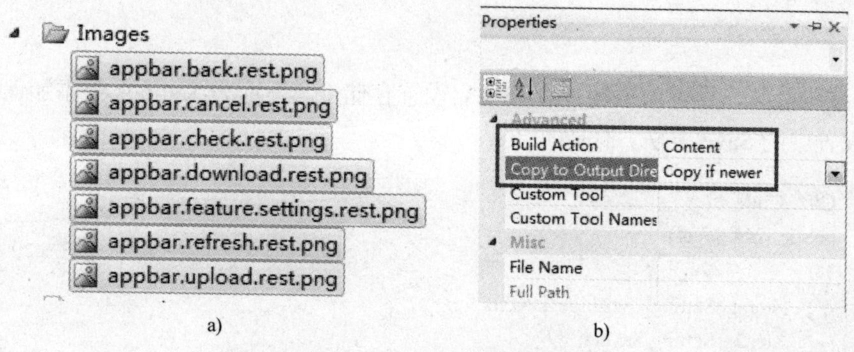

图 10-18 选中所有图片并修改属性

a) 选中所有图片 b) 修改其属性

2. 创建 BookReview 类

对照“豆瓣书评”应用程序返回的 XML 数据格式，创建如下的 BookReview 类作为书评的基础数据结构类。

```
C#  Code
using System;
namespace DouBanBookReview
{
    public class BookReview
    {
        public string Title { get;set;}                //标题
        public string Link {get;set;}                  //链接
        public string Description { get; set; }        //摘要
        public string Content { get; set; }            //内容
        public string Creator { get; set; }            //创建者
        public DateTime PubDate { get; set; }          //发布日期
        public string GUID { get; set; }               //GUID
    }
}
```

3. 创建 Settings 类

1）根据本应用所需存储的设置信息，构造 Settings 类的基础数据结构。代码如下：

```
C#  Code
using System;
using System.IO.IsolatedStorage;
namespace DouBanBookReview
{
    public class Settings
    {
        public int MaxDisplayCount{ get;set;}          //最多显示的书评条数
        public bool IsAutoRefresh { get;set;}          //是否自动从豆瓣网刷新书评数据
        public int RefreshInterval { get;set;}         //自动刷新数据的时间间隔
        public DateTime LastRefreshTime { get; set; }  //上次刷新数据时间
    }
}
```

2）按照设计，设置信息要保存在独立设置存储中。下面为 Settings 类添加保存 this 对象到独立设置中的 Save 方法。代码如下：

```
C#  Code
public void Save()
{
    storageSetting["Settings"] = this;
    storageSetting.Save();
}
```

3）为 Settings 类添加一个静态方法 GetDefaultSettings，用以创建默认 Settings 对象，代码如下所示。其逻辑为：若独立设置存储中已保存有 Settings 对象则读取并返回；若没有则用默认值创建一个新的对象返回，同时保存到独立设置存储中。

```
C#  Code
public static Settings GetDefaultSettings()
{
    if (storageSetting.Contains("Settings"))
    {
        return storageSetting["Settings"] as Settings;
    }
    else
    {
        Settings settings = new Settings
        {
            MaxDisplayCount = 20,
            IsAutoRefresh = true,
            RefreshInterval = 10,
            LastRefreshTime=new DateTime(0)
        };
        storageSetting["Settings"] = settings;
        storageSetting.Save();
        return settings;
    }
}
```

4. 创建 BookReviews 类

这是本应用程序的核心类，应用程序的大部分逻辑都在该类中实现。

1）创建该类的基本成员，包含一个 BookReview 列表和一个 Settings 对象。代码如下：

```
C#  Code
using System;
using System.Net;
using System.Collections.ObjectModel;
using System.Collections.Generic;
using System.Xml.Linq;
using System.Linq;
using System.IO.IsolatedStorage;
using System.IO;

namespace DouBanBookReview
{
    public class BookReviews
    {
        public ObservableCollection<BookReview> BookReviewsList { get; set; }  //书评列表
        public Settings CurrentSetting { get; set; }        //当前应用程序设置
```

```
            public BookReviews()
            {
                this.BookReviewsList = new ObservableCollection<BookReview>();
                this.CurrentSetting = Settings.GetDefaultSettings();
            }
        }
    }
```

2）添加两个封装独立文件存储读写操作的方法，分别实现读写字符串到指定 XML 文件的操作。之后此类中的独立存储操作都将借助这两个方法操作。代码如下：

```
C#  Code
protected string LoadDataFromLocalStorage()
{
    string filePath = @"\DataCache\BookReviews.xml";
    IsolatedStorageFile storage = IsolatedStorageFile.GetUserStoreForApplication();
    if (!storage.FileExists(filePath))
    {
        return string.Empty;
    }
    using (StreamReader reader = new StreamReader(storage.OpenFile(filePath, FileMode.Open)))
    {
        return reader.ReadToEnd();
    }
}

protected void SaveDataToLocalStorage(string xmlReviews)
{
    string filePath = @"\DataCache\BookReviews.xml";
    IsolatedStorageFile storage = IsolatedStorageFile.GetUserStoreForApplication();
    if (!storage.DirectoryExists(@"\DataCache"))
    {
        storage.CreateDirectory(@"\DataCache");
    }
    using (StreamWriter writer = new StreamWriter(storage.OpenFile(filePath,FileMode.Create)))
    {
        writer.Write(xmlReviews);
        this.CurrentSetting.LastRefreshTime = DateTime.Now;
        this.CurrentSetting.Save();
    }
}
```

注意：

作为示例代码，为求简明，此处略去了异常检查及处理工作。在实战中建议对独立存储读写操作添加异常逻辑，以应对可能发生的异常。以下 XML 解析和网络访问部分类同。

3）添加用以解析包含书评信息的 XML 字符串的方法。此处利用 LINQ to XML 方法进行解析，返回解析得到的 BookReview 对象集合。代码如下：

```
C#  Code
protected ObservableCollection<BookReview> GetReviewsListFromXml(string xmlReviews)
{
    ObservableCollection<BookReview> reviews = new ObservableCollection<BookReview>();

    XNamespace content = "http://purl.org/rss/1.0/modules/content/";
    XNamespace dc = "http://purl.org/dc/elements/1.1/";
    XElement rootElement = XElement.Parse(xmlReviews);
    IEnumerable<XElement> itemElements = from items in rootElement.Element ("channel").
Elements("item") select items;
    foreach (XElement item in itemElements)
    {
        BookReview review = new BookReview();
        review.Title = item.Element("title").Value;
        review.Link = item.Element("link").Value;
        review.Description = item.Element("description").Value;
        review.Content = item.Element(content + "encoded").Value;
        review.Creator = item.Element(dc + "creator").Value;
        review.PubDate = Convert.ToDateTime(item.Element("pubDate").Value);
        review.GUID = item.Element("guid").Value;
        reviews.Add(review);
        if (reviews.Count == this.CurrentSetting.MaxDisplayCount)
        {
            break;
        }
    }
    return reviews;
}
```

提示：

除了用 LINQ to XML 方式之外，还有以下几种常用的解析方法，读者不妨自行尝试一下。

- 使用 XmlReader 进行解析。
- 使用 XmlSerializer 反序列化。
- 由于此处数据为 RSS2.0 格式，因而借助 System.ServiceModel.Syndication 命名空间下的 SyndicationFeed 类是一种更为便捷的方法。但是该命名空间所在的 System.ServiceModel.Syndication.dll 文件在 Windows Phone 7 版本的 SL 中并不包含，因此,需要自己添加引用，其默认路径为 C:\Program Files\Microsoft SDKs\Silverlight\v3.0\Libraries\Client\。

4）添加 LoadBookReviewsFromLocalStorage 方法，用以从本地载入书评列表。若从本地载入成功，则调用 UpdateBookReviewsList 方法更新当前 BookReviews 对象的 BookReviewsList。若 BookReviewsList 以 OneWay/TwoWay 方式绑定有 UI 对象，则其更新也将引发 UI 更新。代码如下：

```
C#  Code
public bool LoadBookReviewsFromLocalStorage()
{
        string xmlReviews = LoadDataFromLocalStorage();
        if (xmlReviews == string.Empty)
        {
                return false;
        }
        UpdateBookReviewsList( GetReviewsListFromXml(xmlReviews) );
        return true;
}
protected void UpdateBookReviewsList(ObservableCollection<BookReview> reviews)
{
        this.BookReviewsList.Clear();
        foreach (BookReview review in reviews)
        {
                this.BookReviewsList.Add(review);
        }
}
```

5）添加 RefreshBookReviewsFromNetWork 方法，用以访问网络以刷新书评数据。网络异步返回数据后，将调用 UpdateBookReviewsList 方法解析 XML 数据并更新 BookReviews 对象的 BookReviewsList，同时将 XML 数据保存到本地独立存储中以刷新本地缓存。代码如下：

```
C#  Code
public void RefreshBookReviewsFromNetWork()
{
        Uri feedUri = new Uri("http://www.douban.com/feed/review/book");
        WebClient client = new WebClient();
        client.DownloadStringCompleted += new DownloadStringCompletedEventHandler(client_
DownloadStringCompleted);
        client.DownloadStringAsync(feedUri);
}
void client_DownloadStringCompleted(object sender, DownloadStringCompletedEventArgs e)
{
        string xmlResult = e.Result;
        UpdateBookReviewsList(GetReviewsListFromXml(xmlResult));
        SaveDataToLocalStorage(xmlResult);
}
```

6）添加 IsNeedRefreshData 方法，用以判断是否需要从网络刷新数据，判断条件为自动刷新开启且本地数据已过期。代码如下：

```
C#  Code
public bool IsNeedRefreshData()
{
    bool isDataExpire = (DateTime.Now - CurrentSetting.LastRefreshTime).Hours >= CurrentSetting.
RefreshInterval;
    return CurrentSetting.IsAutoRefresh && isDataExpire;
}
```

至此，本应用程序的核心功能类完成。

5. 制作书评信息列表页

本应用中直接以 MainPage.xaml 页面作为书评信息列表页。

1）清除 MainPage.xaml 页面中自动生成的 Grid 控件 LayoutRoot，添加 ListBox 控件 lbReviews。为 lbReviews 编辑数据模板，设置数据绑定。代码如下：

```
XAML  Code
<ListBox Name="lbReviews" ItemsSource="{Binding}">
    <ListBox.ItemTemplate>
        <DataTemplate>
            <Border Width="480" BorderThickness="3" CornerRadius="10" BorderBrush=
"{StaticResource PhoneBorderBrush}">
                <StackPanel>
                    <TextBlock Text="{Binding Title}" TextWrapping="Wrap" FontSize=
"30" Style="{StaticResource PhoneTextAccentStyle}" />
                    <StackPanel Orientation="Horizontal" HorizontalAlignment="Right"
VerticalAlignment="Bottom">
                        <TextBlock Text="{Binding Creator}"  />
                        <TextBlock Text="--"/>
                        <TextBlock Text="{Binding PubDate}"  />
                        <Image Name="imgViewOrHidenDetails" Source="/Images/appbar.
download.rest.png" MouseLeftButtonDown="imgViewOrHidenDetails_MouseLeftButtonDown" Width="40"
Height="40" />
                    </StackPanel>
                    <StackPanel x:Name="spDetails" Visibility="Collapsed"  >
                        <TextBlock Text="{Binding Description}"  TextWrapping="Wrap" />
                        <TextBlock Text="{Binding Link}"  />
                    </StackPanel>
                </StackPanel>
            </Border>
        </DataTemplate>
    </ListBox.ItemTemplate>
</ListBox>
```

2）在该 Listbox 控件下方添加定义 ApplicationBar 的 XAML 代码。添加 3 个按钮，分别为刷新、设置、返回。代码如下：

```
XAML  Code
<phone:PhoneApplicationPage.ApplicationBar>
    <shell:ApplicationBar IsVisible="True" IsMenuEnabled="True" >
        <shell:ApplicationBarIconButton x:Name="appbar_btnRefresh" IconUri="/Images/appbar.refresh.rest.png" Text="刷新" Click="appbar_btnRefresh_Click"></shell:ApplicationBarIconButton>
        <shell:ApplicationBarIconButton x:Name="appbar_btnSetting" IconUri="/Images/appbar.feature.settings.rest.png" Text="设置" Click="appbar_btnSetting_Click"> </shell:ApplicationBarIconButton>
        <shell:ApplicationBarIconButton x:Name="appbar_btnExit" IconUri="/Images/appbar.back.rest.png" Text="返回" Click="appbar_btnExit_Click"> </shell:ApplicationBarIconButton>
    </shell:ApplicationBar>
</phone:PhoneApplicationPage.ApplicationBar>
```

3）编辑 MainPage.xaml.cs 文件，在 MainPage 类中定义一个 BookReviews 对象，并为上一步中定义的 ApplicationBar 中的 3 个按钮完成事件处理程序。代码如下：

```
using System;
using System.Windows;
using System.Windows.Controls;
using System.Windows.Input;
using Microsoft.Phone.Controls;
using System.Windows.Media.Imaging;

namespace DouBanBookReview
{
    public partial class MainPage : PhoneApplicationPage
    {
        private BookReviews bookReviewsApp;

        public MainPage()
        {
            InitializeComponent();
        }
        private void appbar_btnRefresh_Click(object sender, EventArgs e)
        {
            bookReviewsApp.RefreshBookReviewsFromNetWork();
        }

        private void appbar_btnSetting_Click(object sender, EventArgs e)
        {
            NavigationService.Navigate(new Uri("/SettingPage.xaml",UriKind.RelativeOrAbsolute));
        }

        private void appbar_btnExit_Click(object sender, EventArgs e)
        {
            NavigationService .GoBack();
```

```
            }
        }
    }
```

4）在 XAML 页面中为 MainPage 注册页面载入事件 PhoneApplicationPage_Loaded，并在 C#页面中为其完成事件处理程序。其中完成的操作如下：

- 初始化 bookReviewsApp 对象。
- 判断如果需要从网络刷新数据或者从本地载入数据失败，则将访问网络以获取数据。
- 为 lbReviews 设置数据上下文。

```
C#  Code
private void PhoneApplicationPage_Loaded(object sender, RoutedEventArgs e)
{
        bookReviewsApp = new BookReviews();
        if ( bookReviewsApp.IsNeedRefreshData() || !bookReviewsApp.LoadBookReviewsFromLocalStorage())
        {
                bookReviewsApp.RefreshBookReviewsFromNetWork();
        }
        lbReviews.DataContext = bookReviewsApp.BookReviewsList;
}
```

5）为书评信息列表中条目右下角的小图标添加事件处理程序，以控制显示、隐藏书评详情。注意此处在模板中查找元素的方法。代码如下：

```
C#  Code
private void imgViewOrHidenDetails_MouseLeftButtonDown(object sender, MouseButtonEventArgs e)
{
        Image img = (Image)sender;
        StackPanel spRoot = (StackPanel)((StackPanel)(img.Parent)).Parent;
        StackPanel spDetails = (StackPanel)spRoot.FindName("spDetails");
        if (spDetails.Visibility == Visibility.Visible)
        {
                spDetails.Visibility = Visibility.Collapsed;
                img.Source = new BitmapImage(new Uri("/Images/appbar.download.rest.png", UriKind.
Absolute)) ;
        }
        else
        {
                spDetails.Visibility = Visibility.Visible;
                img.Source = new BitmapImage(new Uri("/Images/appbar.upload.rest.png", UriKind.
Relative)) ;
        }
}
```

6. 制作设置页

1）新建 XAML 页面 SettingPage.xaml。

2）创建如图 10-15b 所示的界面，相应 XAML 代码如下：

```
XAML  Code
<Grid x:Name="LayoutRoot" Background="Transparent">
        <TextBlock Text="最多显示几条书评？"  Margin="10,70,200,600"   />
        <TextBlock  Text="{Binding  Value,ElementName=sldMaxDisplayCount}"  Margin="400,70,10,600"
TextAlignment="Right" />
        <Slider   Value="{Binding  MaxDisplayCount,Mode=TwoWay}"  Name="sldMaxDisplayCount"
Margin="10,100,10,0"  Maximum="50"  Minimum="10"  SmallChange="1"  Height="96"  VerticalAlignment=
"Top" />
        <TextBlock Text="是否启用自动刷新？" Margin="10,220,240,450"   />
        <CheckBox     IsChecked="{Binding   IsAutoRefresh,Mode=TwoWay}"    Content=" 启 用 "
Margin="250,170,100,400"/>
        <TextBlock Text="自动刷新时间间隔？（单位为小时）" Margin="10,300,150,370"   />
        <TextBlock  Text="{Binding  Value,  ElementName=sldRefreshInterval}"  Margin=  "350,300,10,370"
TextAlignment="Right" />
        <Slider Value="{Binding RefreshInterval,Mode=TwoWay}" SmallChange="1" Margin="10,340,10,270"
Name="sldRefreshInterval" Maximum="72" Minimum="1" />
        <TextBlock Text="最后刷新数据时间："   Margin="10,430,280,230"/>
        <TextBlock   Text="{Binding LastRefreshTime}" Margin="200,430,10,230"/>
</Grid>
```

3）创建 ApplicationBar，包含保存、取消两个按钮。代码如下：

```
C#  Code
<phone:PhoneApplicationPage.ApplicationBar>
        <shell:ApplicationBar IsVisible="True" IsMenuEnabled="True" >
                <shell:ApplicationBarIconButton   x:Name="appbar_btnSave"   IconUri="/Images/appbar.
check.rest.png" Text="保存" Click="appbar_btnSave_Click"></shell:ApplicationBarIconButton>
                <shell:ApplicationBarIconButton   x:Name="appbar_btnCancel"   IconUri="/Images/appbar.
cancel. rest.png" Text="取消" Click="appbar_btnCancel_Click"></shell:ApplicationBarIconButton>
        </shell:ApplicationBar>
</phone:PhoneApplicationPage.ApplicationBar>
```

4）在 C#页面中为 UI 中的数据绑定设置数据上下文，为按钮添加相应的处理程序。代码如下：

```
C#  Code
using System;
using Microsoft.Phone.Controls;

namespace DouBanBookReview
{
    public partial class SettingPage : PhoneApplicationPage
    {
```

```
            Settings currentSetting = Settings.GetDefaultSettings();

            public SettingPage()
            {
                InitializeComponent();
                this.LayoutRoot.DataContext = currentSetting;
            }

            private void appbar_btnSave_Click(object sender, EventArgs e)
            {
                currentSetting.Save();
                NavigationService.GoBack();
            }

            private void appbar_btnCancel_Click(object sender, EventArgs e)
            {
                NavigationService.GoBack();
            }
        }
    }
```

7. 测试应用

至此，“豆瓣书评”应用程序基本成型。在网络联通的情况下运行程序，测试基本功能是否符合需求：

- 运行程序后，自动从本地或网络加载最新书评数据，以列表形式显示出来。
- 单击列表中条目右下角的图标，可以展开或收起书评详情。
- 单击“刷新”按钮，将会立即刷新数据。
- 单击“设置”按钮，转到设置页。
- 在设置页可修改设置，修改完毕可单击“保存”按钮保存，或单击“取消”按钮不保存直接返回。
- 修改设置后，应用程序行为应符合新的设置。

本节的“豆瓣书评”应用程序，涉及了 Windows Phone 7 开发中包括独立存储访问、远程数据访问、数据绑定、数据解析在内的大多数据处理操作。还有一些诸如文件上传、WCF 访问、ADO Data Service 访问、JSON 数据解析等常见开发任务没有涉及，但是在搞清原理的前提下，其操作与本章示例中的同类操作大同小异，相信读者朋友能够触类旁通。

> **提示：**
> 该项目在光盘中的位置为 SampleCode/Chapter10/DouBanBookReview。

10.5　本章小结

本章首先介绍了 Silverlight 应用程序中数据的呈现，即数据绑定相关知识。通过

Silverlight 数据绑定引擎，方便地实现基本的数据绑定及复杂对象的数据绑定。

然后介绍了 Windows Phone 7 中的本地存储方案，即 Silverlight 独立存储。通过独立设置存储或独立文件存储存取相应的数据。

紧接着围绕远程数据访问，即网络访问展开讨论。介绍了远程访问数据的基本方式，如通过客户端代理访问 Web Service、WebClient 的使用、HttpWebRequest 的使用等。

最后通过一个实例“豆瓣书评”对本章内容进行了回顾。

通过本章的学习，读者应该掌握 Windows Phone 7 中有关数据处理的基本技巧，能够熟练进行数据相关的应用程序开发。

第11章 网络通信

本章主要介绍 Windows Phone 7 下网络通信的开发、Silverlight 下的各种通信方式以及如何使用 Silverlight 技术实现手机通信等内容。随着无线网络的高速发展，对于 Windows Phone 7 软件开发来说，网络通信功能的地位越来越显得重要，所以熟悉网络通信开发是很重要的一环。

学习重点：

- 了解 Silverlight 下各种通信方式。
- 使用 Silverlight 实现网络通信。
- 了解智能手机目前使用的几种通信方式。

11.1 网络通信概述

自 1876 年贝尔发明电话以来，经过一个多世纪的发展，电话通信服务已走进了寻常百姓家里，成为当今经济发展、人民生活和信息交流中的重要工具。在近二十年里，无线移动通信的发展尤其迅速，无线移动通信产品的更新换代和市场争夺战也越来越激烈。

中国手机通信发展历程大致可以分为 4 个时代：模拟时代、GSM 时代、2.5G 时代和 3G 时代。

（1）模拟时代

中国手机通信的模拟时代大概可以追溯到 1987 年，模拟移动电话系统主要采用模拟和频分多址（FDMA）技术，属于第一代移动通信技术。到 2001 年 6 月 30 日，中国移动通信集团公司完全停止模拟移动电话网客户的业务。

（2）GSM 时代

GSM 全名为全球移动通信系统（Global System for Mobile Communications），俗称“全球通”，是一种起源于欧洲的移动通信技术标准，属于第二代移动通信技术，其含义是让全球各地可以共同使用一个移动电话网络标准，让用户使用一部手机就能实现全球通信。我国于 20 世纪 90 年代初引进并采用此项技术标准。目前，中国移动、中国联通各拥有一个 GSM 网，主要的两大 GSM 系统为 GSM 900 及 GSM1800，由于采用了不同频率，因此，适用的手机也不尽相同。不过目前大多数手机基本是双频手机，可以自由在这两个频段间切换。GSM 系统有几个重要特点：防盗拷能力强、网络容量大、手机号码资源丰富、通话清晰、稳定性强、不易受干扰、信息灵敏、通话死角少、手机耗电量低。

（3）2.5G 时代

CDMA 全名为码分多址分组数据传输技术（Code Division Multiple Access），属于第 2.5 代移动通信技术。目前采用 CDMA 的国家主要有美国、日本、韩国等。CDMA 技术的核心是扩频技术，即将需传送的信号数据，用一个带宽远大于信号带宽的高速伪随机码进行调制，使原数据信号的带宽被扩展，再通过载波调制，然后发送出去。接收端使用完全相同的伪随机码解调接收到的扩展带宽信号，把扩展带宽信号转换成原信息数据的窄带信号，以实现信息互相通信。CDMA 的优点包括话音清晰、不易掉线、发射功率低和保密性强等，由于发射功率只有 GSM 手机发射功率的 1/60，CDMA 受到广泛地使用。更为重要的是，基于宽带技术的 CDMA 通信速度大大增强，促进了移动通信中视频应用的发展。

（4）3G时代

3G 全称为第三代移动通信技术（3rd Generation），目前 3 个主流的 3G 标准为 W-CDMA、CDMA2000 和 TD-SCDMA。W-CDMA 全称为宽频分码多重存取（Wideband CDMA），是由 GSM 网发展出来的 3G 技术规范，W-CDMA 能够在现有的 GSM 网络基础上较方便地过渡到 3G。CDMA2000 是由美国高通北美公司为主导提出的，这套标准是从原来的窄频 CDMA2000 1X 数字标准发展出来的，所以可以直接从原有的 CDMA2000 1X 系统升级到 CDMA2000 3X（3G）系统，建设成本低廉。TD-SCDMA 全称为时分同步码分多址（Time Division-Synchronous CDMA），该标准是由我国大唐电信公司提出的 3G 标准。该标准将智能无线、同步 CDMA 和软件无线电（SDR）等当今国际领先技术融于其中。TD-SCDMA 由于采用时分双工，上行和下行信道特性基本一致，因此，基站根据接收信号估计上行和下行信道特性比较容易。此外，TD-SCDMA 使用智能天线技术有先天的优势，而智能天线技术的使用又引入了 SDMA 的优点，可以减少用户间干扰，从而提高频谱利用率。

目前，通信运营商和终端产品制造商倡导的 3G 通信是指将无线通信与国际互联网等多媒体通信结合的新一代移动通信系统。利用先进的空中接口技术、核心包分组技术，再加上对频谱的高效利用，提供网页浏览、电话会议、电子商务、实时视频、高速多媒体和移动 Internet 访问等业务。

11.2 System.Net 通信方式

下面开始学习 Windows Phone 7 的通信方法。Silverlight 提供了两种发送 HTTP 请求的方法：WebClient 和 HttpWebRequest。在 Silverlight 客户端应用程序中选择哪种方法从基于 HTTP 的 Web 服务检索数据时，通过以下比较可以看出 WebClient 为更简单的。

- Silverlight 客户端中的方法调用必须是异步调用，但 HttpWebRequest 使用基于代理的异步编程模型，而 WebClient 使用基于事件的异步编程模型。基于事件的模型更容易使用，并且需要的代码行通常较少。
- HttpWebRequest 支持 HTTP 协议的较大子集，这使其更适合一些高级方案，因为它提供对服务请求的更强控制。
- 在 HTTP 响应返回时，引发的 WebClient 回调是在用户界面（UI）线程中调用的，因此可用于更新 UI 元素的属性。例如，它可用于显示 HTTP 响应中的数据。比较而言，HttpWebRequest 回调不是在 UI 线程上返回的，因此在该回调中需要额外代码处理 UI。这使得 WebClient 更适合于需要更新 UI 的应用程序。

11.2.1　WebClient 类

1. WebClient 类概述

WebClient 类是微软公司在.NET 框架下提供的用于将数据发送到由 URI 标识的资源及从这样的资源接收数据的公共方法。通过该类，开发者可以在脱离浏览器的情况下，模拟浏览器访问互联网上的资源，与服务进行交互工作。该类使人们在通信开发中更加简单方便，然而它也有不足的地方，那就是不支持 cookies/session 。

WebClient 类为 Silverlight 插件提供了一整套的 HTTP 客户端功能，可以下载应用程序数据，比如 XAML 内容、附加的程序集或者视频图片等媒体文件。WebClient 可以根据程序需要即时下载内容，可以异步呈现和使用下载的内容，而不是随 HTML 页面一起下载。

WebClient 类提供了发起请求、监视请求的进度以及检索下载内容、上传数据到指定资源等功能。在 Silverlight 2.0 中，只能使用 WebClient 发起异步的请求，如：开发一个视频播放应用程序，在应用程序加载时，开始请求影片，使其加载到浏览器缓存中，这样可以避免缓冲延迟。

由于 WebClient 请求都是异步的，使用的是基于异步事件编程模型，大部分交互操作都是依靠事件处理来完成的，通常需要定义如下一个或者多个事件处理函数。

- DownloadProgressChanged。
- DownloadStringCompleted。
- OpenReadCompleted。
- OpenWriteCompleted。
- UploadProgressChanged。
- UploadStringCompleted。
- WriteStreamClosed。

2. WebClient 类方法

（1）从资源下载数据方法

DownloadStringAsync：在不阻止调用线程的情况下，以字符串的形式下载指定的 URI 的资源。

OpenReadAsync：在不阻止调用线程的情况下，以流的形式异步下载指定的 URI 的资源。

（2）把数据上传到资源方法

UploadStringAsync：在不阻止调用线程的情况下，以字符串的形式上传数据到指定的 URI。所使用的 HTTP 方法默认为 POST。

OpenWriteAsync：在不阻止调用线程的情况下，打开流，以指定的方法向指定的 URI 写入数据。

3. WebClient 类的两种工作方式

下面通过例子说明 WebClient 类的两种工作方式。新建一个 Windows Phone 7 的 Silverlight 工程，修改程序标题，然后添加一个 Button 控件和一个 TextBox 控件，TextBox 控件命名为 textBox1，界面布局如图 11-1 所示。

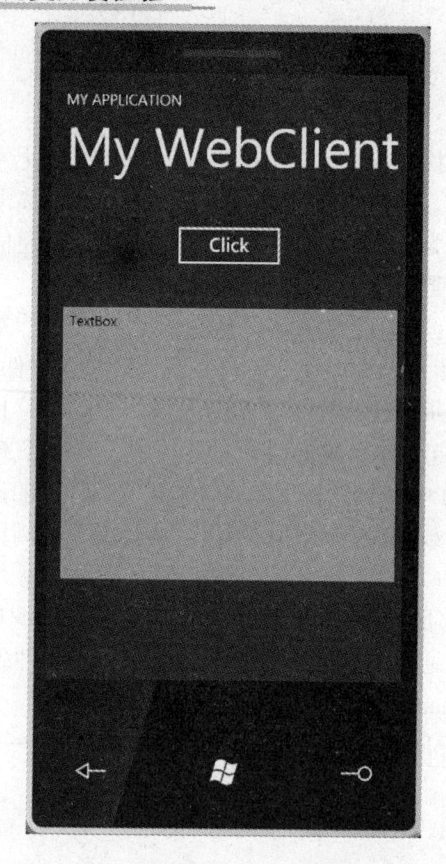

图 11-1 界面布局

（1）以字符串的形式从资源下载数据和上传数据到资源

双击 Button 控件，进入响应事件函数。添加以下代码：

```
    private void button1_Click(object sender, RoutedEventArgs e)
    {
        WebClient wcDownloadString = new WebClient();
        wcDownloadString.DownloadStringCompleted += new DownloadStringCompletedEventHandler
(wcDownloadString_DownloadStringCompleted);
        wcDownloadString.DownloadStringAsync(new Uri("http://maps.google.com/maps/geo?q=22.53620,
113.939530&hl=en&output=csv&key=ABQIAAAAw4ditxdLFckdHMvVje3P8BRmMQGs555DZ6pkmRGL8fCw6
OvS-xRri9eZbvljHJnfctXPpGHu4Mj_OA"));
    }

    void wcDownloadString_DownloadStringCompleted(object sender, DownloadStringCompletedEventArgs e)
    {
        textBox1.Text = e.Result;
    }
```

分析上面的代码：

- 第 3 行表示新建一个 WebClient 对象。
- 第 4 行表示下载数据完毕后（包括取消操作及有错误发生）所触发的事件。

- 第 5 行表示以字符串的形式下载指定的 URI 资源。
- 第 7 行表示下载完数据后触发事件的定义。
- 第 9 行表示把下载完毕后的数据在 TextBox 控件中显示出来。

运行效果：

启动调试后，单击 Click 按钮，看到 TextBox 控件显示下载的字符串，效果如图 11-2 所示。

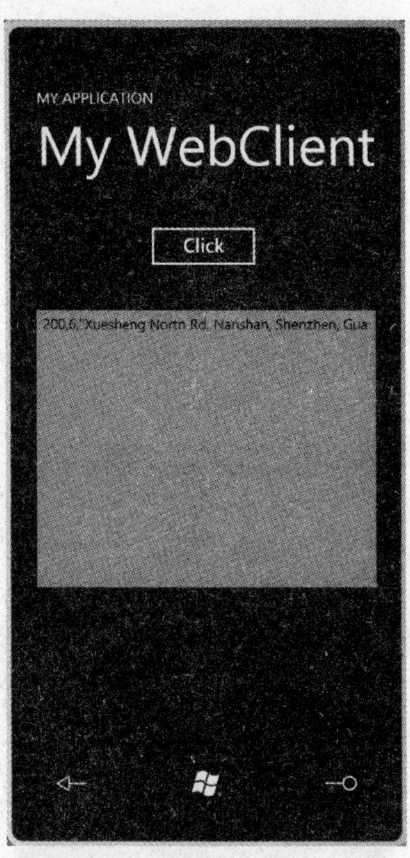

图 11-2 下载字符串效果

（2）以字符串的形式上传数据到指定资源

同样，也可以使用 WebClient 以字符串的形式上传数据到指定资源。上传是调用 UploadStringAsync 方法，当上传数据完成后同样会触发 DownloadStringCompleted 事件，整个流程与下载相似。

（3）以流的形式从资源下载数据和上传数据到资源

把原来的 TextBox 控件删除，添加一个 Image 控件，并命名为 image1，按钮的响应事件函数改成以下代码：

```
private void button1_Click(object sender, RoutedEventArgs e)
{
    WebClient wcDownloadSteam = new WebClient();
    if (wcDownloadSteam.IsBusy)
```

```
                wcDownloadSteam.CancelAsync();
            wcDownloadSteam.OpenReadCompleted += new OpenReadCompletedEventHandler
(wcDownloadSteam_OpenReadCompleted);
            wcDownloadSteam.OpenReadAsync(new Uri("http://www.google.com.hk/intl/zh-CN/images/logo_
cn.png"));
        }
        void wcDownloadSteam_OpenReadCompleted(object sender, OpenReadCompletedEventArgs e)
        {
            System.Windows.Media.Imaging.BitmapImage ImageSource = new System.Windows. Media.
Imaging.BitmapImage();
            ImageSource.SetSource(e.Result);
            image1.Source = ImageSource;
        }
```

分析以上代码：

- 第 3 行表示新建一个 WebClient 对象。
- 第 4、5 行表示查询指定的 Web 请求是否正在进行中。
- 第 6、7 行表示数据读取完毕后（包括取消操作及当有异常发生时）所触发的事件。
- 第 8、9 行表示以流的形式下载指定的 URI 资源。
- 第 13 行表示新建一个 BitmapImage 类对象 ImageSource。
- 第 14 行表示把下载回来的资源设置到 ImageSource 对象。
- 第 15 行表示 Image 控件绘制 ImageSource 对象。

运行效果：

单击 Click 按钮，模拟器从 Google 服务器上下载 Google 的图标，如图 11-3 所示。

图 11-3　图标下载后效果

（4）以流的形式上传数据到指定资源

同样，也可以使用 WebClient 以流的形式上传数据到指定资源。上传是调用 OpenWriteAsync 方法，当上传数据完成后同样会触发 OpenWriteCompleted 事件，整个流程与下载相似。

4．监视下载和上传状态

当使用 WebClient 类下载或者上传数据时，可以通过使用 DownloadProgressChanged 事件和 UploadProgressChanged 事件获取下载或者上传进度状态，可以获取的状态如下：

- BytesReceived：获取收到的字节数。
- BytesSent：获取已发送的字节数。
- TotalBytesToReceive：获取上传数据中的总字节数。
- TotalBytesToSend：获取要发送的总字节数。
- ProgressPercentage：获取已完成的异步操作的百分比。

下面通过示例演示如何使用 WebClient 类从 Google 服务上下载地图，并加入状态监视。添加一个 Image 控件、一个 ProgressBar 和 3 个 TextBlock 到界面布局的底部。如图 11-4 所示。

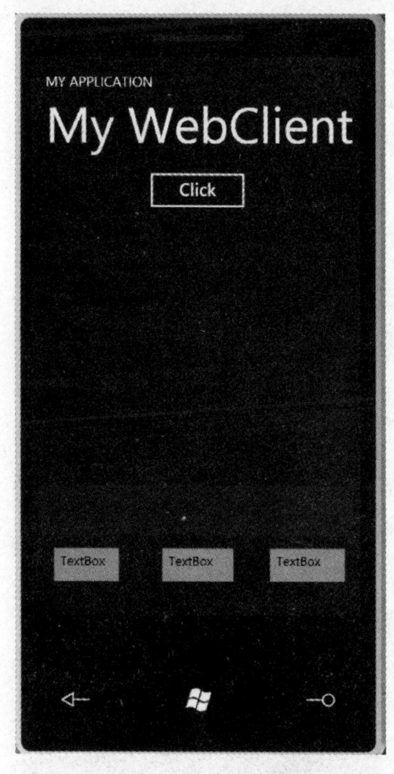

图 11-4　界面布局

修改代码如下：

```
        private void button1_Click(object sender, RoutedEventArgs e)
        {
            //Uri ImageUri = new Uri("http://ditu.google.cn/staticmap?center=22.53620,113.939530&zoom=
14&size=512x512&maptype=mobile");
            Uri ImageUri = new Uri("http://www.google.com.hk/intl/zh-CN/images/logo_cn.png");
```

```
            WebClient MapClient = new WebClient();
            MapClient.OpenReadCompleted +=new OpenReadCompletedEventHandler (MapClient_
OpenReadCompleted);
            MapClient.DownloadProgressChanged+=new  DownloadProgressChangedEventHandler  (MapClient_
DownloadProgressChanged);
            MapClient.OpenReadAsync(ImageUri);
        }

        void MapClient_DownloadProgressChanged(object sender, DownloadProgressChangedEventArgs e)
        {
            progressBar1.Value = e.ProgressPercentage;
            textBox1.Text = e.ProgressPercentage.ToString() + "%";
            textBox2.Text = e.BytesReceived.ToString();
            textBox3.Text = e.TotalBytesToReceive.ToString();
        }

        void MapClient_OpenReadCompleted(object sender, OpenReadCompletedEventArgs e)
        {
            System.Windows.Media.Imaging.BitmapImage  ImageSource  =  new  System.Windows.Media.
Imaging.BitmapImage();
            ImageSource.SetSource(e.Result);
            image1.Source = ImageSource;
        }
```

最终运行效果图如图 11-5 所示。

图 11-5　最终运行效果图

11.2.2 HttpWebRequest 类

1. HttpWebRequest 概述

HttpWebRequest 是 System.Net 基类库中的一个类，用户可以通过该类中的 HTTP 协议实现与服务器的交互，简单地说，HttpWebRequest 就是对 HTTP 协议进行了完整的封装。相对 HttpWebRequest 来说，由于 WebClient 类使用基于事件的异步编程模型，更容易使用；而 HttpWebRequest 类使用基于代理的异步编程模型，支持更加复杂的通信方案。需要注意的是使用 HttpWebRequest 执行请求时，在 HTTP 响应返回时引发的 HttpWebRequest 回调不是在 UI 线程上返回的，因此，要对新的非 UI 线程调用 HttpWebRequest 委托，否则就会产生“跨线程访问无效”错误。HttpWebRequest 类对 WebRequest 中定义的属性和方法提供支持，也对使用户能够直接与使用 HTTP 的服务器交互的附加属性和方法提供支持。

2. 使用 HttpWebRequest 类通信示例

HttpWebRequest 常用的方法如下：

- HttpWebRequest：对指定的 URI 资源发出请求。
- Create：创建一个 HttpWebRequest 对象。
- BeginGetResponse：开始对指定 URI 资源做异步请求。
- EndGetResponse：终止对指定 URI 资源的异步请求。
- HttpWebResponse：对指定的 URI 资源做出响应。
- GetResponseStream：获取响应的数据流。

使用 HttpWebRequest 类实现与服务器的交互，主要分为以下几个步骤：

- 创建一个 HttpWebRequest 对象。通过 HttpWebRequest.Create()方法创建，因为 HttpWebRequest 是一个抽象的类，不能直接通过构造函数来创建。如果统一资源标识符（URI）的方案是 http://或 https://，则 HttpWebRequest.Create()返回的是 HttpWebRequest 对象。
- 可以使用 BeginGetResponse 和 EndGetResponse 方法对资源发出异步请求。
- 在请求的回调函数中，接收到 HttpWebResponse 对象，调用 BeginGetRequestStream 和 EndGetRequestStream 方法提供对发送数据流的异步访问。
- 对请求结果进行处理。因为在 HTTP 响应返回时引发的 HttpWebRequest 回调不是在 UI 线程上返回的，因此，在该回调中不能直接对 UI 元素进行操作。

11.3 调用 Web Service

Windows Phone 7 中调用 Web Service 非常方便。Web Service 可以为智能手机提供强大的联机功能，便于实现更多的现代应用。

11.3.1 Web Service 概述

Web Service 是一个建立可相互操作的分布式应用程序的新平台，或者可以说 Web Service 是一套标准、一个模型。它定义了应用程序如何在 Web 上实现相互操作的协议，它可以在任何支持的网络通信操作系统中实施运行，也就是说，仅需要一套协议就可以创建

Web Service 平台分布式应用程序。通过 Web Service 这套标准，可以在熟悉的平台上，用熟悉的语言开发 Web Service。

Web Service 的特点如下：

- 与平台无关。不管使用什么平台，都可以使用 Web Service。
- 与编程语言无关。只要遵守相关协议，可以使用个人喜欢的语言构建 Web Service。
- 对于 Web Service 提供者来说，部署、维护和升级 Web Service 更加方便快捷。
- 对于 Web Service 使用者来说，通过 Web Service 可以方便快捷地实现多种数据与服务的结合。

在构建和使用 Web Service 时，主要用到以下几项关键的技术：

（1）XML

XML 表示在 Web 中传送的数据的基本格式。相对来说，XML 格式的数据便于 Web Service 的建立和分析。XML 数据的显示和数据本身是区分开的，可以在不改变数据本身内容的前提下，灵活地改变数据的显示格式；它的表示与内容的分离结构十分优秀。XML 另一个优点在于它既与平台无关，又与厂商无关。XML 文档只是纯文本。基本上任何系统都支持文本格式的读写。只要符合 XML 技术的标准规范，就可以在任何平台上读取和处理数据。无关性比技术优越性更重要。

（2）SOAP

SOAP 表示一种用于应用程序之间进行信息交换的通信协议。SOAP 是基于 XML 的，独立于平台和语言的协议。Web Service 构建完毕后，当要调用它时，SOAP 提供了标准的 RPC 方法来调用 Web Service。SOAP 技术有助于实现大量异构程序和平台之间的互操作，从而使存在的应用能够被广泛的用户所访问。SOAP 技术把基于 HTTP 的 Web 技术与 XML 的灵活性和可扩展性组合在了一起，使其更加健壮和灵活易用。

（3）WSDL

WSDL 表示一种 Web Service 描述语言。用其描述当前 Web Service 功能接口和操作方法。因为 WSDL 是基于 XML 的，所以既是机器可阅读的，又是人可阅读的，这是一个很好的特点。

（4）UDDI

UDDI（通用描述、发现与集成服务）表示一种由 WSDL 描述的 Web Service 接口目录，存储有关 Web Service 的信息的目录。它是一种独立于平台的，基于 XML 语言的用于在互联网上描述商务的协议。

11.3.2 Web Service 示例

下面以一个简单的例子来说明如何通过自定义的 Web Service 调用实现数据的交互方法。调用 Web Service 可以大致分为以下 4 个步骤：

- 构建自定义的 Web Service。
- 实现 Web Service。
- 在 Windows Phone 7 项目中添加 Web Service 引用。
- 使用异步方法调用 Web Service。

在该例中，创建一个 Web Service 来查询班级学生的信息。这里需要定义一个 Student 业

务类，实现 Web Service 从数据库中获取学生的信息。具体如何创建，可以参照其他书籍，这里主要演示如何在 Windows Phone 7 下调用 Web Service。

新建一个 Windows Phone 7 Silverlight 工程项目，命名为 MyWebService，右击解决方案中的 References，选择 Add Service References 选项，如图 11-6 所示。

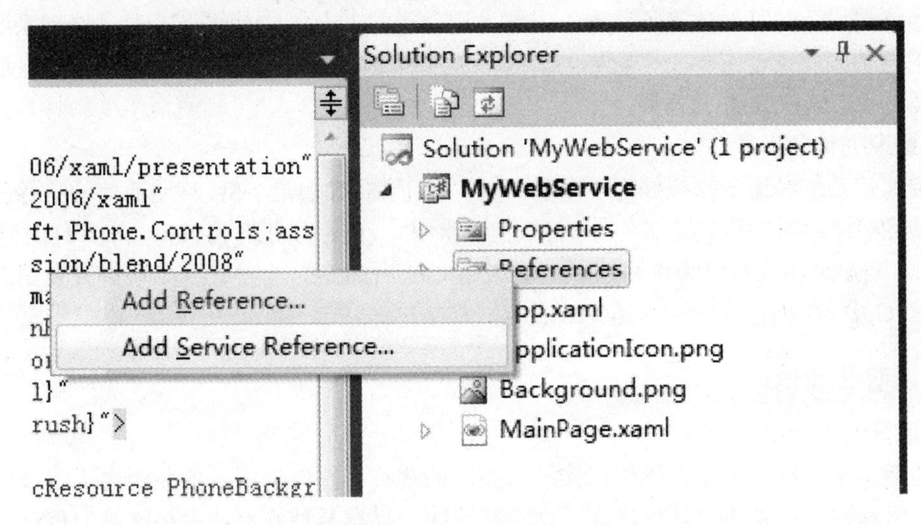

图 11-6　添加一个 Web Service

11.4　各种通信方式

本节主要介绍 Windows Phone 7 下几种常用的通信模式及其使用方法。

11.4.1　蜂窝通信

1. 蜂窝通信概述

蜂窝通信是指移动无线网络的组网结构就像蜂窝一样，即把一个地理区域分成若干个小的区域，然后在每个小区域内部署一个基站，把该区域的终端设备和网络设备通过无线通道连接起来，负责该区域的数据接收发送，实现用户在活动中可以互相通信，形成了形状类似“蜂窝”的结构，因此，这种移动无线通信方式也称为蜂窝通信。

2. 蜂窝通信的组成

蜂窝通信的组成主要有以下 3 个部分：移动终端、基站子系统、网络子系统。移动终端是指网络终端设备，一般指手机或者其他物理设备。基站子系统包括日常见到的无线移动基站、无线收发设备、专用网络、数字转换设备等。简单地说，把基站子系统看作是一个转换器，主要负责无线网络与有线网络之间的数据转换。网络子系统是由移动交换中心、操作维护中心、原地位置寄存器、访问位置寄存器、鉴权中心和设备标志寄存器等组成的，其中移动交换中心是蜂窝通信系统的核心部分，主要功能是对本控制区域内的移动设备进行通信控制与管理，例如，信道管理、呼叫管理等。

3. 蜂窝通信的优点

与传统的通信系统比较，蜂窝通信具有以下优点：

对于移动终端来说，主要突出在移动性、灵活性以及便利性上。当正在通信的终端设备进入相邻的无线小区时，或者当原服务小区由于发生干扰信号或者其他原因造成的信号很弱时，蜂窝通信系统就会自动切换到相邻小区的基站区域。

对于网络运营商来说，主要表现在易于扩容、高收益率、频谱利用率高以及易于重新配置等。当终端设备与基站建立通信时，需要占用信道，在有限的信道下，通过蜂窝系统，可以在不同的小区域内使用同一个频率的信号，大大提高频谱的利用率，同时，某些区域由于发展需要，可以进一步扩大容量。

4. 蜂窝通信的发展

蜂窝通信系统经历了模拟蜂窝、数字蜂窝，现正向 3G 迈进。3G 移动通信的目标是面向高速数据和多媒体应用。终端使用时的传输速率，在室内可达 2Mbit/s，步行时速率为 384kbit/s，高速车辆行走时为 144kbit/s。在发展 3G 的同时，全球已开始研究开发第四代移动通信（4G）。4G 的传输速率可达 10Mbit/s。

11.4.2 蓝牙通信

1. 蓝牙通信概述

蓝牙通信是一种短距离的无线连接技术标准的代称。它以低成本的短距离无线连接为基础，为固定和移动设备通信环境建立一个特殊连接。目标是使家庭或办公区域的移动电话、便携式计算机、打印机、复印机、键盘、耳机及其他手持设备，通过无线的方式，连成一个微微网，实现各类设备之间的无线通信。其最高数据传输速度为 1Mbit/s（有效传输速度为 721kbit/s）、最大传输距离为 100m。

2. 蓝牙通信的组成

蓝牙通信系统结构分为 3 大部分：底层硬件模块、中间协议层和高层应用。底层硬件模块主要由无线跳频、基带和链路管理 3 部分组成。无线跳频层通过无需授权的 ISM 频段 2.402GHz～2.480GHz 实现数据位流的传输。基带主要负责蓝牙组件间连接的建立与管理。除了完成连接的发起、交换、核实以及进行身份鉴权和加密等安全方面的任务外，还通过与底层协商确定基带数据分组大小以及微微网内蓝牙设备的连接状态。

中间协议层是蓝牙通信系统的关键部分，由逻辑链路控制和适应协议层、服务发现协议层、串口仿真协议层和电话通信协议层组成。逻辑链路控制和适应协议层主要负责数据的拆装、基带与高协议间的适配、控制服务质量和复用协议，该层协议是其他各层协议实现的基础。服务发现协议层为高层应用程序提供一种机制来寻找网络中可用的查询设备信息及特征。串口仿真协议层具有仿真 9 针 RS232 串口的功能。电话通信协议层则提供蓝牙设备间话音和数据的呼叫控制指令。

高层应用是指拨号网络、耳机、局域网访问、文件传输等，它们分别对应一种应用协议，各种应用程序可以通过各自对应的应用协议实现无线通信。拨号网络应用可通过仿真串口访问微微网，数据设备也可由此接入传统的局域网。多台计算机之间不需要任何连线，就能快速、灵活地实现数据的传输。

3. 蓝牙通信的优点

蓝牙通信的优点可归纳如下：

- 全球范围适用。蓝牙工作在 2.402GHz～2.480GHz 的 ISM 免费频段，无须向当地国家申请。

- 支持语音和数据的传输，支持异步数据信道、3 路语音信道以及异步数据与同步语音同时传输的信道。
- 具有良好的抗干扰能力。由于蓝牙通信采用了跳频方式来扩频技术，实现设备之间良好的通信效果。
- 低功耗、模块体积小、易于集成。

4. 蓝牙通信系统发展

蓝牙通信能够高效地实现设备之间短距离通信，使人们能随时随地进行数据信息的交换与传输。目前大部分的智能手机都支持蓝牙，它在人们的日常生活和工作中扮演着重要的角色。

11.4.3 WiFi 通信

1. WiFi 通信概述

WiFi 通信简单地说就是一种无线联网的技术。人们以前通过网线连接计算机，而现在通过无线电波来联网；WiFi 通信与蓝牙通信相似，都属于在办公室和家庭中使用的短距离无线技术，是目前流行的一种无线网络通信。WiFi 通信使用的是 2.4GHz 附近的频段。目前可使用的标准有两个，分别是 IEEE 802.11a 和 IEEE 802.11b。WiFi 通信主要应用于家庭、学校或者办公场所。目前市面上大部分智能手机都支持 WiFi 通信。

2. WiFi 通信的组成

WiFi 通信主要由站点、基本服务单元、分配系统以及扩展服务单元组成。站点是 WiFi 通信中最基本的组成部分。基本服务单元是由站点组成的，分配系统主要负责不同的基本服务单元连接，分配系统和基本服务单元的逻辑组合是扩展服务单元。

3. WiFi 通信的优点

WiFi 通信的突出优势为以下几点：

- 覆盖范围广，与蓝牙通信相比，WiFi 通信半径可达 100m。
- 传输速度较快，可以达到 11Mbit/s。
- 灵活性高，无需布线，组建一个 WiFi 网络相对于有线网络来说更快捷。

4. WiFi 通信的发展

WiFi 通信在智能手机上应用越来越广泛，与蓝牙通信相比，WiFi 具有更大的覆盖范围和更高的传输速率，智能手机通过 WiFi 通信，可实现随时随地快速浏览网页，收发电子邮件、音乐下载、数码照片传递等，因此，支持 WiFi 通信的智能手机已经成为目前移动通信业界的时尚潮流。

11.5 本章小结

本章主要介绍智能手机目前使用的几种通信方式以及 Silverlight 下的通信类。

第 12 章　常见开发任务

Windows Phone 7 提供了一个统一的软硬件平台，所有的 Windows Phone 7 手机拥有相同的标准硬件配置，这使得开发者可以通过一些统一的 API 接口来使用这些硬件的功能。本章介绍 Windows Phone 7 开发中一些最常见的开发任务。

学习重点：

- Windows Phone 7 中的基本任务模型。
- 电话、短信、E-mail、照片相关开发任务。
- Windows Phone 7 应用程序生命周期。
- 定位服务的使用。

12.1　电话、短信和 E-mail

本节介绍 Windows Phone 7 下调用电话任务、访问通讯录、发送短信、发送 E-mail 等功能的方法和技巧。

12.1.1　Windows Phone 7 中的基本任务模型

正如前文所述，Windows Phone 7 中的任何应用程序都只能运行在各自的独立沙箱中，也只能直接访问各自对应的独立存储空间。应用程序无法直接访问自己沙箱之外的常规文件数据，包括联系人、照片、音视频文件等，也无法直接发起拨打电话、发送短信或发送 E-mail 之类的常规任务请求。

然而此类任务又是很多移动应用程序所必需的。为了满足此类需求，Windows Phone 7 提供了一套以 Choosers/Launchers 框架为基础的任务模型，通过其暴露的 API 来完成此类任务。通过 Chooosers/Launchers 框架，应用程序可以间接地访问联系人、照片之类的数据，以及实现拨打电话、发送短信之类的功能。对最终用户而言，可以在各个不同的应用程序之间享受到一种相同的、无缝过渡的用户体验。

实质上，一个 Chooser 或 Launcher 就是一个用以启动一个相应系统内置应用程序的 API，对一个 Chooser 或 Launcher 的调用，就是对一个系统内置程序的调用。譬如对于选择电话号码这个 Chooser 的调用，实际上就是调用一个系统内置的选择电话号码的独立应用程序；而对于拨打电话这一 Launcher 的调用，实际上就是调用系统内置的拨打电话这一独立应用程序。

而 Launcher 任务和 Chooser 任务的重要区别在于：Chooser 调用后会向调用它的应用程序返回相应类型的数据，而 Laucher 调用后不会向应用程序返回任何数据，调用者应用程序无法知道用户对于此任务执行了何种响应及任务执行的任何结果。如调用选择电话号码的

Chooser 后，应用程序会得到返回的电话号码；而调用拨打电话的 Launcher 后，应用程序无法知道用户是否允许了此次呼叫，以及此次呼叫是否成功。

需要注意的是，对于 Chooser 任务的调用并不是每一次都会成功返回结果，用户可能选择不执行 Chooser 指定的任务而直接转到其他应用程序，这样调用者应用程序将不会得到返回的结果，在开发中必须考虑这种可能出现的情况。譬如用户可能在选择电话号码的 Chooser 中直接按〈Windows〉键返回，然后紧接着启动其他的应用程序，这样调用选择电话号码 Chooser 的应用程序将不会得到返回数据。

在 Windows Phone 7 的任务模型中，无论是 Chooser 任务还是 Launcher 任务，一旦启动，调用者应用程序将会被暂时中止，因为 Chooser/Launcher 本身会启动一个自身对应的内置应用程序。根据 Windows Phone 7 应用程序执行模型，调用者应用程序在被中止时，系统会对其进行 Tombstoning。当 Chooser/Launcher 任务执行完毕，会重新激活调用者应用程序，并载入 Tombstoning 过程中存储的相应系统信息。但是对于很多应用程序状态、页面状态，并不会自动恢复，开发者应考虑在启动 Chooser/Launcher 任务时保存相应的应用程序、页面状态信息，并在 Chooser/Launcher 任务执行完毕返回应用程序时载入，恢复应用程序及页面到 Chooser/Launcher 启动前的状态。关于此操作的详情，请参考应用程序执行模型相应章节。

在目前版本的 Windows Phone 7 中，提供了如下一些 Choosers/Launchers。

- 6 个 Chooser：PhoneNumberChooserTask（电话号码选择）、E-mailAddressChooserTask（E-mail 地址选择）、PhotoChooserTask（照片选择）、CameraCaptureTask（摄像头捕获）、SavePhoneNumberTask（保存电话号码）、SaveE-mailAddressTask（保存 E-mail 地址）。
- 10 个 Launcher：PhoneCallTask（拨打电话）、SMSComposeTask（发送短信）、E-mailComposeTask（发送 E-mail）、MarketplaceHubTask（Marketplace 中心）、MarketplaceSearchTask（Marketplace 搜索）、MarketplaceReviewTask（Marketplace 评论）、MarketplaceDetailTask（Marketplace 详情）、MediaPlayerLauncher（媒体播放器）、SearchTask（搜索）、WebBrowserTask（浏览器）。

所有这些 Choosers/Launchers 都位于 Microsoft.Phone.Tasks 命名空间下，且有着极其相似的使用方式，将会在后续章节中介绍。

12.1.2 使用 Choosers 访问电话号码或 E-mail 地址

所有的 Chooser 有着一个共同的公共基类 ChooserBase，其使用方式基本相同。基本遵循如下的模式：

- 在 PhoneApplicationPage 类中定义一个 Chooser 类的成员。
- 在 PhoneApplicationPage 的构造函数中对于该 Chooser 进行实例化。
- 在 PhoneApplicationPage 的构造函数中指定该 Chooser 的 Completed 事件的事件处理程序。
- 实现该事件处理程序。在事件处理程序中，可以从 TaskEventArgs 类型的参数中提取返回结果。
- 在需要的位置调用 Chooser 的 Show 方法以启动 Chooser 任务。

本节主要涉及 4 个 Chooser 的使用：PhoneNumberChooserTask、E-mailAddressChooserTask、SavePhoneNumberTask、SaveE-mailAddressTask。以下将通过一个简单的示例说明其基本使用，如图 12-1 所示，选择相应单选按钮，然后单击“启动 Chooser 任务”按钮将调用相应的 Chooser。

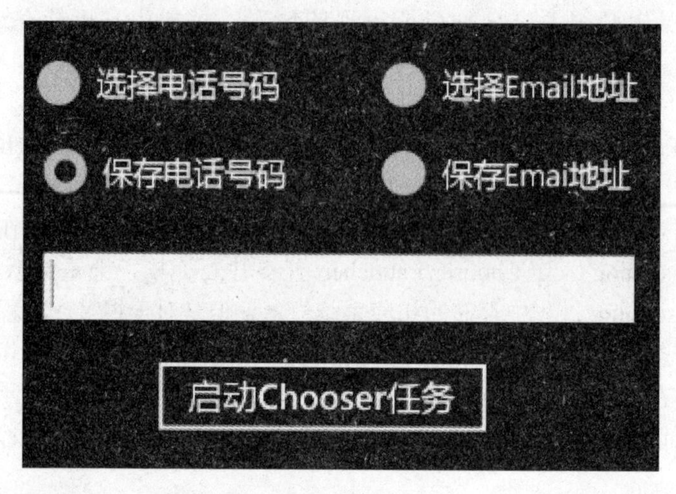

图 12-1　访问电话号码与 E-mail 示例

1）在新建页面 PhoneSmsAndE-mail.xaml 中创建如图 12-1 所示的用户界面。界面上 4 个 RadioButton 分别命名为 rbPhoneNumberChooser、rbE-mailAddressChooser、rbPhoneNumberSaver、rbE-mailAddressSaver，文本框命名为 txbPhoneOrE-mail，按钮命名为 btnInvokeChooser。

2）在 PhoneSmsAndE-mail.xaml.cs 页面中添加命名空间引用。代码如下：

```
using Microsoft.Phone.Tasks;
```

3）在 PhoneSmsAndE-mail 类中，定义相应的 Chooser 对象。代码如下：

```
C#  Code
PhoneNumberChooserTask phoneNumberChooser;
E-mailAddressChooserTask E-mailAddressChooser;
SavePhoneNumberTask phoneNumberSaver;
SaveE-mailAddressTask E-mailAddressSaver;
```

4）在 PhoneSmsAndE-mail 类的构造方法中，实例化每一个 Chooser，并为每一个 Chooser 指定 Completed 事件处理程序。代码如下：

```
C#  Code
public PhoneSmsAndE-mail()
{
    InitializeComponent();

    phoneNumberChooser = new PhoneNumberChooserTask();
    E-mailAddressChooser = new E-mailAddressChooserTask();
    phoneNumberSaver = new SavePhoneNumberTask();
```

```
            E-mailAddressSaver = new SaveE-mailAddressTask();

            phoneNumberChooser.Completed += new EventHandler<PhoneNumberResult>
(phoneNumberChooser_Completed);
            E-mailAddressChooser.Completed += new EventHandler<E-mailResult>
(E-mailAddressChooser_Completed);
            phoneNumberSaver.Completed += new EventHandler<TaskEventArgs>
(phoneNumberSaver_Completed);
            E-mailAddressSaver.Completed  +=  new  EventHandler<TaskEventArgs>(E-mailAddressSaver_
Completed);
        }
```

> **提示：**
>
> 通过 Visual Studio 操作技巧可以减少一些代码输入量。在输入每一个“+=”后，连续按两次〈Tab〉键即可自动生成事件处理程序的基本代码框架。

5）实现每一个事件处理程序。代码如下：

```
C#  Code
void E-mailAddressSaver_Completed(object sender, TaskEventArgs e)
{
    if (e.TaskResult == TaskResult.OK)
    {
        MessageBox.Show("保存成功");
    }
}

void phoneNumberSaver_Completed(object sender, TaskEventArgs e)
{
    if (e.TaskResult == TaskResult.OK)
    {
        MessageBox.Show("保存成功");
    }
}

void E-mailAddressChooser_Completed(object sender, E-mailResult e)
{
    if (e.TaskResult == TaskResult.OK)
    {
        txbPhoneOrE-mail.Text = e.E-mail;
    }
}

void phoneNumberChooser_Completed(object sender, PhoneNumberResult e)
{
```

```
            if (e.TaskResult == TaskResult.OK)
            {
                txbPhoneOrE-mail.Text = e.PhoneNumber;
            }
        }
```

> **注意：**
> 在每个事件处理程序中，都必须先判断任务执行状态，只有在任务正常完成的情况下才可以提取返回数据，否则会引发异常。

6）在单击 btnInvokeChooser 按钮的事件中，调用相应 Chooser 的 Show 方法。代码如下：

```
C#  Code
private void btnInvokeChooser_Click(object sender, RoutedEventArgs e)
{
    if (rbPhoneNumberChooser.IsChecked.Value)
    {
        phoneNumberChooser.Show();
    }
    else if (rbE-mailAddressChooser.IsChecked.Value)
    {
        E-mailAddressChooser.Show();
    }
    else if (rbPhoneNumberSaver.IsChecked.Value)
    {
        phoneNumberSaver.PhoneNumber = txbPhoneOrE-mail.Text.Trim();
        phoneNumberSaver.Show();
    }
    else if(rbE-mailAddressSaver.IsChecked.Value)
    {
        E-mailAddressSaver.E-mail = txbPhoneOrE-mail.Text.Trim();
        E-mailAddressSaver.Show();
    }
}
```

以上完成了整个示例。下面通过一些简单的测试来说明其工作过程。

1）按〈F5〉键启动调试，并转到 PhoneSmsAndE-mail.xaml 页面。

2）选择保存电话号码单选按钮，然后在文本框中输入一个要保存的电话号码，如 10086，单击启动 Chooser 任务按钮。

3）此时将会启动保存电话号码的 Chooser 任务。同时，Visual Studio 将会自动退出调试状态，因为先前调试的目标程序此时已经被暂时中止了。

4）在联系人列表中选择相应的联系人或单击 New Contact 新建联系人，将电话号码保存为该联系人的电话。

5）保存完毕，在联系人 Profile 页面中，单击后退按钮，此时模拟器将会呈现一个黑屏页面，如图 12-2a 所示。这代表模拟器在等待 Visual Studio 调试器的重新连接。此时在 Visual Studio 中单击调试按钮重新启动调试，将重新激活应用程序而不是重新启动。此时，将运行 phoneNumberSaver_Completed 中的代码，即弹出保存成功的提示。

6）选择选择电话号码单选按钮，然后单击启动 Chooser 任务按钮，将会启动选择电话号码的 Chooser。此时调试器同样会自动中止调试。

7）选择相应号码。此时，模拟器又会进入一个黑屏状态，如图 12-2b 所示，等待调试器重新连接。在 Visual Studio 中重新启动调试即可重新激活应用程序并呈现选择的电话号码。

a)　　　　　　　　　　b)

图 12-2　等待调试器重新连接的黑屏界面

a) 保存电话号码成功后的黑屏界面　b) 选择电话号码成功后的黑屏界面

12.1.3　使用 Launchers 发起电话、短信、E-mail 任务

Launchers 的基本使用模式如下：

- 定义一个 Launcher 并实例化。
- 为该 Laucher 对象设置一些属性，如要拨打的电话号码、要发送的短信内容等。
- 调用该 Launcher 对象的 Show 方法启动任务。

下例展示了使用 Launcher 拨打电话、发送短信、发送 E-mail 的基本方法。

1）基于上例，在界面下方添加 3 个按钮，命名为 btnPhoneCall、btnSendSms、btnSendE-mail。分别用以发起拨打电话、发送短信、发送 E-mail 的任务。

2）为 3 个按钮注册单击事件，并分别实现其事件处理程序。代码如下：

```
C#  Code
private void btnPhoneCall_Click(object sender, RoutedEventArgs e)
{
        PhoneCallTask phoneCall = new PhoneCallTask();
        phoneCall.PhoneNumber = txbPhoneOrE-mail.Text.Trim();
        phoneCall.DisplayName = "TestNumber";
        phoneCall.Show();
}

private void btnSendSms_Click(object sender, RoutedEventArgs e)
{
        SmsComposeTask sendSms = new SmsComposeTask();
        sendSms.To = txbPhoneOrE-mail.Text.Trim();
        sendSms.Body = "Hello,这是一条来自 Windows phone 7 的测试信息";
        sendSms.Show();
}

private void btnSendE-mail_Click(object sender, RoutedEventArgs e)
{
        E-mailComposeTask sendE-mail = new E-mailComposeTask();
        sendE-mail.To = txbPhoneOrE-mail.Text.Trim();
        sendE-mail.Subject = "Hello,这是一条来自 Windows Phone 7 的测试邮件!";
        sendE-mail.Body = "这是测试邮件内容哦！";
        sendE-mail.Show();
}
```

3）测试程序。

当发起拨打电话任务时，并不会直接拨出电话，系统会以如图 12-3a 所示的形式向用户发出提示，由用户决定是否拨出电话。如果用户选择 Call，才会拨出电话，进入如图 12-3b 所示的通话界面。

发起发送短信/E-mail 任务时与上述过程类似，会显示短信/E-mail 发送的界面，用户可以对短信内容进行进一步编辑后再发送，如图 12-3c 所示。

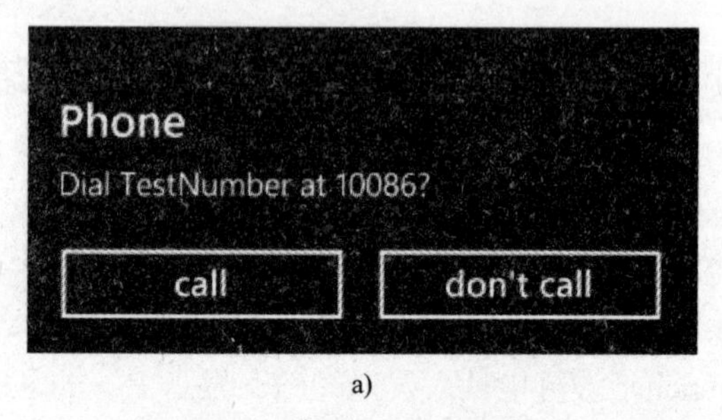

a)

图 12-3　拨打电话与发送短信

a) 拨打电话提示

b)

c)

图 12-3　拨打电话与发送短信（续）

b) 通话界面　c) 发送短信界面

> **提示：**
>
> 本节展示了 PhoneCallTask（拨打电话）、SMSComposeTask（发送短信）、EmailComposeTask 3 个 Launcher 的使用。除此之外，还有 MediaPlayerLauncher（媒体播放器）、SearchTask（搜索）、WebBrowserTask（浏览器）以及 4 个 MarcketPlace 相关的 Launcher 没有具体介绍，但是其使用步骤完全类同，无非属性上稍有差异，为节省篇幅，不再赘述，留给读者自己研究。

12.2 图片处理

Windows Phone 7 提供了强大且出色的图片处理和视频播放功能，利用手机提供的高像素摄像镜头还可以拍摄出效果非凡的相片。本节将介绍相关技术细节。

12.2.1 照片选择与拍照

从媒体库中选择照片和用摄像头拍照是 Windows Phone 7 中一个常见的任务。这两个任务，分别通过 PhotoChooserTask 类和 CameraCaptureTask 类来实现，这两个类是两个 Chooser，因而其工作模型符合前文所述的任务模型。在使用方式上，也完全符合 Chooser 的使用方式。

下面一个简单的示例演示了选择照片和拍照这两个任务的实现。

1）创建页面 PhotosAndCamera.xaml，在其中构建用户界面如图 12-4 所示，从上向下控件依次命名为 txbPhotoName、imgPhoto、btnTakePhoto、btnChoosePhoto。

图 12-4 选择照片与拍照示例

2）为两个按钮注册单击事件，并实现其功能。完成后其 C#代码页面完整代码如下：

```
C# Code
using System;
using System.Windows;
using Microsoft.Phone.Controls;

using Microsoft.Phone.Tasks;
using System.Windows.Media.Imaging;

public partial class PhotosAndCamera : PhoneApplicationPage
{
    CameraCaptureTask camera;
    PhotoChooserTask photoChooser;
```

```
        public PhotosAndCamera()
        {
            InitializeComponent();

            camera = new CameraCaptureTask();
            camera.Completed += new EventHandler<PhotoResult>(photoChooser_Completed);
            photoChooser = new PhotoChooserTask();
            photoChooser.Completed += new EventHandler<PhotoResult>(photoChooser_Completed);
        }

        //拍照
        private void btnTakePhoto_Click(object sender, RoutedEventArgs e)
        {
            camera.Show();
        }

        //选择照片
        private void btnChoosePhoto_Click(object sender, RoutedEventArgs e)
        {
            photoChooser.ShowCamera = true;
            photoChooser.Show();
        }

        void photoChooser_Completed(object sender, PhotoResult e)
        {
            if (e.TaskResult == TaskResult.OK)
            {
                BitmapImage bitmap = new BitmapImage();
                bitmap.SetSource(e.ChosenPhoto);
                imgPhoto.Source = bitmap;
                txbPhotoName.Text = e.OriginalFileName;
            }
        }
    }
```

其中需要说明的是：

- PhotoChooserTask 类的 ShowCamera 属性决定在显示的选择图片界面中是否显示摄像头标志以允许用户即时拍照并返回。此处设为 true，则用户可以即时拍照并返回。
- 由于 PhotoChooserTask 和 CameraCaptureTask 的 Completed 事件类型相同，因此，此处共用一个事件处理方法。
- 在返回结果中，e.ChosenPhoto 包含了用户选择的照片的二进制流，e.OriginalFileName 包含了用户选择的照片的全路径文件名。

12.2.2　图片的显示

在 Windows Phone 7 中，显示图片的方法通常有两种：

● 借助 Image 控件，通过设置 Image 控件的 Source 属性指定图片源。

● 借助 ImageBrush，通过设置 ImagesBrush 的 ImageSource 属性指定图片源。

而无论是 Image.Source 还是 ImagesBrush.ImagesSource，所接受的数据类型都是 BitmapSource。BitmapSource 位于 System.Windows.Media.Imaging 命名空间下，是一个抽象基类，其子类有两个：BitmapImage 和 WriteableBitmap。

● 对于 URI 类型的引用，可以直接使用相应的构造方法 BitmapImage（Uri）。

● 对于流的引用则需要用其 SetSource（Stream）方法。

以下示例将展示通过 BitmapImage 和 WriteableBitmap 显示图片的基本方法。准备工作如下：

1）新建项目。添加如图 12-5a 所示的图片以及图 12-5b 所示的命名空间引用。

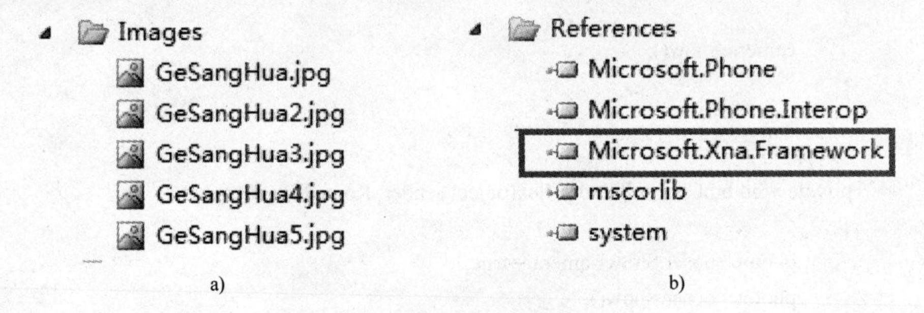

图 12-5 图片的显示示例准备工作

a) 添加图片 b) 添加命名空间引用

2）新建页面 PicturesAccess.xaml。在界面中放置一个 300×300 大小的 Image 控件 imgMain。

1. 通过 BitmapImage 显示图片

BitmapImage 可以引用 JPEG 和 PNG 格式的图片，若强制其引用其他类型图片，将引发 ImageFailed 事件。对于图片源的引用方式，可以是 URI 或流。

如下示例示范了通过给定的 Uri 初始化一个 BitmapImage 对象并通过界面中的 Image 控件显示。

1）在 PicturesAccess.xaml.cs 页面中添加命名空间引用如下：

```
using System.Windows.Media.Imaging;
using System.IO;
```

2）在 PicturesAccess 类中添加 Uri 定义如下：

```
Uri uri = new Uri("/Demos;component/Images/GeSangHua.jpg", UriKind.Relative);
```

3）在 PicturesAccess.xaml 页面中放置一个按钮 btnLoadFromBitmapImageByUri 和一个按钮 btnLoadFromBitmapImageByStream，并完成其事件处理程序。代码如下：

```
C#  Code
private void btnLoadFromBitmapImageByUri_Click(object sender, RoutedEventArgs e)
```

```
    {
        BitmapImage bi = new BitmapImage(uri);
        imgMain.Source = bi;
    }
    private void btnLoadFromBitmapImageByStream_Click(object sender, RoutedEventArgs e)
    {
        Stream imgStream = Application.GetResourceStream(uri).Stream;
        BitmapImage bi = new BitmapImage();
        bi.SetSource(imgStream);
        imgMain.Source = bi;
    }
```

2. 通过 WriteableBitmap 显示图片

WriteableBitmap 提供了一个可写的 BitmapSource，是一个用途很广的类。可以提供逐像素操作图片的能力，以及抓取屏幕元素、抓取多媒体的某一帧和抓取网络摄像头的能力。

- WriteableBitmap(Int32, Int32)构造方法可以构造一个指定宽高度的 WriteableBitmap。
- WriteableBitmap(BitmapSource)构造方法基于一个已存在的 BitmapSource 创建一个 WriteableBitmap。
- WriteableBitmap(UIElement, Transform)构造方法可以抓取指定 UIElement 的当前显示，创建一个 WriteableBitmap。
- 静态类 PictureDecoder 的静态方法 DecodeJpeg（Stream）可以直接解码包含 JPEG 数据的二进制流，然后返回一个 WriteableBitmap 对象。
- SetSource（Stream）将 WriteableBitmap 的图片源设置为指定流。
- Pixels 属性可以取到包含该位图每个像素颜色值的整数数组。

以下示例示范了 WriteableBitmap 的两种基本用法。第一个示例中创建一个 300×300 的可写位图，然后遍历所有像素，并将其颜色值逐一设置为白色；第二个示例中截取当前屏幕并显示。

PicturesAccess.xaml 页面上添加两个按钮 btnLoadFromWriteBitmapByPixels 和 btnLoadFromWriteBitmapByElement，并完成其事件处理程序。

```
C#  Code
private void  btnLoadFromWriteBitmapByPixels_Click(object sender, RoutedEventArgs e)
{
    WriteableBitmap wbi = new WriteableBitmap(300,300);
    for (int i = 0; i < wbi.Pixels.Length; i++)
    {
        wbi.Pixels[i] = int.MaxValue;
    }
    imgMain.Source = wbi;
}

private void btnLoadFromWriteBitmapByElement_Click(object sender, RoutedEventArgs e)
{
    WriteableBitmap wbi = new WriteableBitmap(this.LayoutRoot,null);
```

```
        imgMain.Source = wbi;
    }
```

12.2.3 图片的存取

对于图片的存取操作，通常包含以下几种：

- 存取媒体库中图片。
- 存取独立存储中图片。
- 读取直接打包在应用程序包中的图片。
- 读取以资源形式嵌入在 dll 中的图片。
- 读取远程网络上的图片。

其中，读取媒体库中图片通常借助于 PhotoChooserTask，在上一节已经探讨过；读取直接打包在应用程序包中的图片/以资源形式嵌入在 dll 中的图片/远程网络上的图片，都可以直接通过 Uri 进行，前文已经涉及。这些都不再作为本节讨论的重点。

以下通过示例说明其他一些常用的图片存取操作。

1. 将图片保存到媒体库

将图片保存到媒体库需要用到 Microsoft.Xna.Framework.Media.MediaLibrary 类的 SavePicture 方法。以下示例将从网络异步下载一张 JPEG 图片并保存到媒体库中。

1）添加命名空间引用。代码如下：

```
using Microsoft.Xna.Framework .Media;
```

2）添加按钮 btnSaveToLibrary 并完成其事件处理程序。代码如下：

```
C#   Code
private void btnSaveToLibrary_Click(object sender, RoutedEventArgs e)
{
    Uri remoteUri = new Uri("http://cache.windowsphone7.com/images/logo.jpg");
    WebClient wc = new WebClient();
    wc.OpenReadCompleted+=new OpenReadCompletedEventHandler(wc_OpenReadCompleted);
    wc.OpenWriteAsync(remoteUri);
}

void wc_OpenReadCompleted(object sender, OpenReadCompletedEventArgs e)
{
    string fileName = "newPicture.jpg";
    MediaLibrary library = new MediaLibrary();
    library.SavePicture(fileName, e.Result);
}
```

2. 存取独立存储中的图片

静态类 System.Windows.Media.Imaging.Extensions 提供了 SaveJpeg/LoadJpeg 方法，可以将指定的 WriteableBitmap 写入/读出到指定的流中。利用这两个方法可以实现独立存储中图片的存取。

此例先将来自网络的图片保存到独立存储中，然后再读出并显示以验证是否保存成功。

1）添加命名空间引用。代码如下：

```
using Microsoft.Phone;
using System.IO.IsolatedStorage;
```

2）添加按钮 btnSaveToStorage，并完成其事件处理程序。代码如下：

```
C#   Code
private void btnSaveToStorage_Click(object sender, RoutedEventArgs e)
{
    Uri remoteUri = new Uri("http://cache.windowsphone7.com/images/logo.jpg");
    WebClient wc = new WebClient();
    wc.OpenReadCompleted += new OpenReadCompletedEventHandler(wc_ OpenReadCompleted_
SaveToStorage);
    wc.OpenWriteAsync(remoteUri);
}

void wc_OpenReadCompleted_SaveToStorage(object sender, OpenReadCompletedEventArgs e)
{
    string fileName = "newPicture.jpg";
    WriteableBitmap wbi = PictureDecoder.DecodeJpeg(e.Result);

    IsolatedStorageFile storage = IsolatedStorageFile.GetUserStoreForApplication();
    using (Stream stream = storage.OpenFile(fileName, FileMode.Create))
    {
        Extensions.SaveJpeg(wbi,stream,300,300,0,100);
    }
    using (Stream stream = storage.OpenFile(fileName, FileMode.Open))
    {
        WriteableBitmap newWbi = new WriteableBitmap(300,300);
        Extensions.LoadJpeg(newWbi,stream);
        imgMain.Source = newWbi;
    }
}
```

此处需要说明的是，SaveJpeg/ LoadJpeg 方法的第一个参数都是指定了 this 关键字的 WriteableBitmap 类型，因此，任何 WriteableBitmap 对象都可以像使用自己的实例方法一样来使用这两个方法。如上例中：

```
Extensions.SaveJpeg(wbi,stream,300,300,0,100);
…
Extensions.LoadJpeg(newWbi,stream);
```

完全等价于：

```
wbi.SaveJpeg(stream,300,300,0,100);
…
```

```
newWbi.LoadJpeg(stream);
```

12.3 定位服务

随着基于位置的服务（Location Based Services，LBS）的兴起，定位服务几乎已经成为每个移动设备的必须配置。毫无疑问，Windows Phone 7 也提供了相应的功能。

Windows Phone 7 中的定位服务结合了 3 种定位方式：GPS 定位、WiFi 定位和蜂窝基站定位。系统会根据应用程序的位置精确度要求智能选择合适的定位方式。同时，系统还会根据设备的电量状态决定提供何种精确度的定位服务，当电量不足时，系统会自动降低定位服务的精确度，从而减少电量消耗。

在实际编程中，定位服务主要依赖的类为 System.Device.Location.GeoCoordinateWatcher 类。GeoCoordinateWatcher 类对象在创建时就决定了其定位精度，创建后将无法再改变精度需求。一般使用 GeoCoordinateWatcher 进行定位服务的过程如下例所示。

1）创建如图 12-6 所示的用户界面。其中包含一个名为 txbDisplay 的 TextBox 和两个分别名为 btnDefault、btnHigh 的 Button 控件。

图 12-6　使用位置服务示例

2）在相应 C#页面中添加命名空间引用。代码如下：

```
using System.Device.Location;
```

3）在相应页面类中定义一个 GeoCoordinateWatcher 类的对象。代码如下：

```
GeoCoordinateWatcher watcher;
```

4）为两个按钮注册单击事件，并绑定到同一个事件处理程序 btnStartLocation，然后实

现该事件处理程序。代码如下：

```
C#   Code
private void btnStartLocation(object sender, RoutedEventArgs e)
{
    txbDisplay.Text = "";
    if (watcher != null)
    {
        watcher.Dispose();
    }

    //根据用户单击的按钮不同决定实例化一个何种精度的 GeoCoordinateWatcher 对象
    GeoPositionAccuracy    requestAccuracy    =    ((Button)sender).Name=="btnDefault"    ?
GeoPositionAccuracy.Default:GeoPositionAccuracy.High;
    watcher=new GeoCoordinateWatcher(requestAccuracy);
    watcher.StatusChanged += new EventHandler<GeoPositionStatusChangedEventArgs> (watcher_
StatusChanged);
    watcher.PositionChanged += new EventHandler<GeoPositionChangedEventArgs <GeoCoordinate>>
(watcher_PositionChanged);
    watcher.Start();
}
```

这段代码实例化一个相应精度的 GeoCoordinateWatcher 对象，为其注册 StatusChanged 和 PositionChanged 事件，并启动服务开始定位。

5）实现 StatusChanged 事件处理程序，显示定位服务状态。代码如下：

```
C#   Code
void watcher_PositionChanged(object sender, GeoPositionChangedEventArgs<GeoCoordinate> e)
{
    GeoCoordinate location = e.Position.Location;
    txbDisplay.Text += "\n---------------------";
    txbDisplay.Text += string.Format("\n 经度：{0}\n 纬度:{1}\n 速度:{2}\n 时间戳：{3}",
location.Latitude, location.Longitude, location.Speed, e.Position.Timestamp);
}
```

参数 e 的 Location 属性包含了返回的位置信息，Timestamp 属性包含了时间戳信息。

6）实现 PositionChanged 事件处理程序，显示位置信息。代码如下：

```
C#   Code
void watcher_StatusChanged(object sender, GeoPositionStatusChangedEventArgs e)
{
    Dictionary<string, string> messages = new Dictionary<string, string> {};
    messages.Add("Disabled", "Disabled:定位服务被禁用或不支持");
    messages.Add("Ready", "Ready:定位服务已启动");
    messages.Add("Initializing", "Initializing:定位服务正在尝试请求数据");
    messages.Add("NoData", "NoData:定位服务没有数据返回");
```

```
        txbDisplay.Text += "\n----------------------";
        txbDisplay.Text += "\n" + messages[e.Status.ToString()];
    }
```

参数 e 的 Status 属性包含了 watcher 的当前状态信息。

关于本例，此处需要补充说明的有以下几点：

- 本例中所演示的是一个需要不断获取最新位置信息的应用，在实际使用过程中，有些应用只需要在特定情况下获取一次位置信息即可。此时可以通过在 watcher_StatusChanged 事件中检测 e.Status，当检测到其值为 Ready 时即通过 watcher.Position 获取当前位置，然后立即调用 watcher.Stop()中止 watcher。
- 本例中使用的是 watcher 的 Start 方法启动位置监听，实际上 GeoCoordinateWatcher 类还提供了另一个同步方法 TryStart 用以启动位置监听，某些情况下使用该方法会更方便一些。

12.4 Microsoft Push Notification

微软推送通知（Microsoft Push Notification，MPN）是 Windows Phone 7 平台的一项高级功能，可以为应用程序提供一种由服务器端主动发起、主动向手机客户端应用程序发送通知的机制。

由于是服务器端主动发起的通信，因此，避免了通常的 Client-Pull 模型中的客户端轮询。这对移动设备而言尤其重要，因为可以有效降低网络应用程序的耗电量以及网络流量消耗，便于在移动设备上创建 Client 端与 Server 端互动性很高的网络应用。

在实现原理上，MPN 基于 Windows Phone 7 手机端的 Push Client 和微软公司 Windows Azure 云端的微软推送通知服务（Microsoft Push Notification Service，MPNS）实现。如图 12-7 所示，MPNS 会负责创建并维护一条服务器端 Web Service 和手机端 Windows Phone 7 应用程序之间的通信链路，当服务器端 Web Service 有数据需要发送给手机端应用程序时，就可以通过这条通信链路，将数据以通知形式推送给手机端应用程序，手机端应用程序可以根据收到的消息作出响应。

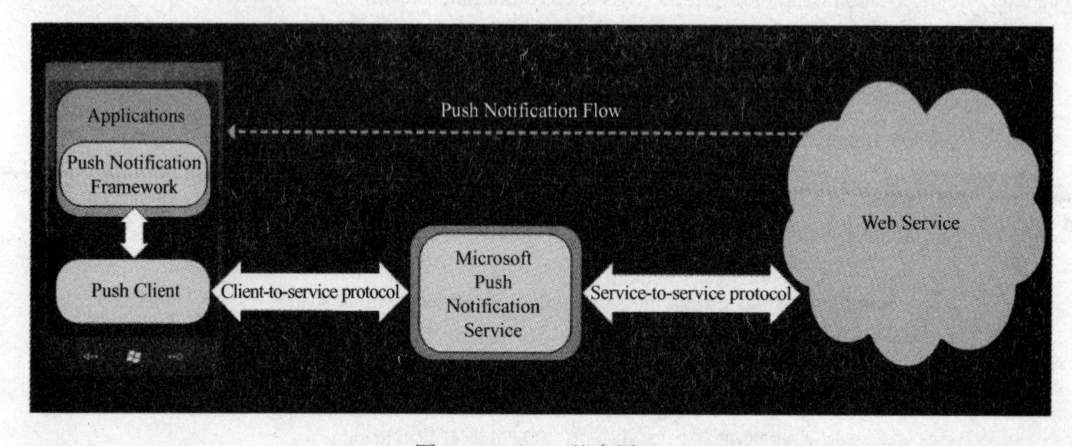

图 12-7　MPN 基本原理

MPN 允许发送 3 种类型的通知：

- Tile 通知：如图 12-8 中 2 所示，服务器可以通过发送 Tile 通知更新手机端应用的瓷片，包括瓷片的标题、背景图片和数字。
- Toast 通知：如图 12-8 中 1 所示，服务器可以通过发送 Toast 通知使手机上方弹出一个通知框，其中显示推送过来的一段文本信息，用户单击该通知框后将启动相应的应用程序。

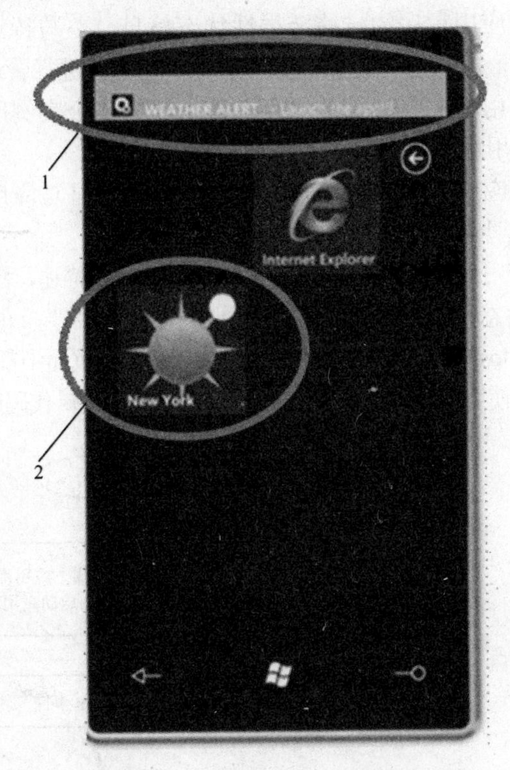

图 12-8　Tile 通知和 Toast 通知

- RAW 通知：开发者可以定制自己的通知格式，服务器将制定格式的数据以通知形式推送到手机后，由手机端应用程序进行处理并做出响应，如更新程序 UI 等。

12.5　应用程序生命周期

应用程序生命周期描述了一个应用程序从启动到终止的整个过程。在目前版本的 Windows Phone 7 中，微软公司没有对第三方应用程序开放多任务支持，这也就意味着同一时刻只能有一个应用程序在内存中运行，不能存在应用程序在后台运行的情况（系统内置应用程序除外）。应用程序要么在前台运行，要么就被中止。然而，为了使应用程序的生命周期具有一定的“弹性”，Windows Phone 7 引入了 Deactivated/Activated 及 Tombstoning 机制。借助这些机制提供的接口，通过对应用程序状态、页面状态的保存及载入，大部分应用程序都可以在这个单任务的操作系统中模拟出“多任务系统的用户体验”。

为了便于下文描述，此处先说明几个术语。

- Tombstoning：这是 Windows Phone 7 中的一个新概念，此处暂且称之为“墓碑化”。在用户导航离开应用程序时，操作系统中止应用程序的进程，并保存一些必需的应用程序状态信息。当用户重新导航返回应用程序时，系统重启应用程序的进程并传回先前保存的状态信息。
- 页面状态：页面的可视状态，如页面上文本框中内容、滚动条的位置、当前焦点位置、复选框状态等。一般在页面的 OnNavigatedTo 和 OnNavigatedFrom 事件中进行管理。
- 应用程序状态：应用程序的一些全局性状态信息，不与特定页面关联。如应用程序的运行时间等。一般通过 PhoneApplicationService 类进行管理。
- 持久化数据：应用程序中需长期保存的数据，为多个实例所共享，一般需保存在独立存储中，如应用程序设置等。
- 临时数据：只与应用程序本次运行相关的数据，或是与应用程序当前运行的实例相关，并且无需长期保存。

Windows Phone 7 应用程序的生命周期可以通过图 12-9 来描述，图中描述了用户的各种操作会引发应用程序生命状态的迁移。此处重点说明一下其中涉及的 4 个事件 Launching、Deactivated、Activated、Closing。每个应用程序的 App.xaml.cs 页面中都已经默认生成了这 4 个事件的处理程序框架，如需使用，只需填入相应的事件处理程序逻辑代码即可，如图 12-9 所示。

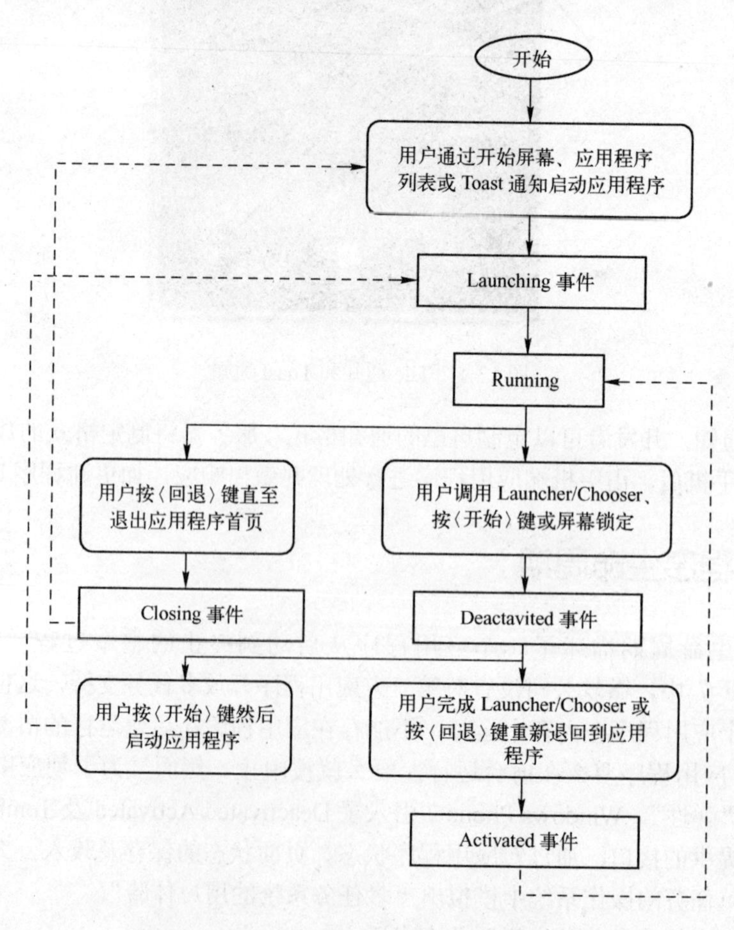

图 12-9　Windows Phone 7 应用程序的生命周期

- Launching 事件：应用程序启动时触发。应避免在此事件中访问独立存储或从网络获取数据，因为这将延缓应用程序的加载。一般可以在程序启动运行后，再异步从独立存储或网络获取数据。
- Deactivated 事件：应用程序 Deactivate 时发生。应用程序一般会进行墓碑化。需要注意的是，由于此后该应用程序实例可能会被重新激活也可能不会，因而在这种情况下应向独立存储保存持久化数据，以免数据丢失。一般在 Deactivated 事件处理程序中向 PhoneApplicationService.State 保存临时性应用程序状态数据，在 OnNavigatedFrom 事件处理程序中向 PhoneApplicationPage.State 保存临时性页面状态数据。
- Activated 事件：应用程序 Activate 时发生。应用程序从墓碑化状态恢复，应在 Activated 事件处理程序中从 PhoneApplicationService.State 载入应用程序状态信息，在 OnNavigatedTo 方法中从 PhoneApplicationPage.State 载入页面状态信息，以保证用户能得到和离开应用程序前相同的用户体验。
- Closing 事件：应用程序关闭时触发。应用程序应向独立存储中保存持久化数据。应用程序不会墓碑化，重新启动时，将会新建一个新的实例，Launching 事件将会被触发。

通过以上 4 个事件，很容易实现应用程序离开时保存现场、返回时恢复现场的功能，从而给用户制造一种“未曾离开过应用程序”的感觉。具体实现方法很简单，留给读者自行研究。

> **提示：**
>
> 虽然目前版本的 Windows Phone 7 没有开放第三方应用程序的多任务支持，但是已经有消息说，微软公司将在 2011 年初发布的更新中提供对第三方应用程序的多任务支持。那么本节介绍的应用生命周期模型可能会发生改变，敬请读者注意关注微软公司的最新消息。

12.6　高级主题推荐

通过本书的学习，读者已经具备了基本的 Windows Phone 7 开发技能，能够完成大部分的 Windows Phone 7 开发任务。但是笔者希望，读者朋友对 Windows Phone 7 开发技术的研究绝不应该就此为止，Windows Phone 7 中还有很多有趣的应用等待挖掘。本节的主旨在于为读者朋友提供一个可进一步深入研究 Windows Phone 7 开发技术的方向性主题列表，读者可以根据自己的需要选择自己感兴趣的主题自行研究。

（1）使用 Silverlight for Windows Phone Toolkit

Silverlight Toolkit 是 CodePlex 上的一个开源项目，提供了一系列加速 Silverlight 开发的高级控件。Silverlight for Windows Phone Toolkit 是该项目下的一个子项目，提供了一些适用于 Windows Phone 7 的高级控件，如时间/日期选择器、右键菜单等，并提供了一个很完美的 Gesture 封装。

该项目地址：http://silverlight.codeplex.com/releases/view/52297。

（2）在 Windows Phone 7 上进行 XNA 游戏开发

Silverlight 也可以进行游戏开发，但是用来开发一些复杂的、性能要求很高的游戏就难以胜任。XNA Framework 是 Windows Phone 7 中除 Silverlight Framework 外另一个重要的开发框架，可用以开发高性能的游戏，并且对 3D、多媒体支持都很完美。有志于游戏开发的读者不妨深入地进行研究。

（3）在 Windows Phone 7 上进行 Web 开发

Windows Phone 7 上的浏览器 Internet Explorer Mobile 是基于桌面版的 Internet Explorer 7，但又有很多不同。借助 Internet Explorer Mobile 提供的一些 API，也可以开发一些运行于 Windows Phone 7 中很精彩的 Web 应用。对于有桌面版 Web 开发基础的读者而言，在 Windows Phone 7 上进行开发也是极其简单的。

（4）在 Windows Phone 7 中使用 MVVM 设计模式

MVVM 是伴随 WPF、Silverlight 发展而诞生的一个新的设计模式，与以前的 MVC、MVP 模式很类似，但又有不同。Windows Phone 7 Developer Tools 默认安装了 MVVM 设计模式的项目模板，可以方面快速地进行以数据为核心的移动应用开发。建议读者不妨体验一下这个新的模板和设计模式。

（5）基于独立存储的数据库

目前微软公司还没有提供官方的 Windows Phone 7 本地数据库，但是一些爱好者已经发布了一些基于独立存储的数据库。需要使用本地数据库的朋友，不妨到到 CodePlex 上参考一下已经发布的一些开源数据库项目。

12.7 应用实例：紧急求援小工具

本例所示的紧急求援小工具用以在紧急情况下快速向警方或亲友发起短信或电话求援。在定位服务可用的情况下，求援短信中还会包含求援者的位置信息，以便于快速定位求援者的位置。本例中涉及了选择电话号码、拨打电话、发送短信、定位服务的使用、应用程序状态保持、独立设置存储的使用等常见开发任务。

12.7.1 需求分析

1. 功能要求

该小工具要求实现以下功能。

- 用户可设置 3 个亲友的电话号码作为紧急时刻的求援对象。其中第一个电话号码将作为紧急时刻的默认求援对象。
- 在紧急情况下，用户可选择向警方求援或向预设亲友求援。向警方求援时，求援对象为中国报警电话 110；向预设好友求援时，求援对象为预设的 3 个亲友号码。
- 求援方式有两种：电话或短信。电话求援时，应用程序将向 110 或默认求援对象发起语音呼叫；短信求援时，应用程序将向 110 或同时向 3 个预设号码发送求援短信。
- 若定位服务可用，求援短信中将包含求援者的当前位置坐标信息。

2. 用户界面

作为一个紧急时刻使用的小工具，界面应力求简洁明了并易于操作。

如图 12-10a 所示为预设亲友号码的页面，用户可在此处预设 3 个电话号码以备紧急求援使用。

如图 12-10b 所示为应用程序主页面。在紧急情况下，用户可选择向警方或亲友发起电话或短信求援。

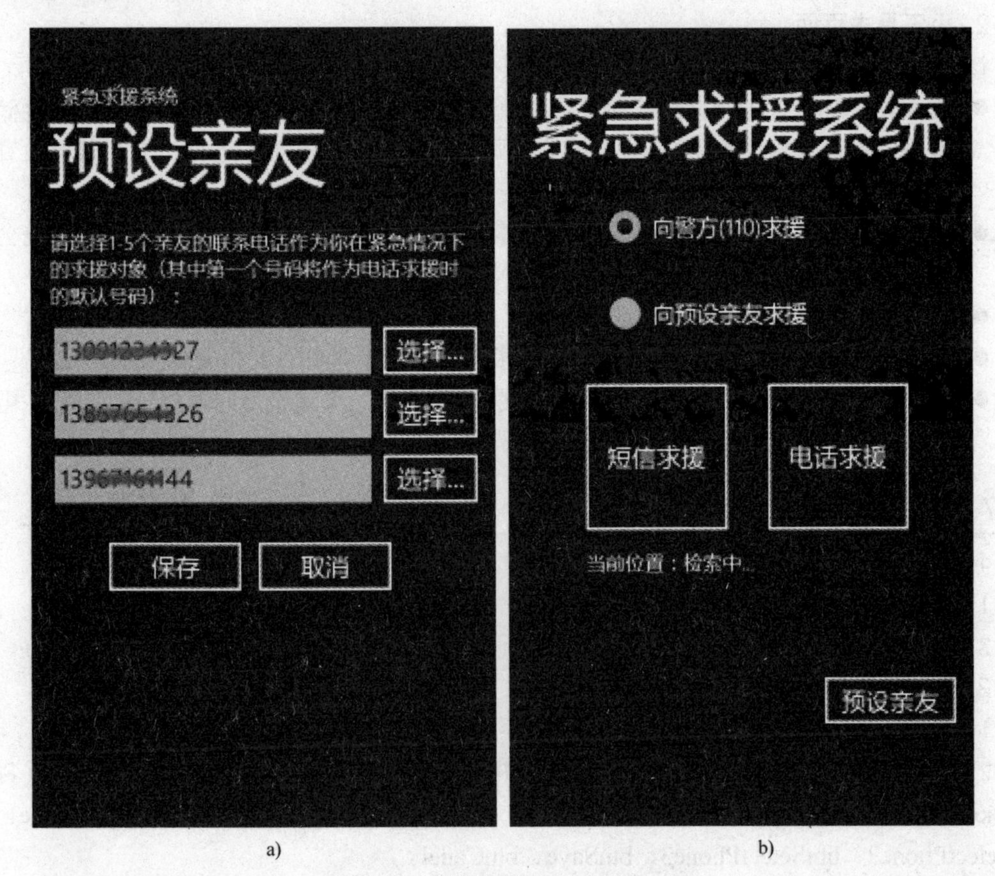

图 12-10　紧急求援小工具用户界面

a) 预设亲友号码页面　b) 主页面

12.7.2　设计思路

1. 预设亲友页面

该页面的实现主要涉及以下问题：

- 预设亲友号码的保存。显然这是一个应长期保存的信息，要保存到独立存储空间中。保存到独立文件存储或独立设置存储中均可，但是独立设置存储的操作相对简单，因此，此处设计为保存到独立设置存储中，保存形式为一个字符串数组。
- 选择电话号码功能的实现。直接在文本框中手动输入号码是允许的，但是通常情况下，直接在联系人菜单中选择相应号码更为方便。可通过 PhoneNumberChooserTask 实现该功能。

- 页面状态保持。Windows Phone 7 的单任务模型决定了启动 PhoneNumberChooserTask 任务时将会暂时离开当前应用程序，选择任务完成再次返回应程序用时，页面状态将会丢失。这也就意味着用户先前在文本框中输入的内容将会丢失。为了避免这种较差的用户体验，应用程序必须设计为可以自动保存页面状态。此处将页面状态（即文本框中内容）保存在 PhoneApplicationService.Current.State 中，当用户完成选择任务返回应用程序时，再重新载入保存的状态。

2. 小工具主页面

该页面的基本设计如下：

- 载入页面时，首先判断用户是否已经预设了紧急求援的亲友号码（独立设置存储中是否已保存有相关数据）。若未设置，则跳转到预设亲友页面进行设置；若已设置，则从独立设置存储中载入预设号码列表。
- 页面载入时，即开始通过定位服务检索位置，以备发送求援短信使用，同时也会将结果显示在屏幕下方。此处只需获取一次位置即可，无需连续获取。
- 用户通过一组单选按钮选择求援对象。
- 选择“向警方（110）求援”时，短信求援及电话求援都针对报警电话 110。
- 选择“向预设亲友求援”时，短信求援将同时向 3 个预设号码发送求援短信，电话求援将会向第一个预设号码发起语音呼叫。

12.7.3 开发过程

1. 创建项目

1）新建项目 EmergencyCallForHelp。

2）添加对 System.Device 程序集的引用。

2. 开发预设亲友页面

1）新建页面 SetFriends.xaml。

2）在页面中创建如图 12-10a 所示的用户界面。其中 3 个 TextBox 依次命名为 txbPhones1、txbPhones2、txbPhones3，5 个按钮依次命名为 btnSelectPhone1、btnSelectPhone2、btnSelectPhone3、btnSave、btnCanel。

3）选中 btnSelectPhone1、btnSelectPhone2、btnSelectPhone3 3 个按钮，为它们注册一个共同的事件处理程序 btnSelectPhone_Click。

4）分别为 btnSave 和 btnCanel 注册事件处理程序 btnSave_Click、btnCanel_Click。

5）切换到 SetFriends.xaml.cs 页面。添加如下命名空间引用。

```
using Microsoft.Phone.Tasks;
using Microsoft.Phone.Shell;
using System.IO.IsolatedStorage;
```

6）在 SetFriends 类中添加如下的常量字符串定义。

```
C#  Code
const string ClickedButtonID = "ClickedButtonID";
const string TxbSelectPhone1 = "TxbSelectPhone1";
```

```
const string TxbSelectPhone2 = "TxbSelectPhone2";
const string TxbSelectPhone3 = "TxbSelectPhone3";
const string FriendsPhoneList = "FriendsPhoneList";
```

7）紧接着添加如下代码，定义一个 PhoneNumberChooserTask 对象 phoneChooser；获得当前应用程序的独立设置存储对象并记为 settings；获得当前应用程序状态对象 appState。

```
C#  Code
PhoneNumberChooserTask phoneChooser;
IsolatedStorageSettings settings = IsolatedStorageSettings.ApplicationSettings;
IDictionary<string, object> appState = PhoneApplicationService.Current.State;
```

8）修改 SetFriends 类的构造方法，在其中完成 phoneChooser 的实例化以及预设亲友号码列表的加载。修改后的代码如下：

```
C#  Code
public SetFriends()
{
    InitializeComponent();

    phoneChooser = new PhoneNumberChooserTask();
    phoneChooser.Completed += new EventHandler<PhoneNumberResult>(phoneChooser_Completed);

    //从独立存储中加载预设好友列表
    if (settings.Contains(FriendsPhoneList))
    {
        string[] phones = (string[])settings[FriendsPhoneList];
        txbPhones1.Text = phones[0];
        txbPhones2.Text = phones[1];
        txbPhones3.Text = phones[2];
    }
}
```

9）完成选择亲友号码的事件处理程序 btnSelectPhone_Click。在其中首先保存当前的页面状态（主要是文本框内容），然后启动 Chooser 任务。代码如下：

```
C#  Code
private void btnSelectPhone_Click(object sender, RoutedEventArgs e)
{
    appState[ClickedButtonID] = ((Button)sender).Name;
    appState[TxbSelectPhone1] = txbPhones1.Text;
    appState[TxbSelectPhone2] = txbPhones2.Text;
    appState[TxbSelectPhone3] = txbPhones3.Text;

    phoneChooser.Show();
```

```
}
```

10）完成 phoneChooser 返回时的回调方法 phoneChooser_Completed。其中首先载入先前保存的页面状态，然后在相应文本框中显示 phoneChooser 返回的号码。代码如下：

```
C#  Code
if(e.TaskResult==TaskResult.OK)
{
    switch (appState[ClickedButtonID].ToString())
    {
        case "btnSelectPhone1":
            txbPhones1.Text=e.PhoneNumber;
            break;
        case "btnSelectPhone2":
            txbPhones2.Text=e.PhoneNumber;
            break;
        case "btnSelectPhone3":
            txbPhones3.Text=e.PhoneNumber;
            break;
    }
}
```

11）完成 btnSave_Click 和 btnCanel_Click 方法。代码如下：

```
C#  Code
private void btnSave_Click(object sender, RoutedEventArgs e)
{
    string[] phones = new string[]
    {
        txbPhones1.Text.Trim(),
        txbPhones2.Text.Trim(),
        txbPhones3.Text.Trim()
    };
    settings[FriendsPhoneList] = phones;
    settings.Save();
    NavigationService.Navigate(new Uri("/MainPage.xaml", UriKind.Relative));
}

private void btnCanel_Click(object sender, RoutedEventArgs e)
{
    NavigationService.Navigate(new Uri("/MainPage.xaml", UriKind.Relative));
}
```

至此，预设亲友号码页面完成。

3. 开发小工具主页面

1）打开 MainPage.xaml 页面，创建如图 12-10b 所示的用户界面。其中控件依次命名为 rbtToPolice、rbtToFriends、btnSms、btnPhone、btnSetFriends、txbPosition。

2）打开 MainPage.xaml.cs，在 MainPage 类中添加如下成员。其中 watcher 为定位服务对象，phones 用以保存预设号码列表。代码如下：

```
C#  Code
GeoCoordinateWatcher watcher;
string[] phones;
```

3）为当前页面注册页面载入事件，并完成相应事件处理程序。其中完成的主要工作为载入预设亲友号码列表和启动定位服务。代码如下：

```
C#  Code
private void PhoneApplicationPage_Loaded(object sender, RoutedEventArgs e)
{
    if (IsolatedStorageSettings.ApplicationSettings.Contains("FriendsPhoneList"))
    {
        phones = (string[])IsolatedStorageSettings.ApplicationSettings["FriendsPhoneList"];
    }
    else
    {
        MessageBox.Show("请先预设亲友号码以备紧急情况下求援！");
        NavigationService.Navigate(new Uri("/SetFriends.xaml", UriKind.Relative));
    }

    watcher = new GeoCoordinateWatcher(GeoPositionAccuracy.High);
    watcher.StatusChanged += new EventHandler<GeoPositionStatusChangedEventArgs> (watcher_
StatusChanged);
    watcher.Start();
}
```

4）完成 watcher 的 watcher_StatusChanged 事件处理程序，其主要功能为在 txbPosition 中显示当前位置。代码如下：

```
C#  Code
void watcher_StatusChanged(object sender, GeoPositionStatusChangedEventArgs e)
{
    if (e.Status == GeoPositionStatus.Ready)
    {
        GeoCoordinate currentPosition = watcher.Position.Location;
        txbPosition.Text = string.Format("当前位置：经度-{0} | 纬度-{1}",
currentPosition.Longitude, currentPosition.Latitude);
        watcher.Stop();
    }
}
```

> **注意：**
>
> 请关注此处一次性获取位置和前面连续获取位置两种不同场景下，对定位服务使用方式的不同。

5）为 btnSms 注册单击事件并完成其事件处理程序，实现短信求援。代码如下：

```
C#  Code
private void btnSms_Click(object sender, RoutedEventArgs e)
{
        SmsComposeTask smsCompose = new SmsComposeTask();
        smsCompose.Body = "Help Me!\n"+txbPosition.Text;
        smsCompose.To = rbtToPolice.IsChecked == true ? "110" : string.Join(",", phones);
        smsCompose.Show();
}
```

6）为 btnPhone 注册单击事件并完成其事件处理程序，实现电话求援。代码如下：

```
C#  Code
private void btnPhone_Click(object sender, RoutedEventArgs e)
{
        PhoneCallTask phoneCall = new PhoneCallTask();
        phoneCall.PhoneNumber = rbtToPolice.IsChecked == true ? "110" : phones[0].ToString();
        phoneCall.Show();
}
```

7）为 btnSetFriends 注册单击事件并完成其事件处理程序，实现页面跳转。代码如下：

```
C#  Code
private void btnSetFriends_Click(object sender, RoutedEventArgs e)
{
        NavigationService.Navigate(new Uri("/SetFriends.xaml",UriKind.Relative));
}
```

至此为止，整个紧急求援小工具宣告完成。可根据需要进行相关的测试。

通过本例，再次熟悉了 Windows Phone 7 中一些常见开发任务的实现。当然，其中还有很多需要改进和完善的地方，留给读者作为个人练习。关于本例的完整代码请参考随书光盘。

> **提示：**
> 该项目在光盘中的位置为 SampleCode/Chapter12/EmergencyCallForHelp/。

12.8 本章小结

本章首先介绍了 Windows Phone 7 平台上的电话、短信和 E-mail 相关任务的实现。其次介绍了图片处理的相关技巧。对定位服务、微软推送通知进行了简单的介绍，并介绍了 Windows Phone 7 应用程序生命周期。最后通过一个小实例“紧急求援小工具”展示了以上内容的综合应用。

通过本章的学习，使读者对 Windows Phone 7 中的基本 API 有所了解，并学会通过这些 API 实现常见的开发任务。

第13章 实战演练

本章主要通过较为完整的项目实例来展示在Windows Phone 7平台下开发的各种步骤和技巧，使读者可以较为完整地看到一个项目是如何诞生的，结合以上章节的内容，起到一个抛砖引玉的作用，使读者能够快速地投入到自己的实践项目开发中去。

学习重点：

- 项目设计步骤和思路。
- 全局的规划和应用方法。
- 基本开发技巧的使用。

13.1 模拟时钟

在第10章中，介绍了Silverlight关于图形动画方面的内容，之后以一个绘制简单的时钟例子巩固所学习的内容。在本节实例中，再次深入研究一些有关Silverlight在图形动画方面的内容，通过前面所学的内容，绘制一个精美的时钟，加深对Silverlight绘画功能的认识。

13.1.1 新建工程

1）单击开始菜单，选择程序，运行Microsoft Visual Studio 2010 Express for Windows Phone程序，如果有Start Page页面出现，可以直接单击New project...选项进行新建工程，或者单击菜单项File，然后选择New Project；或者通过快捷键〈Ctrl〉+〈Shift〉+〈N〉来新建工程。

2）在弹出的New Project窗口中，在左边的Installed Templates中选择Silverlight for Windows Phone，然后在右边选择Windows Phone Application，窗口的下边有3个文本框，分别是新建工程的名字、保存路径以及解决方案名字，新建工程的名字为Clock，保存路径为E:\Project\WP7\，具体设置如图13-1所示。

3）单击OK按钮后，进入到实例开发环境，如图13-2所示。

13.1.2 修改标题

1）修改程序的标题，在MainPage.xaml页面中，对StackPanel做出以下修改，把ApplicationTitle删掉，同时把PageTitle的Text改为Clock，修改后的代码如下：

```
<StackPanel x:Name="TitlePanel" Grid.Row="0" Margin="12,17,0,28">
<TextBlock x:Name="PageTitle" Text="Clock" Margin="9,-7,0,0" Style="{StaticResource PhoneTextTitle1Style}"/>
```

```
</StackPanel>
```

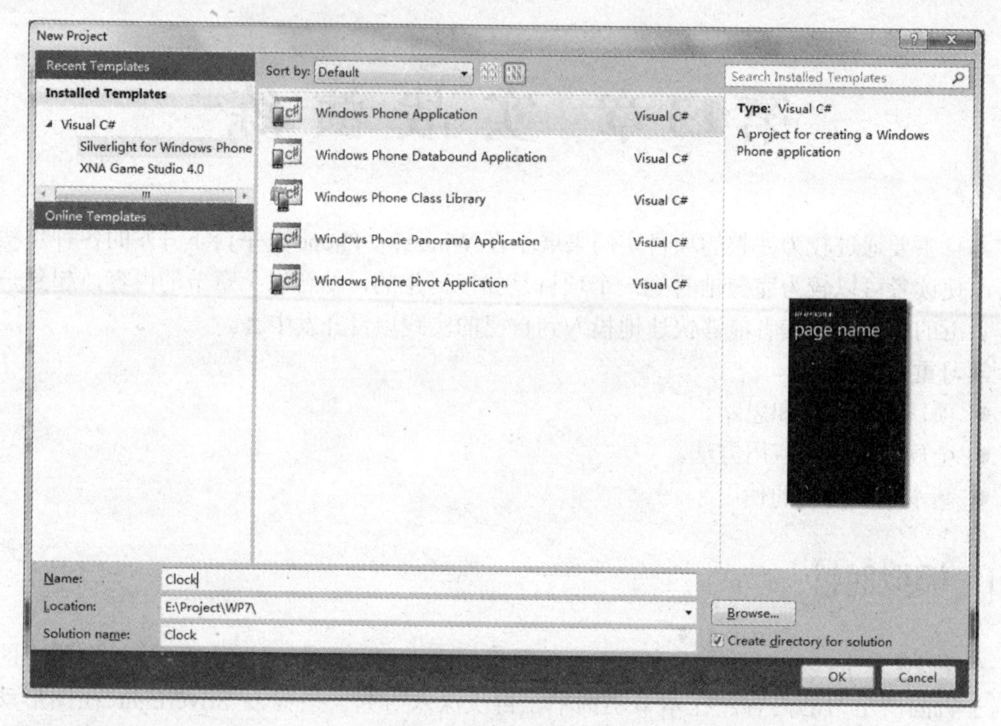

图 13-1　新建一个工程

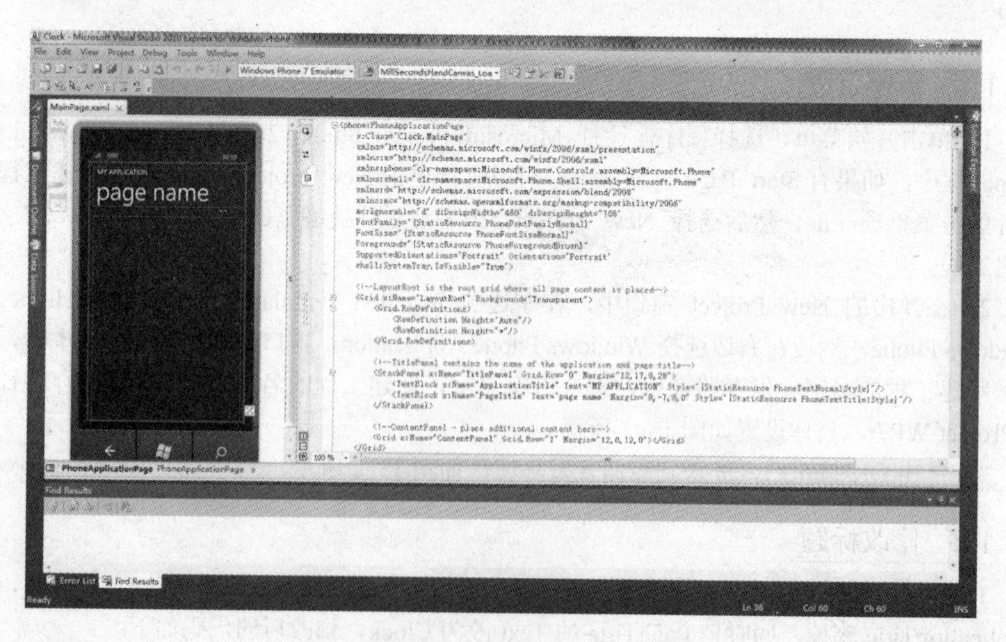

图 13-2　案例开发环境

2）创建一个新的 Grid，命名为 Clock，并把该 Grid 的 Background 设置为 Transparent，Margin 设置为“12,0,12,0”，代码如下：

```
<Grid x:Name="Clock" Grid.Row="1" Background="Transparent" Margin="12,0,12,0">
</Grid>
```

13.1.3　绘制表身

1）在刚才创建的 Clock Grid 里面，绘制表的表身，新建一个 Grid，命名为 ClockFace，并把该 Grid 的 Width 和 Height 都设置为 250。代码如下：

```
<Grid x:Name="ClockFace" Width="250" Height="250">
</Grid>
```

2）添加一个 Ellipse 元素，分别把 StrokeThickness 设置为 5，设置 Stretch 属性为 Fill，为了使时钟看起来有立体感，可以添加两个画刷对该 Ellipse 元素进行填充绘制，画刷的设置请参照如下代码：

```
<Ellipse StrokeThickness="5" Stretch="Fill">
<Ellipse.Fill>
<LinearGradientBrush StartPoint="0.5,0" EndPoint="0.5,1">
<GradientStop Color="#FFBDC2C4" />
<GradientStop Color="#FF111112" Offset="1" />
</LinearGradientBrush>
</Ellipse.Fill>
<Ellipse.Stroke>
<RadialGradientBrush>
<GradientStop Color="#FF000000" Offset="0.9" />
<GradientStop Offset="0.99" />
<GradientStop Color="#FF696969" Offset="1" />
</RadialGradientBrush>
</Ellipse.Stroke>
</Ellipse>
```

3）嵌入一个时钟的内盘，新建一个 Ellipse 元素，把 Width 和 Height 都设置为 230。使用 LinearGradientBrush 对该元素进行填充处理。代码如下：

```
        <Ellipse Width="230" Height="230">
<Ellipse.Fill>
<LinearGradientBrush
 StartPoint="0.877, 0.004"
 EndPoint="0.231, 1">
<LinearGradientBrush.GradientStops>
<GradientStopCollection>
<GradientStop    Color="#FF020202"          Offset="0" />
<GradientStop          Color="#FF232323"          Offset="0.061" />
<GradientStop          Color="#FF4d4d4d"          Offset="0.066" />
<GradientStop          Color="#FF242424"          Offset="0.5" />
<GradientStop          Color="#FF000000"          Offset="0.505" />
<GradientStop          Color="#FF040404"          Offset="0.827" />
```

```
<GradientStop          Color="#FF292929"          Offset="0.966" />
<GradientStop          Color="#FF2e2e2e"          Offset="0.983" />
</GradientStopCollection>
</LinearGradientBrush.GradientStops>
</LinearGradientBrush>
</Ellipse.Fill>
</Ellipse>
```

4）到此为止，时钟的钟盘已经绘制好，其效果如图 13-3 所示。

图 13-3　时钟的钟盘

13.1.4　绘制刻度

1）绘制好时钟的钟盘后，接下来绘制刻度，首先绘制每时刻的数字，新建一个 Grid，命名为 MarkersBigGrid，Width 和 Height 都设置为 250，并新建一个 Canvas，命名为 MarketsBigCanvas，代码如下：

```
<Grid x:Name="MarkersBigGrid" Width="250" Height="250">
<Canvas x:Name="MarkersBigCanvas">
</Canvas>
</Grid>
```

2）打开 App.xaml，添加一个新的资源，高度、宽度及颜色的设置代码如下：

```
<Application.Resources>
<Style x:Key="MarkersBig" TargetType="Rectangle">
<Setter Property="Width" Value="3"/>
```

```
<Setter Property="Height" Value="8"/>
<Setter Property="Fill">
<Setter.Value>
<SolidColorBrush Color="White"/>
</Setter.Value>
</Setter>
</Style>
</Application.Resources>
```

3）回到 MainPage.xaml，在 MarkersBigCanvas 里添加一个矩形来表示 12 时的刻度，矩形的属性设置如下代码：

```
<Canvas x:Name="MarkersBigCanvas">
<Rectangle x:Name="Big00" Style="{StaticResource MarkersBig}">
<Rectangle.RenderTransform>
<TransformGroup>
<TranslateTransform X="-1.5" Y="-111.5"/>
<RotateTransform Angle="0"/>
<TranslateTransform X="125" Y="125"/>
</TransformGroup>
</Rectangle.RenderTransform>
</Rectangle>
</Canvas>
```

4）通过上面的设置，可以看到在时钟的 12 点时刻位置出现一个矩形，同样，用类似的方法绘制其他刻度，其中最主要的是旋转角度的改变，因为每一个象限里面有 3 个刻度，所以相邻的刻度角度相差 30°。例如，1 刻度的代码如下，限于篇幅有限，其他刻度代码请读者自行添加。

```
<Canvas x:Name="MarkersBigCanvas">
<Rectangle x:Name="Big00" Style="{StaticResource MarkersBig}">
<Rectangle.RenderTransform>
<TransformGroup>
<TranslateTransform X="-1.5" Y="-111.5"/>
<RotateTransform Angle="0"/>
<TranslateTransform X="125" Y="125"/>
</TransformGroup>
</Rectangle.RenderTransform>
</Rectangle>

<Rectangle x:Name="Big05" Style="{StaticResource MarkersBig}">
<Rectangle.RenderTransform>
<TransformGroup>
<TranslateTransform X="-1.5" Y="-111.5"/>
<RotateTransform Angle="30"/>
<TranslateTransform X="125" Y="125"/>
```

```
</TransformGroup>
</Rectangle.RenderTransform>
</Rectangle>
</Canvas>
```

5）接下来绘制每分钟的刻度，新建一个 Grid，命名为 MarkersSmallGrid，Width 和 Height 都设置为 250，然后在该 Grid 元素里，新建一个 Canvas，命名为 MarkersSmallCanvas。代码如下：

```
<Grid x:Name="MarkersSmallGrid" Width="250" Height="250">
<Canvas x:Name="MarkersSmallCanvas">
</Canvas>
</Grid>
```

6）打开 App.xaml，添加一个新的资源，高度、宽度及颜色的设置代码如下：

```
<Style x:Key="MarkersSmall" TargetType="Rectangle">
<Setter Property="Width" Value="1"/>
<Setter Property="Height" Value="4"/>
<Setter Property="Fill">
<Setter.Value>
<SolidColorBrush Color="White"/>
</Setter.Value>
</Setter>
</Style>
```

7）回到 MainPage.xaml，在 MarkersSmallCanvas 里添加矩形来表示每分钟的刻度，矩形的属性设置代码如下：

```
<Rectangle x:Name="Small1" Style="{StaticResource MarkersSmall}">
<Rectangle.RenderTransform>
<TransformGroup>
<TranslateTransform X="-0.5" Y="104.25"/>
<RotateTransform Angle="186"/>
<TranslateTransform X="125" Y="125"/>
</TransformGroup>
</Rectangle.RenderTransform>
</Rectangle>
```

8）刻度之间的度数差别是 6°，下一刻度的代码如下，由于篇幅有限，其他刻度代码请读者添加。这里不再重复。

```
<Canvas x:Name="MarkersSmallCanvas">
<Rectangle x:Name="Small1" Style="{StaticResource MarkersSmall}">
<Rectangle.RenderTransform>
<TransformGroup>
<TranslateTransform X="-0.5" Y="104.25"/>
```

```
<RotateTransform Angle="186"/>
<TranslateTransform X="125" Y="125"/>
</TransformGroup>
</Rectangle.RenderTransform>
</Rectangle>

<Rectangle x:Name="Small2" Style="{StaticResource MarkersSmall}">
<Rectangle.RenderTransform>
<TransformGroup>
<TranslateTransform X="-0.5" Y="104.25"/>
<RotateTransform Angle="192"/>
<TranslateTransform X="125" Y="125"/>
</TransformGroup>
</Rectangle.RenderTransform>
</Rectangle>

</Canvas>
```

13.1.5　绘制毫秒表刻度

1）新建一个 Grid 元素，命名为 MarkersMiliSecondGrid，宽度与高度都设置为 250，然后新建一个 Canvas，命名为 MarkersMiliSecondCanvas，代码如下：

```
<Grid x:Name="MarkersMiliSecondsGrid" Width="250" Height="250">
<Canvas x:Name="MarkersMiliSecondsCanvas">
</Canvas>
</Grid>
```

2）在 MarkerMiliSecondCanvas 里绘制毫秒表刻度，代码如下：

```
<Rectangle x:Name="Mili10" Style="{StaticResource MarkersSmall}">
<Rectangle.RenderTransform>
<TransformGroup>
<TranslateTransform X="-0.5" Y="29.25"/>
<RotateTransform Angle="180"/>
<TranslateTransform X="163" Y="91"/>
</TransformGroup>
</Rectangle.RenderTransform>
</Rectangle>
```

3）其他刻度的偏差为 36°，由于篇幅有限，在此不再重复，读者可参考下面代码：

```
<Rectangle x:Name="Mili10" Style="{StaticResource MarkersSmall}">
<Rectangle.RenderTransform>
<TransformGroup>
<TranslateTransform X="-0.5" Y="29.25"/>
<RotateTransform Angle="180"/>
```

```
<TranslateTransform X="163" Y="91"/>
</TransformGroup>
</Rectangle.RenderTransform>
</Rectangle>

<Rectangle x:Name="Mili1" Style="{StaticResource MarkersSmall}">
<Rectangle.RenderTransform>
<TransformGroup>
<TranslateTransform X="-0.5" Y="29.25"/>
<RotateTransform Angle="216"/>
<TranslateTransform X="163" Y="91"/>
</TransformGroup>
</Rectangle.RenderTransform>
</Rectangle>
```

13.1.6 绘制十秒表刻度

1）新建一个 Grid 元素，命名为 MarkersTenSecondGrid，宽度与高度都设置为 250，然后新建一个 Canvas，命名为 MarkersTenSecondCanvas，代码如下：

```
<Grid x:Name="MarkersTenSecondsGrid" Width="250" Height="250">
<Canvas x:Name="MarkersTenSecondsCanvas">
</Canvas>
</Grid>
```

2）在 MarkerTenSecondCanvas 里绘制十秒表刻度，代码如下：

```
<Rectangle x:Name="Tenth10" Style="{StaticResource MarkersSmall}">
<Rectangle.RenderTransform>
<TransformGroup>
<TranslateTransform X="-0.5" Y="29.25"/>
<RotateTransform Angle="180"/>
<TranslateTransform X="87" Y="91"/>
</TransformGroup>
</Rectangle.RenderTransform>
</Rectangle>
```

3）同样，其他刻度差别是 36°，在此不再重复，读者可参考下面代码：

```
<Rectangle x:Name="Tenth10" Style="{StaticResource MarkersSmall}">
<Rectangle.RenderTransform>
<TransformGroup>
<TranslateTransform X="-0.5" Y="29.25"/>
<RotateTransform Angle="180"/>
<TranslateTransform X="87" Y="91"/>
</TransformGroup>
</Rectangle.RenderTransform>
```

```
</Rectangle>

<Rectangle x:Name="Tenth1" Style="{StaticResource MarkersSmall}">
<Rectangle.RenderTransform>
<TransformGroup>
<TranslateTransform X="-0.5" Y="29.25"/>
<RotateTransform Angle="216"/>
<TranslateTransform X="87" Y="91"/>
</TransformGroup>
</Rectangle.RenderTransform>
</Rectangle>
```

13.1.7　绘制数字

1）新建一个 Grid，命名为 NumGrid，然后新建一个 Canvas，命名为 NumCanvas，代码如下：

```
<Grid x:Name="NumGrid" Width="250" Height="250">
<Canvas x:Name="NumCanvas">
</Canvas>
</Grid>
```

2）然后在新建的 NumCanvas 里加入 TextBlock 元素，绘制时钟的数字，代码如下：

```
<Grid x:Name="NumGrid" Width="250" Height="250">
<Canvas x:Name="NumCanvas">
<TextBlock Height="19" HorizontalAlignment="Center" Margin="0,0,0,0"x:Name="Num12" Text="12" VerticalAlignment="Center" Width="19" Canvas.Left="117" Canvas.Top="20" TextWrapping="Wrap" FontSize="12" Foreground="White"/>
<TextBlock Height="19" HorizontalAlignment="Center" Margin="0,0,0,0" x:Name="Num1" VerticalAlignment="Center" Width="19" Canvas.Left="169" Canvas.Top="33.455" Text="1" TextWrapping="Wrap" FontSize="12" Foreground="White"/>
<TextBlock Height="19" HorizontalAlignment="Center" Margin="0,0,0,0" x:Name="Num2" VerticalAlignment="Center" Width="19" Canvas.Left="205" Canvas.Top="69.455" Text="2" TextWrapping="Wrap" FontSize="12" Foreground="White"/>
<TextBlock Height="19" HorizontalAlignment="Center" Margin="0,0,0,0" x:Name="Num3" VerticalAlignment="Center" Width="19" Canvas.Left="218" Canvas.Top="115.455" Text="3" TextWrapping="Wrap" FontSize="12" Foreground="White"/>
<TextBlock Height="17.455" x:Name="Num4" Width="7.629" Text="4" TextWrapping="Wrap" FontSize="12" Foreground="White" Canvas.Left="205" Canvas.Top="164.455"/>
<TextBlock Height="17.455" x:Name="Num5" Width="7.629" Text="5" TextWrapping="Wrap" FontSize="12" Foreground="White" Canvas.Left="169" Canvas.Top="199.455"/>
<TextBlock Height="17.455" x:Name="Num6" Width="7.629" Text="6" TextWrapping="Wrap" FontSize="12" Foreground="White" Canvas.Left="121.629" Canvas.Top="211.455"/>
<TextBlock Height="17.455" x:Name="Num7" Width="7.629" Text="7" TextWrapping="Wrap" FontSize="12" Foreground="White" Canvas.Left="72.629" Canvas.Top="199.455"/>
<TextBlock Height="17.455" x:Name="Num8" Width="7.629" Text="8" TextWrapping="Wrap" Font
```

```
Size="12" Foreground="White" Canvas.Left="37.629" Canvas.Top="164.455"/>
        <TextBlock Height="17.455" x:Name="Num9" Width="7.629" Text="9" TextWrapping="Wrap" Font
Size="12" Foreground="White" Canvas.Left="23.629" Canvas.Top="115.455"/>
        <TextBlock Height="17.455" x:Name="Num10" Width="7.629" Text="10" TextWrapping="NoWrap"
FontSize="12" Foreground="White" Canvas.Left="37.444" Canvas.Top="69.455"/>
        <TextBlock Height="17.455" x:Name="Num11" Width="7.629" Text="11" TextWrapping="NoWrap"
FontSize="12" Foreground="White" Canvas.Left="72.443" Canvas.Top="33.455"/>
        </Canvas>
        </Grid>
```

3）新建一个 Grid，命名为 NumMiliGrid，在 Grid 元素内新建一个 Canvas，命名为 NumMiliCanvas，然后添加 TextBlock 元素，具体参考以下代码：

```
        <Grid x:Name="NumMiliGrid" Width="250" Height="250">
        <Canvas x:Name="NumMiliCanvas">
        <TextBlock Height="9" Width="8" Canvas.Left="145.75" Canvas.Top="104.917" Text="6" Text
Wrapping="Wrap" Foreground="White" x:Name="NumMili6"FontSize="10"/>
        <TextBlock Height="9" Width="13" Canvas.Left="157.109" Canvas.Top="58.751" Text="10" Text
Wrapping="Wrap" Foreground="White" x:Name="NumMili10" FontSize="10"/>
        <TextBlock Height="9" Width="8" Canvas.Left="134.917" Canvas.Top="78.167" Text="8" Text
Wrapping="Wrap" Foreground="White" x:Name="NumMili8" FontSize="10"/>
        <TextBlock Height="9" Width="8" Canvas.Left="173" Canvas.Top="104.917" Text="4" Text
Wrapping="Wrap" Foreground="White" x:Name="NumMili4" FontSize="10"/>
        <TextBlock Height="9" Width="8" Canvas.Left="184.357" Canvas.Top="78.167" Text="2" Text
Wrapping="Wrap" Foreground="White" x:Name="NumMili2" FontSize="10"/>
        </Canvas>
        </Grid>
```

4）新建一个 Grid，命名为 NumTenGrid，在 Grid 元素内新建一个 Canvas，命名为 NumTenCanvas，然后添加 TextBlock 元素，具体参考以下代码：

```
        <Grid x:Name="NumTenGrid" Width="250" Height="250">
        <Canvas x:Name="NumTenCanvas" Width="250" Height="250">
        <TextBlock Height="9" Width="9" Text="6" TextWrapping="Wrap" Foreground="White" x:Name=
"NumTen6" FontSize="10" Canvas.Top="104.917" Canvas.Left="69.666"/>
        <TextBlock Height="9" Width="13" Text="10" TextWrapping="Wrap" Foreground="White" x:Name=
"NumTen10" FontSize="10" Canvas.Top="58.751" Canvas.Left="81.081"/>
        <TextBlock Height="9" Width="9" Text="8" TextWrapping="Wrap" Foreground="White" x:Name=
"NumTen8" FontSize="10" Canvas.Top="78.167" Canvas.Left="58.833"/>
        <TextBlock Height="9" Width="9" Text="4" TextWrapping="Wrap" Foreground="White" x:Name=
"NumTen4" FontSize="10" Canvas.Top="104.917" Canvas.Left="97"/>
        <TextBlock Height="9" Width="9" Text="2" TextWrapping="Wrap" Foreground="White" x:Name=
"NumTen2" FontSize="10" Canvas.Top="78.167" Canvas.Left="108.501"/>
        </Canvas>
        </Grid>
```

13.1.8 绘制表针并添加动画

1）新建一个 Grid，命名为 ClockHandsGrid，宽度与高度都设置为 250，并添加一个 Canvas，命名为 MiliSecondHandCanvas，下面代码是绘制毫秒的表针，并添加动画：

```
        <Canvas x:Name="MiliSecondsHandCanvas"Loaded="MiliSecondsHandCanvas_Loaded">
        <Canvas.Resources>
        <Storyboard x:Name="MiliSecondsHandStoryboard">
        <DoubleAnimation From="-9" To="351" Duration="00:00:01" RepeatBehavior="Forever"
              Storyboard.TargetProperty="(Polygon.RenderTransform).(RotateTransform.Angle)"
Storyboard.TargetName="MiliSecondHand"/>
        </Storyboard>
        </Canvas.Resources>
        <Polygon Name="MiliSecondHand"     Canvas.Left="162" Canvas.Top="67"
              Points="0,0 2,0 2,25 0,25">
        <Polygon.Fill>
        <LinearGradientBrush StartPoint="0,0" EndPoint="1,0">
        <LinearGradientBrush.GradientStops>
        <GradientStop Offset="0" Color="White"/>
        <GradientStop Offset="1" Color="DarkGray"/>
        </LinearGradientBrush.GradientStops>
        </LinearGradientBrush>
        </Polygon.Fill>
        <Polygon.RenderTransform>
        <RotateTransform x:Name="miliSecondHandAngle" Angle="0" CenterX="1" CenterY="25"/>
        </Polygon.RenderTransform>
        </Polygon>
        </Canvas>
```

2）在 MainPage.xaml 文件中，添加十秒表针，代码如下：

```
        <Canvas x:Name="TenthsHandCanvas" Loaded="TenthsHandCanvas_Loaded">
        <Canvas.Resources>
        <Storyboard x:Name="TenthHandStoryboard">
        <DoubleAnimation From="0" To="360" Duration="00:00:10" RepeatBehavior="Forever"
                  Storyboard.TargetProperty="(Polygon.RenderTransform).(RotateTransform.Angle)"
Storyboard.TargetName="TenthHand"/>
        </Storyboard>
        </Canvas.Resources>
        <Polygon Name="TenthHand"     Canvas.Left="86" Canvas.Top="67"
              Points="0,0 2,0 2,25 0,25">
        <Polygon.Fill>
        <LinearGradientBrush StartPoint="0,0" EndPoint="1,0">
        <LinearGradientBrush.GradientStops>
        <GradientStop Offset="0" Color="White"/>
        <GradientStop Offset="1" Color="DarkGray"/>
```

```
</LinearGradientBrush.GradientStops>
</LinearGradientBrush>
</Polygon.Fill>
<Polygon.RenderTransform>
<RotateTransform x:Name="tenthHandAngle" Angle="0" CenterX="1" CenterY="25"/>
</Polygon.RenderTransform>
</Polygon>
</Canvas>
```

3）同样，类似的添加时钟的时针、分针和秒针，代码如下：

```
<Canvas x:Name="ClockHandsCanvas">
<Canvas x:Name="SecondsHandCanvas" Loaded="SecondsHandCanvas_Loaded">
<Canvas.Resources>
<Storyboard x:Name="SecondsHandStoryboard">
<DoubleAnimation From="0" To="360" Duration="00:01:00" RepeatBehavior="Forever"
        Storyboard.TargetProperty="(Polygon.RenderTransform).(RotateTransform.Angle)" Story
board.TargetName="SecondHand"/>
</Storyboard>
</Canvas.Resources>

<Polygon Name="SecondHand"
            Canvas.Top="30" Canvas.Left="124"
            Points="0,0 2,0 2,95 0,95">
<Polygon.Fill>
<LinearGradientBrush StartPoint="0,0" EndPoint="1,0">
<LinearGradientBrush.GradientStops>
<GradientStop Offset="0" Color="White" />
<GradientStop Offset="1" Color="DarkGray" />
</LinearGradientBrush.GradientStops>
</LinearGradientBrush>
</Polygon.Fill>
<Polygon.RenderTransform>
<RotateTransform x:Name="secondHandAngle" Angle="0" CenterX="1" CenterY="95"/>
</Polygon.RenderTransform>
</Polygon>
</Canvas>

<Canvas x:Name="MinutesHandCanvas" Loaded="MinutesHandCanvas_Loaded">
<Canvas.Resources>
<Storyboard x:Name="MinutesHandStoryboard">
<DoubleAnimation From="0" To="360" Duration="01:00:00" RepeatBehavior="Forever"
    Storyboard.TargetProperty="(Polygon.RenderTransform).(RotateTransform.Angle)" Storyboard.Target
Name="MinuteHand"/>
</Storyboard>
</Canvas.Resources>
```

```
<Polygon Name="MinuteHand"
                                        Canvas.Top="45" Canvas.Left="123"
                                        Points="0,5 2.5,0 1,0 4,5 4,80 0,80">
<Polygon.Fill>
<LinearGradientBrush StartPoint="0,0" EndPoint="1,0">
<LinearGradientBrush.GradientStops>
<GradientStop Offset="0" Color="White" />
<GradientStop Offset="1" Color="DarkGray" />
</LinearGradientBrush.GradientStops>
</LinearGradientBrush>
</Polygon.Fill>
<Polygon.RenderTransform>
<RotateTransform x:Name="minuteHandAngle" CenterX="2.5" CenterY="80" />
</Polygon.RenderTransform>
</Polygon>
</Canvas>

<Canvas x:Name="HoursHandCanvas" Loaded="HoursHandCanvas_Loaded">

<Canvas.Resources>
<Storyboard x:Name="HoursHandStoryboard">
<DoubleAnimation From="0" To="360" Duration="12:00:00" RepeatBehavior="Forever"
      Storyboard.TargetProperty="(Polygon.RenderTransform).(RotateTransform.Angle)" Storyboard.Target
Name="HourHand"/>
</Storyboard>
</Canvas.Resources>

<Polygon Name="HourHand"
                  Canvas.Top="65" Canvas.Left="121"
                  Points="0,5 3,0 5,0 8,5 8,60 0,60">
<Polygon.Fill>
<LinearGradientBrush StartPoint="0,0" EndPoint="1,0">
<LinearGradientBrush.GradientStops>
<GradientStop Offset="0" Color="White" />
<GradientStop Offset="1" Color="DarkGray" />
</LinearGradientBrush.GradientStops>
</LinearGradientBrush>
</Polygon.Fill>
<Polygon.RenderTransform>
<RotateTransform x:Name="hourHandAngle" CenterX="4.5" CenterY="60" />
</Polygon.RenderTransform>
</Polygon>
</Canvas>

</Canvas>
```

4）添加时钟的中心点，代码如下：

```
<Canvas x:Name="CenterCircle" Width="10" Height="10">
<Ellipse Width="10" Height="10">
<Ellipse.Fill>
<LinearGradientBrush
 StartPoint="0.877, 0.004"
 EndPoint="0.231, 1">
<LinearGradientBrush.GradientStops>
<GradientStopCollection>
<GradientStop          Color="#FF020202"          Offset="0" />
<GradientStop          Color="#FF232323"          Offset="0.061" />
<GradientStop          Color="#FF4d4d4d"          Offset="0.066" />
<GradientStop          Color="#FF242424"          Offset="0.5" />
<GradientStop          Color="#FF000000"          Offset="0.505" />
<GradientStop          Color="#FF040404"          Offset="0.827" />
<GradientStop          Color="#FF292929"          Offset="0.966" />
<GradientStop          Color="#FF2e2e2e"          Offset="0.983" />
</GradientStopCollection>
</LinearGradientBrush.GradientStops>
</LinearGradientBrush>
</Ellipse.Fill>
</Ellipse>
</Canvas>
```

5）最后，给添加的指针添加动画处理，打开 MainPage.xaml.cs 文件，在初始化函数后面添加以下代码：

```
public MainPage()
{
InitializeComponent();
}

privatevoid SecondsHandCanvas_Loaded(object sender, RoutedEventArgs e)
{
this.SecondsHandStoryboard.Begin();
this.SecondsHandStoryboard.Seek(DateTime.Now.TimeOfDay);
}

privatevoid MinutesHandCanvas_Loaded(object sender, RoutedEventArgs e)
{
this.MinutesHandStoryboard.Begin();
this.MinutesHandStoryboard.Seek(DateTime.Now.TimeOfDay);
}

privatevoid HoursHandCanvas_Loaded(object sender, RoutedEventArgs e)
{
```

```
this.HoursHandStoryboard.Begin();
this.HoursHandStoryboard.Seek(DateTime.Now.TimeOfDay);
}

privatevoid MiliSecondsHandCanvas_Loaded(object sender, RoutedEventArgs e)
{
this.MiliSecondsHandStoryboard.Begin();
this.MiliSecondsHandStoryboard.Seek(DateTime.Now.TimeOfDay);
}

privatevoid TenthsHandCanvas_Loaded(object sender, RoutedEventArgs e)
{
this.TenthHandStoryboard.Begin();
this.TenthHandStoryboard.Seek(DateTime.Now.TimeOfDay);
}
```

13.1.9　最终效果图

时钟运行后最终效果如图 13-4 所示。

图 13-4　时钟运行后最终效果

13.2 豆瓣搜

本章通过一个完整的示例项目“豆瓣搜”，演示了在 Windows Phone 7 上开发以数据展示为中心的 Silverlight 应用程序的基本模式。

13.2.1 功能需求

豆瓣网具有一定的受众范围，是一个独具特色的 SNS 网络。图书、音乐、电影信息是豆瓣网的核心，用户可以在豆瓣上发布、查看、分享、评论这些信息。豆瓣网上的信息大都来自用户分享，豆瓣网很慷慨地开放了这些数据，提供了豆瓣服务 API 给开发者使用。

本项目“豆瓣搜”将实现豆瓣网图书、音乐、电影信息的搜索、查看功能，具体功能如下：

- 可根据关键词搜索豆瓣网上的图书、音乐、电影列表。
- 可查看单个图书、音乐、电影的详细信息。
- 可查看单个图书、音乐、电影的评论。
- 可设置每次最多显示的搜索结果数、评论数。
- 适当地进行本地缓存，以避免每次从网络访问数据带来的流量开销。

13.2.2 相关知识

豆瓣 API 以 REST 服务形式提供，直接通过 HTTP 即可调用，使用极其方便。本例中用到了以下一些豆瓣 API，各个 API 的 REST 地址分别如下。

（1）书籍/电影/音乐搜索

- http://api.douban.com/book/subjects。
- http://api.douban.com/movie/subjects。
- http://api.douban.com/music/subjects。

（2）书籍/电影/音乐详情

- http://api.douban.com/book/subject/{subjectID}。
- http://api.douban.com/music/subject/{subjectID}。
- http://api.douban.com/movie/subject/{subjectID}。

（3）书籍/电影/音乐的评论

- http://api.douban.com/book/subject/{subjectID}/reviews。
- http://api.douban.com/music/subject/{subjectID}/reviews。
- http://api.douban.com/movie/subject/{subjectID}/reviews。

限于篇幅，各个 API 返回的 XML 结构不在此处列出，请读者到以下网址查阅豆瓣 API 文档。

（1）书籍、电影、音乐 API

http://www.douban.com/service/apidoc/reference/subject

（2）评论 API

http://www.douban.com/service/apidoc/reference/review

13.2.3　用户界面设计

本应用程序包含 3 个基本的 XAML 页面。

1. 书籍/电影/音乐搜索主界面 MainPage.xaml

本页面使用 Pivot 控件实现，通过 3 个 PivotItem 分别展示搜书/搜乐/搜影的结果列表。搜书/搜乐/搜影的结果列表均通过 ListBox 呈现，如图 13-5 所示。

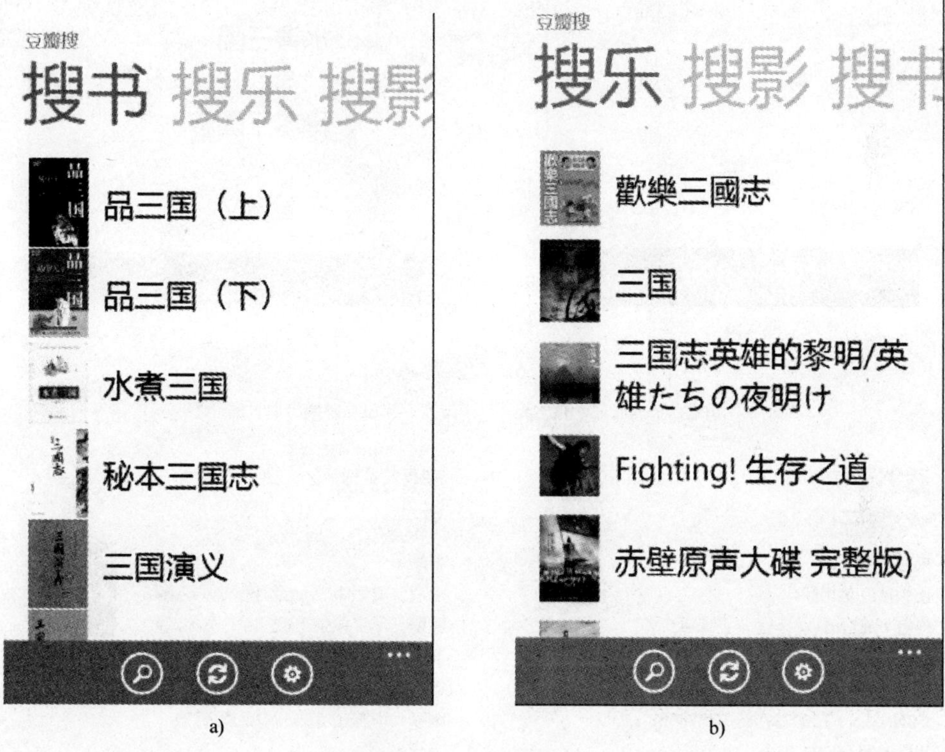

a)　　　　b)

图 13-5　豆瓣搜主界面

a)搜书结果列表　b)搜乐结果列表

页面上 Application Bar 中的 3 个按钮分别为：

- “搜索”，显示/隐藏搜索框。
- “刷新”，刷新列表。
- “设置”，转到设置页。

搜索关键词的输入，通过一个弹出的 Popup 来采集。通过 Application Bar 中的搜索按钮，可以随时控制 Popup 的显示/隐藏，如图 13-6 所示。

2. 书籍/电影/音乐详情页 DetailPage.xaml

在如图 13-5 所示的搜索结果列表中单击相应的书籍/电影/音乐标题，将跳转到相应项目的详情展示页，如图 13-7 所示。

图 13-7 中的图书详情展示页与电影详情展示页实质上是同一个页面，只是所用的控件模板不同而已。

豆瓣搜

搜书 搜乐 搜影

三国

a)

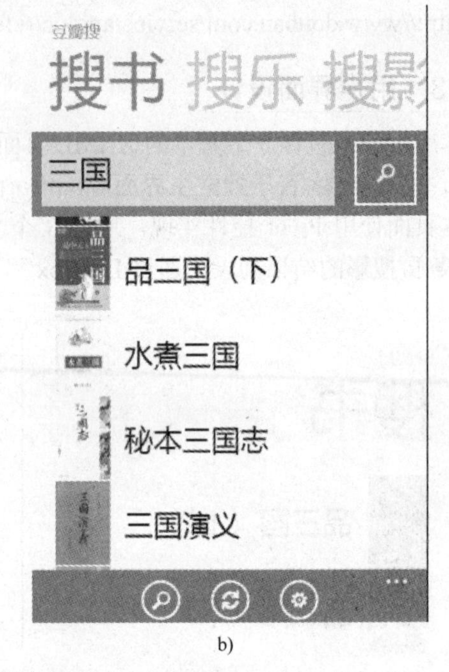

b)

图 13-6 搜索框 Popup

a)进入页面时显示搜索框 b)单击搜索按钮随时调出搜索框

图书详情

水煮三国

书名:水煮三国

出版社:中信出版社

作者：成君忆

价格：[26.0]

页数：310

ISBN/ISSN：7800737985/97878007

出版时间：2003-07

译者：

别名/副标题：/

作品简介

作者简介

成君忆先生现任亚太人力资源研究协会（APHRA）副秘书长。他是一位具有10年从业资历的企业管理顾问，在塑造品牌特征、整合营销传播、组织设计、人才选拔、职业生涯规划、团队建设等诸多领域都有突出的表现。他的客户包括一些世界500强企业的在华机构。

最新评论

a)

电影详情

赤壁（下）

导演:吴宇森

主演：梁朝伟/金城武/张丰毅/赵薇/

编剧：吴宇森/盛和煜/陈汗/郭筝/罗

上映时间：/2009-01-07

出版者:

国家：中国/香港/日本/台湾/韩国

语言：

站点：

作品简介

最新评论

查看/刷新评论

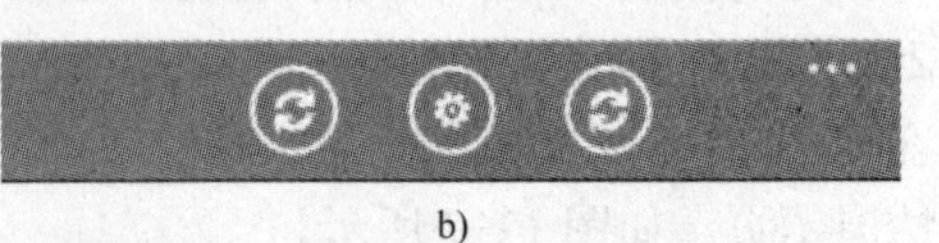

b)

图 13-7 详情展示页

a)图书详情展示页 b)电影详情展示页

单击页面下方最新评论部分的“查看/刷新评论”将会加载/刷新对应项目的评论列表，如图 13-8 所示。

a)

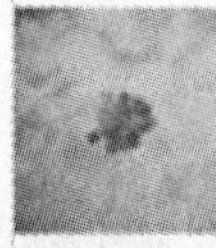

b)

图 13-8 详情展示页和评论列表

a)图书评论列表 b)电影评论列表

页面中 Application Bar 的 3 个按钮分别表示为：

- “刷新详情”，刷新项目详情信息。
- “设置”，转到设置页。
- “刷新评论”，刷新评论列表。

单击 Application Bar 右侧的“...”，展开的菜单中包含有两个选项如图 13-9a 所示。

- “短信分享”：通过短信与好友分享该项目，如图 13-9b 所示。
- “浏览器中查看”：在浏览器中查看相应项目的 Web 页面以获取更多信息。

3．应用程序设置页 SettingPage.xaml

设置页提供设置最多搜索结果显示数和最多评论显示数两个配置项，为了方便用户输入，使用两个 Slider 作为输入控件，如图 13-10 所示。

页面 Application Bar 中包含以下内容。

- “保存”：保存当前设置并返回前一页面。

- “取消”：返回前一页面。
- “清空缓存”：清空应用程序的本地缓存。
- “恢复默认设置”：恢复应用程序默认设置。

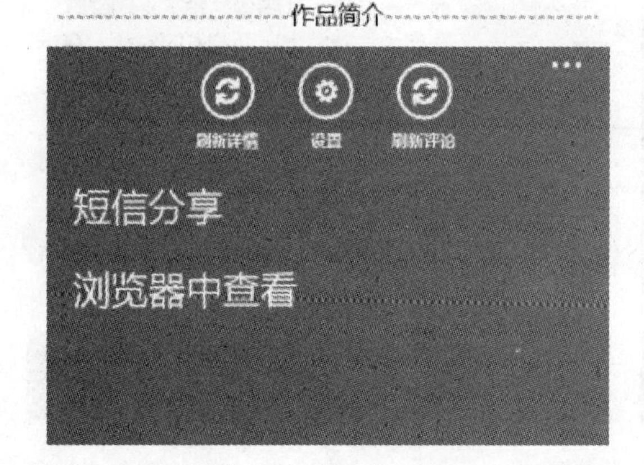

a)　　　　b)

图 13-9　详情展示页 Application Bar 和短信分享

a)详情展示页 Application Bar　b)短信分享

13.2.4　缓存设计

适当减少网络访问一方面可以减少用户的等待时间、提高用户体验，一方面可以减少网络流量，因而进行适度的缓存是很有必要的。

本例中借助独立存储实现本地缓存，缓存以 URL 为标识，每个 URL 对应一个缓存文件。当应用程序试图访问某 URL 时，首先检查本地独立存储中是否有该 URL 对应的缓存文件，如果有则直接读取本地缓存文件；如果没有则从网络抓取相应的 URL 数据，同时将数据以 URL 为标识缓存到本地独立存储中以备下次使用。

所有 URL 的缓存文件将一直有效，直到用户通过设置页“清空缓存”。或者用户在相应页面手动刷新时也会重新从网络获取最新文件同时删除本地缓存文件。

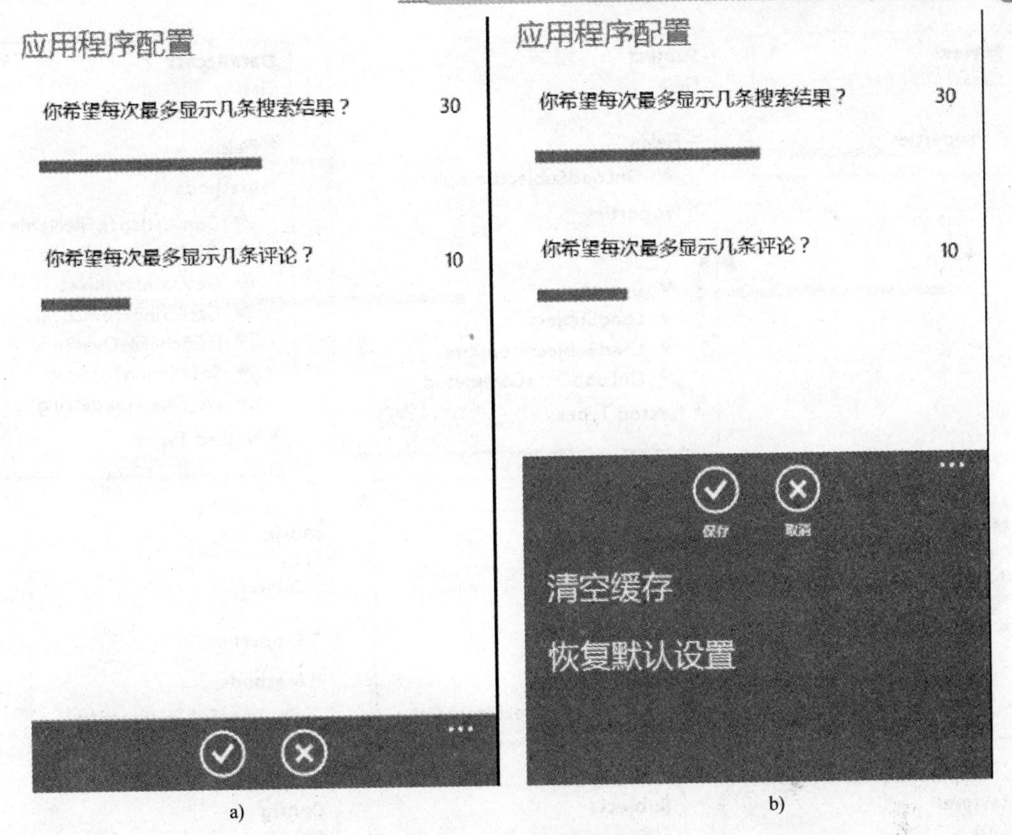

图 13-10　应用程序设置页

13.2.5　类结构设计

为了避免项目结构复杂化，豆瓣搜项目采用比较简单的单类结构，没有进行太明确的分层设计。如图 13-11 所示。

- DataAccess 类为数据访问工具类，其中包含了网络访问和缓存的逻辑。
- Config 为应用程序设置类，用以存储应用程序设置信息。
- Book、Music、Movie 有着很多共同属性及行为，因此，继承自同一个公共基类 Subject。其中 LoadSubjectFromXml 为解析 XML 字符串获得相应对象的方法，在基类中定义为虚方法，在子类中分别实现其相应逻辑。
- Books、Musics、Movies 为 Book、Music、Movie 类的集合类，同样有着公共基类 Subjects。
- Review、Reviews 为评论类、评论集合类。

13.2.6　创建项目结构

1）新建项目 DouBanSerach。

2）添加额外的程序集引用。

- Microsoft.Phone.Controls。
- System.Xml.Linq。

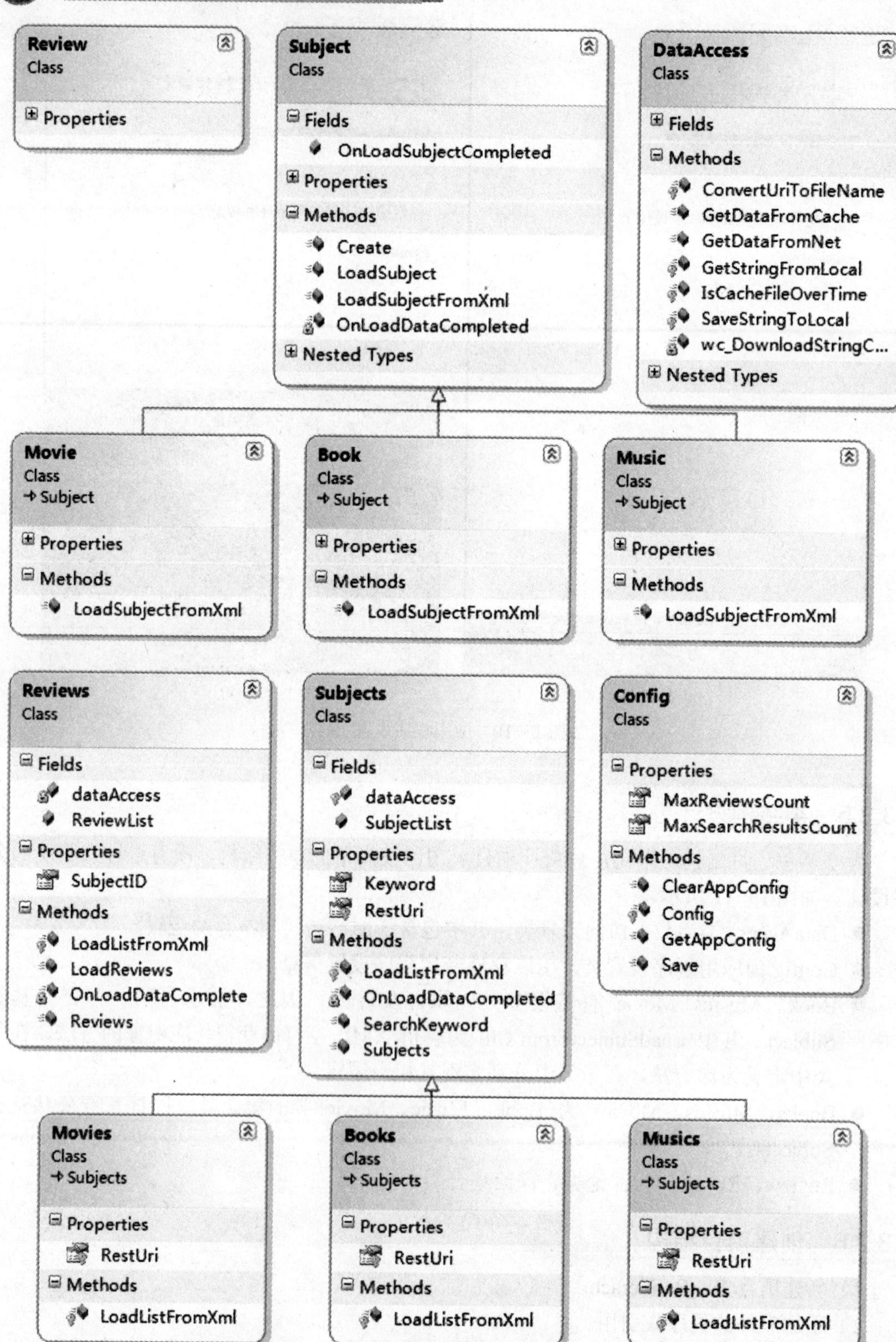

图 13-11 豆瓣搜核心类关系图

3）在项目中创建图片文件夹 Images，并从 C:\Program Files\Microsoft SDKs\Windows Phone\v7.0\Icons\dark 文件夹添加所需图片，设置其 Build Action 属性为 Content，如图 13-12 所示。

Images
- appbar.back.rest.png
- appbar.cancel.rest.png
- appbar.check.rest.png
- appbar.feature.search.rest.png
- appbar.feature.settings.rest.png
- appbar.next.rest.png
- appbar.refresh.rest.png

图 13-12 添加所需图片

4）创建 App_Code 文件夹，用以存放稍后创建的代码文件。

5）在 App.xaml 文件中，创建全局资源字典。代码如下：

```
<Application.Resources>
        <SolidColorBrush x:Key="MainBackColor" Color="White" />
        <SolidColorBrush x:Key="MainForeColor" Color="Black" />
        <Style TargetType="TextBlock" x:Key="PageTitleStyle">
                <Setter Property="FontSize" Value="30"/>
        </Style>
        <Style TargetType="TextBlock" x:Key="SubjectTitle">
                <Setter Property="FontSize" Value="35"/>
        </Style>
        <Style TargetType="StackPanel" x:Key="StackPanelStyle">
                <Setter Property="Margin" Value="0,3,0,3"/>
        </Style>
        <Style x:Key="SliderStyle" TargetType="Slider">
                <Setter Property="Background" Value="LightGray"/>
        </Style>
</Application.Resources>
```

13.2.7 实现核心类

1. 实现数据访问类 DataAccess

在 App_Code 下创建类 DataAccess 作为数据访问类，用以封装所有的数据存取操作，包括网络数据和本地缓存的访问。

> **注意：**
> 在 App_Code 下添加的类命名空间会自动设置为 DouBanSerach. App_Code，本例中为使用方便统一改为 DouBanSerach。

另外，该类需额外引用的命名空间：

- using System.IO.IsolatedStorage。
- using System.IO。

1）在 DataAccess 类中添加如下成员。其中委托 OnLoadDataCompleted 表示数据异步载入成功后的回调。代码如下：

```
public delegate void  LoadDataCompleted(string result);
public  LoadDataCompleted  OnLoadDataCompleted;

private bool isNeedCache;
private string uri;
private IsolatedStorageFile storage = IsolatedStorageFile.GetUserStoreForApplication();
```

2）添加从网络获取数据的方法 GetDataFromNet。参数 isNeedCache 指示结果是否需要缓存到本地。代码如下：

```
public void GetDataFromNet(string uri,bool isNeedCache)
        {
                this.uri = uri;
                this.isNeedCache = isNeedCache;
                WebClient wc = new WebClient();
                wc.DownloadStringCompleted += new DownloadStringCompletedEventHandler(wc_Down
loadStringCompleted);
                wc.DownloadStringAsync(new Uri(uri));
        }
        void wc_DownloadStringCompleted(object sender, DownloadStringCompletedEventArgs e)
        {
                if (this.isNeedCache)
                {
                        string fileName = ConvertUriToFileName(this.uri);
                        SaveStringToLocal(fileName, e.Result);
                }
                this.OnLoadDataCompleted(e.Result);
        }
```

3）添加从本地缓存获取数据的方法 GetDataFromCache。首先判断所指定的 URI 是否有对应的本地缓存文件，若有直接从本地读取，否则从网络获取，同时缓存到本地。代码如下：

```
public void GetDataFromCache(string uri)
{
        this.uri = uri;
        this.isNeedCache = true;
        string fileName = ConvertUriToFileName(uri);
        if (storage.FileExists(fileName))
        {
```

```
                string data = GetStringFromLocal(fileName);
                this.OnLoadDataCompleted(data);
            }
            else
            {
                this.GetDataFromNet(uri,true);
            }
        }
```

4）添加存取本地独立存储的方法。代码如下：

```
protected string GetStringFromLocal(string fileName)
{
    using (StreamReader reader = new StreamReader(storage.OpenFile(fileName, FileMode.Open)))
    {
        return reader.ReadToEnd() ;
    }
}
protected void SaveStringToLocal(string fileName,string data)
{
    using (StreamWriter writer = new StreamWriter(storage.OpenFile(fileName, FileMode.Create)))
    {
        writer.Write(data);
    }
}
```

5）添加将 URI 转换为文件名的方法 ConvertUriToFileName。代码如下：

```
protected string ConvertUriToFileName(string uri)
{
    return uri.Replace('/', '_').Replace('?', '!').Replace('&','-').Replace(':','~');
}
```

2. 实现应用程序配置类 Config

在 App_Code 下创建类 Config 作为应用程序配置类，将配置信息保存在独立设置存储中，可以方便地通过键值对形式访问。

> **提示：**
> 需要说明的是此处通过 protected 隐藏了 Config 类的构造方法，而通过一个静态方法 GetAppConfig 类创建 Config 实例，此种用法的妙处请读者自行体会。

另外，该类需额外引用的命名空间：

- using System.IO.IsolatedStorage。

```
/// <summary>
/// 应用程序配置类
/// </summary>
```

```
public class Config
{
    public int MaxSearchResultsCount { get; set; } //最多搜索结果条数
    public int MaxReviewsCount { get; set; }        //最多评论条数

    protected Config() { }

    /// <summary>
    /// 获取配置对象
    /// </summary>
    /// <returns></returns>
    public static Config GetAppConfig()
    {
        if (IsolatedStorageSettings.ApplicationSettings.Contains("AppConfig"))
        {
            return IsolatedStorageSettings.ApplicationSettings["AppConfig"] as Config;
        }
        else
        {
            return new Config{
                MaxSearchResultsCount=30,
                MaxReviewsCount=10
            };
        }
    }

    /// <summary>
    /// 清除当前的自定义 AppConfig 设置
    /// </summary>
    public void ClearAppConfig()
    {
        IsolatedStorageSettings.ApplicationSettings.Remove("AppConfig");
        IsolatedStorageSettings.ApplicationSettings.Save();
    }

    /// <summary>
    /// 保存当前配置对象
    /// </summary>
    public void Save()
    {
        IsolatedStorageSettings.ApplicationSettings["AppConfig"] = this;
        IsolatedStorageSettings.ApplicationSettings.Save();
    }
}
```

定义完成后，在 App.xaml.cs 文件的 App 类中声明一个静态 Config 类对象，代表当前应

用程序的配置，在全局范围内使用。

```
public static Config AppConfig=Config.GetAppConfig();
```

3. 实现 Subject 公共基类

在 App_Code 下创建类 Subject 作为书籍、音乐、图书的公共基类，封装了它们的一些公共属性和方法。

另外，需额外添加的命名空间引用：

- using System.Collections.Generic。
- using System.Xml.Linq。
- using System.Xml。
- using System.Linq。
- using System.IO。

1）在 DouBanSearch 命名空间中添加一个枚举类型的定义，表示对象类型。

```
public enum SubjectType { Book, Music, Movie, None }
```

2）在 Subject 类中定义所有的公共属性。

```
public string ID { get; set; }
public string Title { get; set; }
public string Summary { get; set; }
public List<string> Authors { get; set; }
public string PageUri { get; set; }
public string ApiUri { get; set; }
public string ImageUri { get; set; }
public Dictionary<string, int> Tags { get; set; }
public Rate Rating { get; set; }
public string ShortID { get; set; }
public SubjectType SubType { get; set; }
```

3）添加一个静态方法 Create，根据传入的 ID 类型创建不同类型的实例（实际上类似于一个工厂）。

```
public static Subject Create(string subjectID)
{
    Subject instance=null;
    if(subjectID.Contains("book") )
    {
        instance = new Book();
        instance.SubType = SubjectType.Book;
    }
    else if(subjectID.Contains("movie"))
    {
        instance = new Movie();
        instance.SubType = SubjectType.Movie;
```

```
        }
        else if(subjectID.Contains("music"))
        {
            instance = new Music();
            instance.SubType = SubjectType.Music;
        }
        instance.ID = subjectID;
        instance.ShortID = subjectID.Substring(subjectID.LastIndexOf('/')+1);
        return instance;
    }
```

4）添加 LoadSubject 方法，根据对象 ID（豆瓣 API 中，实际上就是对象的 Rest URI）从网络或缓存载入相应数据，并使用 LinQ-XML 解析为对象。

其中 LoadSubject 方法的参数 isRefresh 指示此次载入是否刷新行为；委托 OnLoadSubjectCompleted 表示载入数据成功后的回调方法。

```
public delegate void LoadSubjectCompleted();
public LoadSubjectCompleted OnLoadSubjectCompleted;
public void LoadSubject(bool isRefresh)
{
    DataAccess dataAccess = new DataAccess();
    dataAccess.OnLoadDataCompleted += OnLoadDataCompleted;
    if (isRefresh)
    {
        dataAccess.GetDataFromCache(this.ID);
    }
    else
    {
        dataAccess.GetDataFromNet(this.ID,true);
    }
}

/// <summary>
/// 载入数据成功后的回调方法
/// </summary>
/// <param name="result">包含数据的字符串</param>
private void OnLoadDataCompleted(string result)
{
    XElement entry = XElement.Parse(result);
    LoadSubjectFromXml(entry);
    OnLoadSubjectCompleted();
}

/// <summary>
///解析 XML 节点获得对象的虚方法
/// </summary>
```

```
/// <param name="entry">XML 元素</param>
public virtual void LoadSubjectFromXml(XElement entry)
{
    XNamespace xn = "http://www.w3.org/2005/Atom";
    XNamespace db = "http://www.douban.com/xmlns/";
    XNamespace gd = "http://schemas.google.com/g/2005";

    this.ID = entry.Element(xn + "id").Value;
    this.Title = entry.Element(xn + "title").Value;
    if (entry.Element("summary") != null)
    {
        this.Summary = entry.Element("summary").Value;
    }

    IEnumerable<XElement> links = entry.Elements(xn + "link");
    this.ApiUri = links.ElementAt(0).Attribute("href").Value;
    this.PageUri = links.ElementAt(1).Attribute("href").Value;
    this.ImageUri = links.ElementAt(2).Attribute("href").Value;

    XElement rate = entry.Element(gd + "rating");
    this.Rating = new Rate
    {
        Max = Convert.ToInt32(rate.Attribute("max").Value);
        Min = Convert.ToInt32(rate.Attribute("min").Value);
        NumRates = Convert.ToInt32(rate.Attribute("numRaters").Value);
        Average = Convert.ToDouble(rate.Attribute("average").Value);
    }

    this.Authors = new List<string>();
    this.Tags = new Dictionary<string, int>();
    foreach (XElement tag in entry.Elements(db + "tag"))
    {
        string name = tag.Attribute("name").Value;
        int count = Convert.ToInt32(tag.Attribute("count").Value);
        this.Tags[name] = count;
    }
}
```

提示：

此处 LoadSubjectFromXml 只解析了子类的一些公共属性，各个子类特有的属性留给子类自己解析，声明为虚方法正是为了给子类覆盖该方法的机会。

4．实现 Book 类

在 App_Code 文件夹下创建 Book 类。Book 类继承自 Subject 类，添加了一些书籍特有的属性，重写了解析 XML 的方法。

另外，需额外添加的命名空间：

- using System.Collections.Generic。
- using System.Xml.Linq。
- using System.Collections.ObjectModel。
- using System.Linq。

```
public class Book:Subject
{
    public string Isbn10 { get; set; }
    public string Isbn13 { get; set; }
    public string Issn { get; set; }
    public string Pages { get; set; }
    public List<string> Translators { get; set; }
    public string Price { get; set; }
    public string Publisher { get; set; }
    public string PubDate { get; set; }
    public string Binding { get; set; }
    public string AuthorInto { get; set; }
    public string Subtitle { get; set; }
    public string Aka { get; set; }

    /// <summary>
    /// 解析 XML 节点获得 Book 对象
    /// </summary>
    /// <param name="entry">XML 元素</param>
    public override void LoadSubjectFromXml(XElement entry)
    {
        base.LoadSubjectFromXml(entry);

        XNamespace db = "http://www.douban.com/xmlns/";
        this.Translators = new List<string>();
        foreach (XElement dbAttrib in entry.Elements(db + "attribute"))
        {
            switch (dbAttrib.Attribute("name").Value)
            {
                case "author":
                    this.Authors.Add(dbAttrib.Value); break;
                case "translator":
                    this.Translators.Add(dbAttrib.Value); break;
                case "author-intro":
                    this.AuthorInto = dbAttrib.Value; break;
                case "isbn10":
                    this.Isbn10 = dbAttrib.Value; break;
                case "isbn13":
                    this.Isbn13 = dbAttrib.Value; break;
                case "issn":
```

```
                    this.Issn = dbAttrib.Value; break;
                case "price":
                    this.Price = "[" + dbAttrib.Value + "]"; break;
                case "publisher":
                    this.Publisher = dbAttrib.Value; break;
                case "pubdate":
                    this.PubDate = dbAttrib.Value; break;
                case "pages":
                    this.Pages =dbAttrib.Value; break;
                case "binding":
                    this.Binding = dbAttrib.Value; break;
                case "aka":
                    this.Aka = dbAttrib.Value; break;
                case "subtitle":
                    this.Subtitle = dbAttrib.Value; break;
            }
        }
    }
}
```

5．实现 Subjects 类

在 App_Code 文件夹下创建 Subjects 类。该类是 Subject 类的集合类，封装了一个 Subject 集合和一些通用方法。

另外，需额外添加的命名空间：

- using System.Collections.ObjectModel。

```
public class Subjects
{
    public ObservableCollection<Subject> SubjectList;
    public string Keyword { get; set; }
    protected virtual string RestUri
    {
        get { return ""; }
    }
    protected DataAccess dataAccess;

    public Subjects()
    {
        this.SubjectList = new ObservableCollection<Subject>();
        this.dataAccess = new DataAccess();
        this.dataAccess.OnLoadDataCompleted += OnLoadDataCompleted;
    }

    /// <summary>
    /// 搜索关键字
    /// </summary>
```

```
        /// <param name="isRefresh">是否刷新操作</param>
        public void SearchKeyword(bool isRefresh)
        {
            int maxSearResults = App.AppConfig.MaxSearchResultsCount;
            string uri = string.Format("{0}?tag={1}&max-results={2}", this.RestUri, this.Keyword,
maxSearResults);
            if (isRefresh)
            {
                dataAccess.GetDataFromNet(uri,true);
            }
            else
            {
                dataAccess.GetDataFromCache(uri);
            }
        }
        void OnLoadDataCompleted(string result)
        {
            LoadListFromXml(result);
        }
        /// <summary>
        /// 从 XML 中解析 Subject 对象列表的虚方法
        /// </summary>
        /// <param name="xmlList">XML 串</param>
        protected virtual void LoadListFromXml(string xmlList)
        {
        }
    }
```

6．实现 Books 类

在 App_Code 文件夹下创建 Books 类。该类是 Book 类的集合类，实现了 Book 集合的解析。

另外，需额外添加的命名空间：

- using System.Xml.Linq。
- using System.Collections.Generic。

```
    public class Books:Subjects
    {
        /// <summary>
        /// Book 类要请求的 RestApi 的基础 Uri
        /// </summary>
        protected override string RestUri
        {
            get { return "http://api.douban.com/book/subjects"; }
        }

        /// <summary>
```

```
        /// 解析 XML 数据获得对象列表
        /// </summary>
        /// <param name="xmlBookList">包含图书列表信息的 XML 字符串</param>
        protected override void LoadListFromXml(string xmlBookList)
        {
            this.SubjectList.Clear();

            XNamespace xn = "http://www.w3.org/2005/Atom";
            XElement feed = XElement.Parse(xmlBookList);
            IEnumerable<XElement> entrys = feed.Elements(xn + "entry");
            foreach (XElement entry in feed.Elements(xn + "entry"))
            {
                Book book = new Book();
                book.LoadSubjectFromXml(entry);
                this.SubjectList.Add(book);
            }
        }
    }
```

7．实现 Music/Musics、Movie/Movies 类

Music/Musics、Movie/Movies 类的实现与 Book/Books 类完全类同，都继承自 Subject/Subjects 类，因而此处不再列出代码，完整代码请参考随书光盘。

8．实现 Review/Reviews

Review 类定义了评论的基本属性成员，Reviews 类定义了 Review 集合的基本属性和操作。完整代码请参考随书光盘。

13.2.8 创建主页面

主页面即 MainPage 页面，UI 效果如图 13-5、图 13-6 所示。页面使用一个 Pivot 控件进行整体布局，包含 3 个 PivotItem，分别显示图书、音乐、电影的搜索结果。

（1）在 MainPage.xaml 页面添加资源定义

在 MainPage.xaml 的页面范围添加资源字典定义，其中定义了一个数值转换器 converterIdToUri（其转换器类型定义在 cs 页面中），用以将 Subject 的 ID 转换为相应项的 Detail 页面 URI；定义了一个数据模板 SubjectListTemplate，用做页面中 3 个列表的数据模板。

```
    <phone:PhoneApplicationPage.Resources>
        <local:SubjectIdToDetailUri x:Key="converterIdToUri"/>
        <DataTemplate x:Key="SubjectListTemplate">
            <HyperlinkButton NavigateUri="{Binding ID,Converter={StaticResource converterIdToUri}}"
MinHeight="100" Padding="2" >
                <HyperlinkButton.Template>
                    <ControlTemplate>
                        <Grid >
                            <Grid.ColumnDefinitions>
```

```
                        <ColumnDefinition Width="100"/>
                        <ColumnDefinition Width="*"/>
                    </Grid.ColumnDefinitions>
                    <Image Source="{Binding ImageUri}" Stretch="Uniform" Width="66"
Height="98" HorizontalAlignment="Center" />
                    <TextBlock Grid.Column="1" Text="{Binding Title}" VerticalAlign
ment="Center" TextWrapping="Wrap" Foreground="{StaticResource MainForeColor}" Style="{StaticResource
SubjectTitle}" />
                </Grid>
            </ControlTemplate>
        </HyperlinkButton.Template>
    </HyperlinkButton>
</DataTemplate>
</phone:PhoneApplicationPage.Resources>
```

（2）创建 MainPage.xaml 页面 UI

创建如图 13-5 所示的主页面的 UI，最终得到的 XAML 代码如下：

```
<Grid x:Name="LayoutRoot" Background="{StaticResource MainBackColor}">
    <controls:Pivot x:Name="rootPivot" Title=" 豆 瓣 搜 "
SelectionChanged="rootPivot_SelectionChanged" Foreground="{StaticResource PhoneAccentBrush}">
        <controls:PivotItem Header="搜书" >
            <ListBox x:Name="lbBooks" ItemsSource="{Binding}" ItemTemplate="{StaticResource
SubjectListTemplate}" />
        </controls:PivotItem>
        <controls:PivotItem Header="搜乐">
            <ListBox x:Name="lbMusics" ItemsSource="{Binding}" ItemTemplate="{StaticResource
SubjectListTemplate}" />
        </controls:PivotItem>
        <controls:PivotItem Header="搜影">
            <ListBox x:Name="lbMovies" ItemsSource="{Binding}" ItemTemplate="{Static
Resource SubjectListTemplate}" />
        </controls:PivotItem>
    </controls:Pivot>
</Grid>
```

（3）创建如图 13-5 所示的 Application Bar，代码如下：

```
<phone:PhoneApplicationPage.ApplicationBar>
    <shell:ApplicationBar IsVisible="True" IsMenuEnabled="True" Opacity="1" BackgroundColor=
"{StaticResource PhoneAccentColor}" >
        <shell:ApplicationBarIconButton x:Name="barButtonSearch" IconUri="/Images/appbar.
feature.search.rest.png" Text="搜索" Click="barButtonSearch_Click"/>
        <shell:ApplicationBarIconButton x:Name="barButtonRefreshList" IconUri="/Images/appbar.
refresh.rest.png" Text="刷新" Click="barButtonRefreshList_Click"/>
        <shell:ApplicationBarIconButton x:Name="barButtonSetting" IconUri="/Images/appbar.
feature.settings.rest.png" Text="设置" Click="barButtonSetting_Click" />
```

```
        </shell:ApplicationBar>
    </phone:PhoneApplicationPage.ApplicationBar>
```

> **提示：**
> 以上代码中出现的 PhoneAccentColor、PhoneAccentBrush 均为系统内置的资源，代表当前系统主题强调色/强调画刷，实际颜色会根据用户设置的系统主题而变化。

（4）添加 MainPage 类的成员

在 MainPage.xaml.cs 文件中的 MainPage 类中添加如下成员：

```
Subjects[] subjectsList=new Subjects[3];
Popup pop;
string keyword;
```

（5）绘制搜索框

绘制如图 13-6 所示的搜索框，实际上是在 C#代码中动态生成的。此处 InitPop 即实现初始化该 Popup 对话框的逻辑。绘制代码如下：

```
void InitPop()
{
    pop = new Popup();

    StackPanel panel = new StackPanel();
    panel.Orientation = System.Windows.Controls.Orientation.Horizontal;
    panel.HorizontalAlignment = HorizontalAlignment.Stretch;
    panel.VerticalAlignment = VerticalAlignment.Top;
    panel.Height = 100;
    panel.Width = 480;
    panel.Margin = new Thickness(0,150, 0, 0);
    panel.VerticalAlignment = VerticalAlignment.Bottom;
    panel.Background = Application.Current.Resources["PhoneAccentBrush"] as SolidColorBrush;

    TextBox txbKeyword = new TextBox();
    txbKeyword.Height = 100;
    txbKeyword.Width = 380;
    txbKeyword.FontSize = 40;
    txbKeyword.Text = "三国";
    txbKeyword.TextChanged += new TextChangedEventHandler(txbKeyword_TextChanged);

    Image imgSearch = new Image();
    imgSearch.Source = new BitmapImage(new Uri("/Images/appbar.feature.search.rest.png", UriKind.
Relative));
    imgSearch.Stretch = Stretch.Uniform;

    Button btnSearch = new Button();
    btnSearch.Height = 100;
```

```
        btnSearch.Width = 100;
        btnSearch.Content = imgSearch;
        btnSearch.Click += new RoutedEventHandler(btnSearch_Click);

        panel.Children.Add(txbKeyword);
        panel.Children.Add(btnSearch);
        pop.Child = panel;
        this.LayoutRoot.Children.Add(pop);
        pop.IsOpen = true;
    }
    void txbKeyword_TextChanged(object sender, TextChangedEventArgs e)
    {
        this.keyword = ((TextBox)sender).Text.Trim();
    }
```

（6）实现搜索功能

用户单击搜索框中的搜索按钮时，搜索当前 PivotItem 对应的项目，并显示在列表中。代码如下：

```
    void btnSearch_Click(object sender, RoutedEventArgs e)
    {
        switch (rootPivot.SelectedIndex)
        {
            case 0:
                subjectsList[0] = new Books();
                subjectsList[0].Keyword = this.keyword;
                subjectsList[0].SearchKeyword(false);
                lbBooks.DataContext = subjectsList[0].SubjectList;
                this.pop.IsOpen = false;
                break;
            case 1:
                subjectsList[1] = new Musics();
                subjectsList[1].Keyword = this.keyword;
                subjectsList[1].SearchKeyword(false);
                lbMusics.DataContext = subjectsList[1].SubjectList;
                this.pop.IsOpen = false;
                break; ;
            case 2:
                subjectsList[2] = new Movies();
                subjectsList[2].Keyword = this.keyword;
                subjectsList[2].SearchKeyword(false);
                lbMovies.DataContext = subjectsList[2].SubjectList;
                this.pop.IsOpen = false;
                break;
        }
    }
```

（7）实现 Application Bar 事件处理程序等

```
//单击 ApplicationBar 的搜索按钮
private void barButtonSearch_Click(object sender, EventArgs e)
{
    pop.IsOpen = !pop.IsOpen;
}

//从网络刷新搜索结果
private void barButtonRefreshList_Click(object sender, EventArgs e)
{
    if (subjectsList[rootPivot.SelectedIndex] != null)
    {
        subjectsList[rootPivot.SelectedIndex].SearchKeyword(true);
    }
}

//设置
private void barButtonSetting_Click(object sender, EventArgs e)
{
    NavigationService.Navigate(new Uri("/SettingPage.xaml", UriKind.Relative));
}

//PivotItem 切换
private void rootPivot_SelectionChanged(object sender, SelectionChangedEventArgs e)
{
    ListBox subjectListBox = (rootPivot.SelectedItem as PivotItem ).Content as ListBox;
    this.pop.IsOpen = (subjectListBox.Items.Count == 0);
}
```

（8）定义 SubjectID 转化为 DetaiPage 页面 Uri 的 Converter

> **注意：**
> 该转换器类是直接定义在 DouBanSearch 命名空间下而不是定义在 MainPage 类中。

```
public class SubjectIdToDetailUri :IValueConverter
{
        public object Convert(object value, Type targetType, object parameter, System.Globalization.
CultureInfo culture)
        {
            return "/DetailPage.xaml?id=" + value.ToString();
        }
        public object ConvertBack(object value, Type targetType, object parameter, System.Globalization.
CultureInfo culture)
        {
            throw new NotImplementedException();
        }
}
```

至此，MainPage 页面创建完成。可以运行当前项目以查看基本运行情况。

13.2.9 创建详情展示页

详情展示页基本布局为上方显示书籍/音乐/图书项目详情，下方显示项目对应的评论列表。评论列表布局、字段完全相同，因此，可以共用一个数据模板。而书籍/音乐/图书要展示的详细信息各不相同，因此，需要为各自建立一个独立的数据模板，在页面载入时根据要显示的项目类型，动态指定模板。

（1）创建详情页

在项目根目录下创建一个 DetailPage.xaml 页面作为详情显示页。为页面添加资源字典并在其中定义一个 ListToStringConverter 类型的实例 converter，用以实现 List 数据转换为字符串显示。代码如下：

```
<phone:PhoneApplicationPage.Resources>
    <local:ListToStringConverter x:Key="converter" />
</phone:PhoneApplicationPage.Resources>
```

（2）创建评论列表的数据模板

在上一步定义的资源字典部分添加评论列表的数据模板。代码如下：

```
<DataTemplate x:Key="dtReviewsList">
    <Border HorizontalAlignment="Stretch" BorderThickness="1" BorderBrush="#FFDEE2CB"
CornerRadius="10">
        <Grid ShowGridLines="False">
            <Grid.ColumnDefinitions>
                <ColumnDefinition Width="100" />
                <ColumnDefinition Width="*" />
            </Grid.ColumnDefinitions>
            <Grid.RowDefinitions>
                <RowDefinition Height="40" />
                <RowDefinition Height="*" />
                <RowDefinition Height="40" />
            </Grid.RowDefinitions>
            <TextBlock Grid.ColumnSpan="2" Text="{Binding Title}" Style="{StaticResource
PhoneTextAccentStyle}"/>
            <Image Grid.Row="1" Source="{Binding AuthorHeadUri}" VerticalAlignment="Top"
HorizontalAlignment="Center" />
            <TextBlock Grid.Row="1" Grid.Column="1" Text="{Binding Summary}" Text
Wrapping="Wrap" Margin="10,0,0,0"/>
            <StackPanel Grid.Row="2" Grid.ColumnSpan="2" Orientation="Horizontal" Horizontal
Alignment="Right">
                <TextBlock Text="{Binding AuthorName}" Style="{StaticResource PhoneText
AccentStyle}"/>
                <TextBlock Text="  发表于  "/>
                <TextBlock Text="{Binding PublishedTime}" Style="{StaticResource PhoneText
AccentStyle}"/>
```

```
                </StackPanel>
            </Grid>
        </Border>
    </DataTemplate>
```

（3）创建项目详情的控件模板

参考图 13-7，根据 Book 要显示的信息，创建 Book 数据详情显示的控件模板 BookContentPanel，限于篇幅此处不再列出代码。同样的方式，创建 Music、Movie 数据详情显示的控件模板 MusicContentPanel 和 MovieContentPanel。

```
<ControlTemplate x:Key="BookContentPanel">
    <!--模板内容省略-->
</ControlTemplate>
<ControlTemplate x:Key="MusicContentPanel">
    <!--模板内容省略-->
</ControlTemplate>
<ControlTemplate x:Key="MovieContentPanel">
    <!--模板内容省略-->
</ControlTemplate>
```

（4）创建页面 UI

界面 UI 主要包含 3 个部分：第一部分为标题显示；第二部分为项目详情展示部分，通过一个 ContentControl 承载；第三部分为评论列表。

创建完成的 UI 主体部分 XAML 代码如下：

```
<ScrollViewer Background="{StaticResource MainBackColor}" Foreground="{StaticResource MainForeColor}">
    <Grid x:Name="LayoutRoot" Background="{StaticResource MainBackColor}" Margin="10">
        <Grid.RowDefinitions>
            <RowDefinition Height="Auto"/>
            <RowDefinition Height="Auto"/>
            <RowDefinition Height="*"/>
        </Grid.RowDefinitions>

        <StackPanel x:Name="TitlePanel" >
            <TextBlock x:Name="txbPageTitle" Text="豆瓣搜书" Style="{StaticResource PageTitleStyle}" Foreground="{StaticResource PhoneAccentBrush}" />
            <TextBlock Name="txbTitle" Text="{Binding Title}" Grid.ColumnSpan="2" Style="{StaticResource SubjectTitle}" Foreground="{StaticResource PhoneAccentBrush}" />
        </StackPanel>

        <ContentControl x:Name="mainContentPanel" Grid.Row="1"/>

        <StackPanel x:Name="ReviewsPanel" Grid.Row="2" >
            <TextBlock Text="------------------------最新评论------------------------"/>
            <HyperlinkButton Name="hlbRefreshReviews" Content="查看/刷新评论"
```

```
HorizontalAlignment="Right" Click="hlbRefreshReviews_Click" Foreground="{StaticResource MainForeColor}"
/>
                        <ListBox Name="lbReviews" MinHeight="70" ItemsSource="{Binding}" ItemTemplate=
"{StaticResource dtReviewsList}" SelectionMode="Extended" IsHitTestVisible="False" Margin="10,10,10,70"
Foreground="{StaticResource MainForeColor}" />
                    </StackPanel>
                </Grid>
        </ScrollViewer>
```

（5）创建 Application Bar

该页的 Application Bar 如图 13-9a 所示，代码此处略过。

（6）添加 DetailPage 类成员

另外，需额外引用的命名空间：

- using System.Windows.Data。
- using Microsoft.Phone.Tasks。

```
        Subject subject;
        Reviews reviews;
```

（7）实现页面载入逻辑

在页面载入事件中，从网络加载项目详情数据。根据数据类型，指定页面标题和详情模板。评论列表数据暂不加载。实现代码如下：

```
        private void PhoneApplicationPage_Loaded(object sender, RoutedEventArgs e)
        {
            string subjectID = NavigationContext.QueryString["id"];
            subject = Subject.Create(subjectID);
            subject.OnLoadSubjectCompleted += UpdateUi;
            subject.LoadSubject(false);

            switch (subject.SubType)
            {
                case SubjectType.Book:
                    txbPageTitle.Text = "图书详情";
                    mainContentPanel.Template = this.Resources["BookContentPanel"] as ControlTemplate;
                    break;
                case SubjectType.Music:
                    txbPageTitle.Text = "音乐详情";
                    mainContentPanel.Template = this.Resources["MusicContentPanel"] as ControlTemplate;
                    break;
                case SubjectType.Movie:
                    txbPageTitle.Text = "电影详情";
                    mainContentPanel.Template = this.Resources["MovieContentPanel"] as ControlTemplate;
                    break;
                default:
                    txbPageTitle.Text = "参数有误";
```

```
                break;
        }
    }
    private void UpdateUi()
    {
        this.DataContext = subject;
    }
```

（8）实现 Application Bar 事件处理程序等

其中，在 Application Bar 的菜单中，实现了短信分享项目和浏览器查看的功能。代码如下：

```
    //从网络刷新当前 Subject 数据
    private void barButtonRefreshSubject_Click(object sender, EventArgs e)
    {
        subject.LoadSubject(true);
    }

    //设置
    private void barButtonSetting_Click(object sender, EventArgs e)
    {
        NavigationService.Navigate(new Uri("/SettingPage.xaml",UriKind.Relative));
    }

    //刷新评论列表
    private void barButtonRefreshReviews_Click(object sender, EventArgs e)
    {
        hlbRefreshReviews_Click(null,null);
    }

    //短信分享
    private void barMenuShareBySms_Click(object sender, EventArgs e)
    {
        SmsComposeTask smsTask = new SmsComposeTask();
        string message = "Hello,听豆瓣的朋友说这个很不错哦！推荐给你！";
        smsTask.Body = string.Format("{0}《{1}》{2}",message,this.subject.Title,this.subject.PageUri);
        smsTask.Show();
    }

    //浏览器中查看
    private void barMenuViewByBrowser_Click(object sender, EventArgs e)
    {
        WebBrowserTask browserTask = new WebBrowserTask();
        browserTask.URL = this.subject.PageUri;
        browserTask.Show();
    }
```

至此，项目详情页创建完成，运行程序，可尝试单击不同类型对象列表中项目，查看各自的详情展示页。

13.2.10 创建设置页

（1）创建页面 UI

在项目根目录创建新页面 SettingPage.xaml，在其中创建如图 13-10 所示的 UI。完成后主要部分的 XAML 代码如下：

```
<Grid x:Name="ContentGrid" Grid.Row="1">
    <TextBlock Height="30" HorizontalAlignment="Left" Margin="23,33,0,0" Name="textBlock1" Text="你希望每次最多显示几条搜索结果？" VerticalAlignment="Top" Width="330" />
    <TextBlock Height="30" HorizontalAlignment="Right" Margin="0,33,27,0" Name="textBlock2" Text="{Binding ElementName=sliderMaxSearchResultsCount, Path=Value}" VerticalAlignment="Top" Width="70" TextAlignment="Right" />
    <Slider Value="{Binding MaxSearchResultsCount,Mode=TwoWay}" Height="84" HorizontalAlignment="Left" Margin="6,75,0,0" Name="sliderMaxSearchResultsCount" VerticalAlignment="Top" Width="460" LargeChange="5" SmallChange="1" Maximum="50" Minimum="10" Style="{StaticResource SliderStyle}" />
    <TextBlock Height="30" HorizontalAlignment="Left" Margin="23,180,0,0" Name="textBlock3" Text="你希望每次最多显示几条评论？" VerticalAlignment="Top" Width="319" />
    <TextBlock Height="30" HorizontalAlignment="Right" Margin="0,187,27,0" Name="textBlock4" Text="{Binding ElementName=sliderMaxReviewsCount, Path=Value}" TextAlignment="Right" VerticalAlignment="Top" Width="70" />
    <Slider Value="{Binding MaxReviewsCount,Mode=TwoWay}" Height="84" HorizontalAlignment="Left" Margin="6,213,0,0" Name="sliderMaxReviewsCount" VerticalAlignment="Top" Width="460" SmallChange="1" LargeChange="5" Maximum="30" Minimum="5" Style="{StaticResource SliderStyle}" />
</Grid>
```

创建如图 13-10 所示的 Application Bar，此处代码省略。

（2）实现其后台逻辑

由于此处用的是双向绑定，因此，可以很方便地显示、保存配置信息。

另外，此处需额外引用的命名空间：

- using System.IO.IsolatedStorage。
- using System.IO。

```
public partial class SettingPage : PhoneApplicationPage
{
    IsolatedStorageFile storage = IsolatedStorageFile.GetUserStoreForApplication();

    public SettingPage()
    {
        InitializeComponent();
    }

    private void PhoneApplicationPage_Loaded(object sender, RoutedEventArgs e)
    {
        this.LayoutRoot.DataContext = App.AppConfig;
```

```
        }

        //保存配置并退出
        private void barButtonSave_Click(object sender, EventArgs e)
        {
            App.AppConfig.Save();
            NavigationService.GoBack();
        }

        //取消并退出
        private void barButtonCancel_Click(object sender, EventArgs e)
        {
            NavigationService.GoBack();
        }

        //清除缓存
        private void barMenuClearCache_Click(object sender, EventArgs e)
        {
            storage.Remove();
        }

        //恢复默认设置
        private void barMenuLoadDefault_Click(object sender, EventArgs e)
        {
            const string caption ="你确认要恢复默认设置吗？";
            const string message ="恢复默认设置会丢失你的自定义配置,但不会删除你的缓存数
据。确认请按 OK!";
            if (MessageBox.Show(message,caption,MessageBoxButton.OKCancel) == MessageBox
Result.OK)
            {
                App.AppConfig.ClearAppConfig();
                App.AppConfig = Config.GetAppConfig();
                NavigationService.GoBack();
            }
        }
    }
```

页面设置页也创建完毕，可运行程序以测试其效果。